U0001981

1956 年，我在佛羅里達州懷汀機場展開初級飛行訓練，踏出成為海軍飛行員的第一步。我們飛的是北美 SNJ 初級教練機，其特色是機身隨處可見的斑斑油跡，就跟我身後的這架一樣。

1959 年在北島的彼特森少尉，當時我在第 3 戰鬥機（全天候）中隊服務。那是我的第一個戰鬥單位，以 F4D 天光式戰鬥機為主力。我從二戰王牌飛行員瓦倫西亞身上學到不少東西。

我們 24 小時維持警戒狀態，隨時駕駛「福特」升空攔截入侵美國西岸的蘇聯轟炸機。（US Navy）

F-4 幽靈 II 式戰鬥機於西太平洋上空攔截蘇聯 Tu-95 轟炸機。其實這類空中接觸發生的時候，雙方態度都還稱得上是友善的。（US Navy）

第 121 戰鬥機中隊，是配屬在米拉瑪的航空換裝大隊，外號「領跑者」，可以說是 Topgun 的孕育之地。（US Navy）

F-4 正朝越共的位置投下 Mk 82 炸彈，美國海軍在 1967 年正陷入炸彈不足的困境。（US Navy）

美國的第一艘核動力航空母艦企業號，在 1967 年成為了我在洋基站的母艦。4 個月下來，聯隊 100 多名飛行員當中就失去了 13 人。（US Navy）

四名北越飛行員走在河內機場的跑道上，據說他們共同創下了擊落 20 架美機的戰果。美軍沒有做好與敏捷的米格 17 打近距離空戰的準備。如何在空中擊敗俄製戰鬥機，成為創建 Topgun 的使命。（National Archives photo courtesy of Jack"Ordy1" Cook）

粗體字顯示的是 Topgun 創校元老的名字。我說，這將會是我們軍旅生涯中最重要的任務，因為「別人的生命在我們的手裡」。（US Navy）

吉米·「鷹眼」·拉艾是創校元老之一， 1967 年 4 月出擊河內克夫機場前，站在 F-4 坐駕前留影。拉艾當天被擊落，後由直昇機救出。（courtesy of Jim Laing）

吉米·拉艾是創校元老中，唯一有過兩次在北越跳傘逃生經歷的人。這張 1967 年 4 月 24 日由僚機拍下的照片，捕捉到拉艾跳傘的驚險一刻，他的飛行員在數秒後也跟著彈射出座艙。（US Navy）

梅爾・「響尾蛇」・霍姆斯是美國海軍 1969 年度最佳幽靈戰機飛行員，無比堅強的他不論在空中還是地面都有強烈的進取性。身為戰術與空氣動力學專家的他，為 Topgun 草創時期的成功打下了基礎。（US Navy）

1967 年 4 月 24 日，德瑞爾・「禿鷹」・蓋瑞與吉米・拉艾在洋基站的小鷹號上合影，後者在數小時後於北越上空被擊落，之後平安獲救。

傑瑞・「史基鳥」・史瓦斯基右邊的麥克・甘特（Mike Gunther），是我們其中一名假想敵飛行員，兩人站在 A-4 前合照。史瓦斯基是天生的好教官，是 Topgun 不可或缺的優秀飛行員。（US Navy）

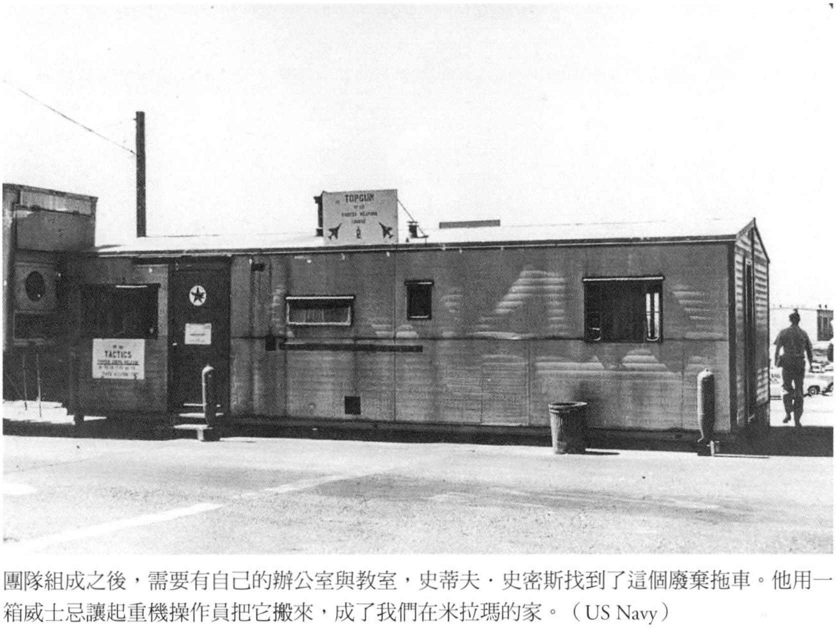

團隊組成之後，需要有自己的辦公室與教室，史蒂夫・史密斯找到了這個廢棄拖車。他用一箱威士忌讓起重機操作員把它搬來，成了我們在米拉瑪的家。（US Navy）

梅爾・霍姆斯與史蒂夫・史密斯在米拉瑪軍官俱樂部的餐巾紙上設計了 Topgun 的臂章。雖曾引發可能會得罪蘇聯的爭議，但我們還是獲准採用。圖為不同時期的 Topgun 臂章設計，基本概念幾乎沒有變動。（US Navy）

Topgun 在米拉瑪專屬的 2 號機棚，除了顯眼的 Topgun 字眼以及徽章之外，還有各個結訓學員擊落的戰績統計。（US Navy）

Topgun 教官用機是塗上各國空軍迷彩扮演假想敵的 A-4，有些塗裝甚至能讓飛機在空中不見蹤影。（US Navy）

為了能夠擁有自己獨立自主的資產，Topgun 教官四周動用個人關係籌獲訓練用機，F-5 以及 T-38 是模擬米格機的絕佳機型。（US Navy）

我與 J. C. 史密斯坐在屬於 VF-126 飛行員金恩・威利（Ken Wiley）的 TA-4 天鷹機上。這架是 Topgun 的第一架假想敵機。（courtesy of Darrell Gary）

在 51 區塗上美軍軍徽的米格 21，俘虜來的蘇聯戰鬥機被我們用來探索打敗他們的戰術。（US Navy）

F-4 是採用拉緊纜固定在鼻輪後方的彈射梭上再彈射出去，圖為在航空母艦上準備彈射的狀況。（US Navy

1972 年 4 月至 10 月，參加「後衛行動」的海軍 F-4 以 4 架的代價，換取擊落 21 架米格機的成績，代表 Topgun 成功了。（US Navy）

算是 Topgun 旁聽學員的「公爵」康寧漢與後座「愛爾蘭人」德里斯科爾，利用在米拉瑪旁聽學來的戰技，於 1972 年 5 月 10 日的空戰創造歷史。康寧漢當天累計滿五架的擊落架數，成為海軍越戰時期的第一批王牌。（US Navy）

Topgun 首勝，是來自一四二中隊的博利爾校友，及他的聯隊長史畢爾在 1969 年 3 月 28 日取得。他們採用在 Topgun 推廣的「分散並行」編隊的準則，擊落來犯的米格機一架。（US Navy）

星座號與 F-4 幽靈 II 式戰機。海軍最失敗的問題之一，就是沒有為 F-4 加裝機砲，使得飛行員在空中錯過了許多應得的勝利。（US Navy）

雖然我們抓到了擊敗米格機的訣竅，但越戰還是在 1975 年以失敗畫下句點。「禿鷹」曾在空中目睹美軍從西貢屋頂撤出僑民與難民的畫面。同一時間在南中國海，隨處可見試圖逃離北越軍的海上難民。（US Navy）

越戰結束後，Topgun 持續教育新一代的戰鬥機飛行員。70 年代中期的 Topgun 教官，正在展示如何以 F-14 對抗米格 21。（US Navy）

進入 80 年代，Topgun 雖然還只是在戰鬥機群體內知名的訓練單位，可是他們獨立自主的地位在此時已經算是確保了。（US Navy）

海軍戰鬥機武器學校的「榮譽樓梯間」，這裡紀錄所有校友學成返回部隊後，把他們的知識轉化為行動的證明。（US Navy）

一架塗有蘇聯空軍塗裝的 A-4 假想敵飛機，機翼可見吊掛有 ACMI 吊艙。（US Navy）

一架 Topgun 的假想敵 F-5 在加州上空做垂直飛行，「自由鬥士式」戰鬥機相當適合用來模擬米格機的動作。（US Navy）

A-4與F-4進行模擬空戰，雙機一開始先來個「交會」動作，判斷對方究竟是怎樣的對手。（US Navy）

教官與學員之間你追我趕，唯有在這裡學習失敗，出去才有勝利的機會。（US Navy）

F-14 被鎖定了。過去這些模擬空戰都是經由肉眼或無線電記錄認證，但有了電子儀器的輔助以後，模擬空戰輸贏的認定就不再有爭議了。（US Navy）

F-14 雄貓式戰鬥機及著名的鳳凰飛彈，這是海軍戰鬥機飛行員勝利的結果。F-14 恢復裝備空戰用機砲，機號下方的缺口就是機砲的發射口。（US Navy）

大量進入部隊以後，F-14 成為美軍航艦對蘇聯轟炸機反制的利器之一。（US Navy）

離開 Topgun 後，我接管了第 143 中隊，以及在 1976 年指揮珊瑚海號的航空聯隊。（US Navy）

F-14 從 70 年代中期進入海軍艦隊，一路服役到 2006 年，靠著電影《捍衛戰士》成名。所有飛過他的人都愛他。遺憾的是，我沒有這個機會。（US Navy）

1978 年升到上校，我的飛行人生畫上休止符。我先是指揮威奇塔號補給油艦，然後再帶領遊騎兵號航艦去到波斯灣。（US Navy）

在海上航行的威奇塔號。我身上穿著黑色夾克，被艦橋上的官兵環繞著。該艦因有卓越表現，而獲得多項「戰鬥效率 E 獎」的殊榮。（US Navy）

遊騎兵號（上）與她的其中一艘護衛艦正在接受加油補給。我在 1980 年 10 月成為遊騎兵號的艦長，這是我的事業最高峰。（US Navy）

門羅・霍克・史密斯於 1976 年到 1978 年擔任 Topgun 指揮官，後來又在我的艦上擔任遊騎兵號的航空作戰官。（US Navy）

電影《捍衛戰士》在米拉瑪開拍，Topgun 頓時成為全球的矚目焦點。（US Navy）

電影的著名場景，現實中這是特技飛行利用錯位方式做到的動作，但也顯現出飛行員的卓越飛行能力。這表示飛行員具備在空戰中做出各種動作。（US Navy）

Topgun 飛行員的臂章配掛在顯眼的位置，所有看到這個臂章的人都會對當事人刮目相看，爭相攀談。（US Navy）

《捍衛戰士》除了正面影響，也有負面的傷害。其中內部的傷害來自於攻擊機社群的嫉妒與排擠，使得兩個原本應該攜手合作的部門背地裡明爭暗鬥。前方即為攻擊機社群的代表名機，A-6 入侵者式。（US Navy）

戰鬥機城與 F-14，這個成為人們對米拉瑪和 Topgun 的象徵性圖騰，在有意無意的情況下被長官給摧毀了。（US Navy）

永別了！「捍衛戰士」與姊妹單位「捍衛圓頂」的飛機，編隊在米拉瑪基地上空合影留念。（US Navy）

1981 年 3 月 20 日，作者帶領的遊騎兵號航空母艦，在公海發現了逃離越南的難民並給予協助，這對獲救者來說是一個永生難忘的畫面。（US Navy）

我跟瑪莉貝斯在我父母位於加州惠提爾的宅邸前合影，我完成德州的飛行訓練後，於 1956 年聖誕節飛回老家過節。

分手 32 年後，我與瑪莉貝斯再度重逢，並在我父親受洗的丹麥教堂內完成終身大事。
我手上戴著的戒指，就是她在 1956 年送給我的那一枚。

今天的 Topgun。隨著學校搬遷到法隆航空站，它不再是過去那樣可以自由發揮基層軍官創意與發想的單位。圖為在機背上塗有 Topgun 字樣的 F-16N 假想敵用機。（US Navy）

相隔 30 年之後，《捍衛戰士 2》即將上映。電影中湯姆克魯斯座機、採用特別塗裝的 F/A-18，2020 年 2 月在法隆航空站訓練的情形。（US Navy）

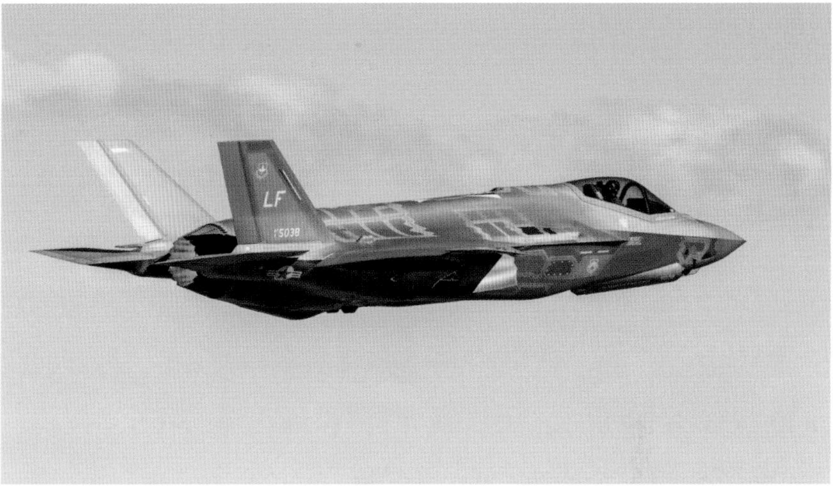

海軍與空軍都將自身命運綑綁在 F-35 閃電 II 式戰鬥機，也就是所謂的聯合打擊戰鬥機（一些飛行員口中的「企鵝」）身上。這個計劃自 1992 年啟動以來，已經過了整整二十七年，依然還沒有一個真正完成戰力的中隊，是人類有史以來最昂貴的武器。（© John Bruning）

「為了匿蹤技術，我們出賣了靈魂。」F-14 的退役，使得許多的老海軍非常感慨。（US Navy）

2017 年 4 月，梅爾・霍姆斯、我、德瑞爾・蓋瑞、吉米・拉艾一起在「禿鷹」家中相聚。此刻距離 Topgun 成立已經過了將近五十年。（© Jim Hornfischer）

TOPGUN：

捍衛戰士成軍的歷史與秘密

Topgun: An American Story

丹「洋基」彼特森 Dan Pedersen 著
許劍虹 譯

For Mary Beth

TOPGUN 創校元老

主管

丹・「洋基」・彼特森 Dan “Yank” Pedersen

飛行教官

梅爾・「響尾蛇」・霍姆斯 Mel “Rattler” Holmes

約翰・「擊潰」・奈許 John “Smash” Nash

吉姆・「眼鏡蛇」・魯理福森 Jim “Cobra” Ruliffson

傑瑞・「史基鳥」・史瓦斯基 Jerry “Ski-Bird” Sawatzky

後座教官

約翰・「JC」・史密斯 John Smith “J. C.” “Mississippi Two-Five Thousand”

吉米・「鷹眼」・拉艾 Jimmy “Hawkeye” Laing

史蒂芬・「叛軍」・史密斯 Steve “Rebel” Smith

德瑞爾・「禿鷹」・蓋瑞 Darrell “Condor” Gary

情報官

恰克・「間諜」・希爾德布蘭 Chuck “Spook” Hildebrand

目錄

God bless all naval aviators, past, present, and future.

序

我們這些曾經在美國海軍戰鬥機武器學校（Navy Fighter Weapons School）服務的人，關係如同親生兄弟般緊密聯繫在一起。它可以說是擁有五十年的優良文化以及不凡歷史的航空傳奇。飛行員們稱之為「捍衛戰士」（Topgun），但這個傳奇是從何而來？我和其他人，又是如何成為它的一部分？

從作為延續傳統原則為出發點的創新領導者，作者把我們的歷程藉由本書清楚地描繪出來。丹彼特森冒著他軍旅生涯的風險，完成了看似不可能完成的任務，他的成功延續至今已超過五十年。我是在一九六八年派到加州米拉瑪海軍航空站（該處被稱為美國戰鬥機城，NAS Miramar, Fightertown USA），擔任第一二一戰鬥機中隊（VF-121, Fighter Squadron 121）的教官時認識外號「洋基」（Yank）的彼特森。當時我們的工作，是協助海軍飛行員換裝新型的F-4幽靈II式（Phantom II）戰鬥機。在接下來的六個月時間，我們日日夜夜，風雨無阻地跟著航空母艦巡弋於世界各地，在顛簸的甲板上傳授他們駕馭幽靈式戰機的訣竅。

我當時還只是個二十四歲的年輕上尉，雖擁有兩度被派往越南參戰的經驗，但對於海軍戰鬥機團隊還有與我一起服役的袍澤，依然抱持著高度的敬畏之心。丹身高六尺三英寸，他那雙可看透人心的淡褐色眼、如約翰韋恩（John Wayne）般充滿自信的走路姿態，再加上想在我們這個關係緊密的團體中，建立聲譽所必備的能力與經驗，讓他成為一名舉足輕重的人物。他一如標準好萊塢電影中的戰鬥機飛行員形象，很少在公開場合不戴上雷朋太陽眼鏡的。

身為一二一中隊戰術訓練的首席教官，丹自律又專注，不僅對學員的表現訂下高標準，還以口頭禪：「在實戰中，第二好的人就是最後死的人」時刻督促他們。但他同時也極具幽默感，堅持以身作則的領導風格，而且還很少以質問態度來面對任何事情。唯一的例外是，他有時會走到學員面前，問對方：「嘿，好傢伙，準備要上去飛了嗎？」當丹被任命去成立一個全新的戰鬥機訓練學校時，大家都知道他是正確的人選。巴頓將軍有句話講得好：「戰爭雖然需要武器才能進行，但勝利卻是靠人贏來的」。即便是在今日這個地緣政治環境更為複雜，第五代戰鬥機等系統更為精密的時代，我們還是要靠駕馭機器的人類來贏得勝利，而 Topgun 就是人才培育的搖籃。

Topgun 的首要任務是打破現狀，因此丹挑選了八名年輕、擁有特殊經驗、能力與熱情的基層軍官，來協助他完成任務。他的遠見與領導給了我們方向，他「在這裡的一切，都亟待我們突破現狀」的論述啟發了大家。大家當時都在用「洋基」的獨創性，加上勤奮、戰鬥經驗與想像力來解決問題。有太多弟兄在越南戰場陣亡了，我們是可以做出改變的。

過去五十年來，Topgun 不僅成為追求卓越的代名詞，更持續為海軍訓練出最出色、具備創新且具適應力的戰士，以及最富同情心與啟發性的領袖。課程從原本的四個星期，後來增加到十二週半。學校不僅為海軍和陸戰隊飛行中隊提供空戰演練和武器應用的訓練，還替各艦隊提供海外部署前的進階訓練，針對潛在威脅開發新的戰術。訓練學校的創辦理念，至今仍被小心翼翼地守護與保存。每個世代都展現了他們不凡的領導能力，確保他們能在資源受限、來自其他單位的忌妒以及個人野心家阻礙的情況下得以延續。

當我有機會與今日的教官會面時，我體認到雖然彼此來自不同世代，操縱不同的武器裝備，但執行著同樣的任務：控制住戰場上空，並想盡一切辦法支援在地面和海上戰鬥的友軍，以確保他們的生存。

當我想到這個機構草創當時，至今仍為幾項事實驚嘆不已。在原先九位創立 Topgun 的軍官當中，沒有人能想像得到自己會成為延續五十年的航空史傳奇的一部分，不僅改變了美國乃至全球戰術飛行的走向，更對飛機、武器設計還有飛行員的培訓都造成了影響。

現代海軍飛機與武器的精密性與能力，都是我們九人當年所難以想像的。今天戰場環境的複雜性，還有飛行員所取得的資訊量更是前所未有。唯一沒有變的，是人的特質讓 Topgun 的存在更有意義。訓練學校至今還是由基層軍官在運作，而且從過去到現在，都著重於找出具有下列特質的人才：

- 對任務有熱情，這點對個人在極端環境下是必要的。
- 擁有以身作則的領導風範，富同情心又具啟發力，願意承擔責任。
- 能在極端環境中執行任務的飛行員特質。
- 了解自己僅是「大我」的一部分，並因此保持謙遜。

- 具備無從挑剔的術科專長。
- 願傾其所能，並為成功不惜投入一切時間的工作倫理。
- 為持續保持顛峰，願意承受嚴格訓練，擁有注意細節的自律精神。
- 品格、適應力與創新，以及挑戰現狀的意願。
- 經由持續表現所建立的信心。

上面這些特色，都在不容妥協且嚴格的同儕評價中，一再經過淬煉。極端的選拔過程和嚴格的訓練，確保了 Topgun 追求卓越的文化和遺產得以延續。

當我與現役的青年軍官接觸時，很欣慰地看到我們的遺產與國家的未來，交到這些優秀的人手上。Topgun 親如兄弟的情誼，至今仍堅若磐石。

本書是首度由打造「捍衛戰士」的當事人來描述其成立與發展過程。丹被視為「捍衛戰士教父」是實至名歸的。他的書籍將成為他那個世代最棒的空戰回憶錄。這無疑值得那些珍視優異表現和世代傳承的讀者們一讀再讀。

德瑞爾・「禿鷹」・蓋瑞（Darrell “Condor” Gary）

Topgun 創校初級教官

前言

二〇一八年 加州，棕櫚沙漠

雖然我已經八十三歲，但每次聽到有飛機從頭上飛過的時候，仍會像個孩子般抬頭仰望。有時是兩架超級大黃蜂式飛過沙漠上空留下如煙霧般的凝結尾，看它們以近音速呼嘯而過，就像我當初第一次開啟F4D天光式戰鬥機（Skyray）的後燃器，從加州北島的跑道瞬間爬升，只花兩分鐘就已經飛到五萬英尺高空的那種興奮感。

沒有什麼刺激感是可以和飛行相比擬的，那種內在的激情與劇烈的興奮，只有在如此極端的情境下才能感受得到。

我們幾乎可以隨時就去飛，且通常能隨意地操控戰機。當然，這取決於你和誰夠熟，以及是跟誰一起飛行。若你想在勤務之外有更多的飛行體驗，就必須有求於那些特定人士。例如負責管理保養的機工長，因為他可是這檔事的主導者。在他使個眼色之後，你就可以享受翱翔藍天的樂趣，你終究還是個飛行員嘛！

有些時候，那架由我們家附近棕櫚泉航空博物館（Palm Springs Air Museum）收藏，第二次大戰時出廠的F6F地獄貓式（Hellcat）戰鬥機，也會飛過上空。這個時候我也會抬起頭來，邊看邊想著：「耶，我在北島飛過。」那是一種起落架有兩個前輪的老飛機，那一趟飛行可真棒。博物館還有一架P-51野馬式（Mustang）戰鬥機，週末時偶爾也會飛過，看到它會讓我想起某個在蒙特利（Monterey）玩撲克牌的夜晚。當時我們讓一個牙醫師輸到快要脫褲子了，可是他就是不肯善罷干休，還說想繼續加碼。聽說在他的機棚裡有兩架P-51後，我要求他以飛一趟野馬的機會來當作賭注，在他同意之後，我不僅贏了他，而且還贏了兩次。所以我能兩度駕駛這款外型俐落、專門擊落德軍飛機的殺手。

父親去世後，我把母親搬到華盛頓州的天使港（Port Angeles）住，我時常駕駛F-4幽靈II式戰鬥機向北一路飛越內華達與喀斯開山脈，通常高度不會超過五百英尺。那裡除了原始的荒野、湖泊與河流外，人跡罕至。在我飛過那些山峰時，那種自由通體的感覺，在地面上是享受不到的。接著我會在惠德比島（Whidbey island）降落，與母親共度週末後，直到週日下午才返部報到。

在那裡，也有包括噴射突擊兵（Jet Ranger）[1]在內的一些直升機，它們龐大又宛如攪拌機的聲音，讓我想起在海王直升機（Sea King）座艙裡的情境。我當時駕駛著海王，以幾乎貼著浪潮的高度，沿著整個西海岸，從聖地牙哥一路飛到華盛頓州。在海灘上尋歡、游泳、划艇還有衝浪的人都被螺旋槳發出的「突魯魯」聲所吸引，不禁抬頭仰望。有時我會對他們揮手，慶幸自己是世間上少數能做這件事情的人。

除了海軍，還有哪裡能讓你做這些事呢？

現在我不再飛行了，原因是年齡，而不是內心或對飛行的熱愛有了改變。但Topgun創始教官團的弟兄、已經七十四歲的德瑞爾．蓋瑞（Darrell Gary），仍時常鑽到他的俄製雅克列夫（Yak）教練機裡重返藍天。這可是過去在越戰時，敵人在和我們對決前，學習飛行用的教練機。德瑞爾還與一群退役的美國飛行員和一位英國人，共組了一支花式飛行小隊，他這句話時常掛在嘴邊：「我討厭把日常的時間花在吃東西，睡覺和上廁所，畢竟在死掉之後，就會有足夠的時間睡覺了。」

你怎能不喜歡這些人？九名創始元老，德瑞爾與梅爾（Mel）、史蒂芬（Steve）、擊潰（Smash）、史基鳥（Ski）、魯夫（Ruff）、ＪＣ，還有吉米．拉艾（Jimmy Laing）都是同個類型的人。在社會上，你很少能接觸到氣質、專注力、能力和熱情兼具的人。很少人會為了一個令人感到失望的理由而聚集在一起，並且還以滿滿的膽量與榮譽感去奮力一搏。也許就是因為四面楚歌，才會讓人們更能團結在一起。

六〇年代，美國以不對的飛機、不可靠的武器、低劣的戰術，以及在高階文官領導所託非人的情況下在越南打仗。雖然賠上了許多重要的事物，但我們喜歡我們的工作；還有那些從航空母艦簡報室，以及一路從北島到菲律賓的酒吧裡締造出來的情誼。海軍給了我們一個大家庭，讓同樣充滿使命感與熱情的人們聚集在一起。當空戰開打時，我們又一起面對連續疲憊長達數個月的考驗，但這反而凸顯彼此關係之間，更深一層的內涵。

滾雷行動（Operation Rolling Thunder）於一九六八年展開。當我們打擊國防部長麥納瑪拉（Robert

1 編註：貝爾公司的 206 型直升機，也是 OH-58 型戰搜直升機的原型。

McNamara）親手挑選的目標時，幾乎每天都有飛機與人員損失。當從東京灣（Gulf of Tonkin）[2]的「洋基站」（Yankee Station）——航空母艦的指定作業海域——起飛時，你能體會到軍官室裡那些空下來的座椅包圍了你的感受。有一半的情況是，我們根本不知道他們遇上了什麼狀況。有時候飛行員發現敵軍地對空飛彈的發射，或瞥見一架著火的美國戰機墜落到下方的叢林。有時候則是聽到機組員在地上發出求救訊號，他們一邊躲避敵軍搜索，一邊呼叫救援。當直升機前往時，通常北越軍已經在等著，然後連同救援直升機與護航機一起攻擊。有時候雖能救回一個人，但在過程中卻犧牲另外三個。

我們不僅是為彼此而飛，更是為了彼此的家人而飛。在你聯隊上的隊友，通常都已婚，甚至還有小孩。你照顧了他一個人，就等於照顧他全家人。我們都曾發生過為彼此冒險，以確保隊友能順利返航，以防止聯絡小組派人前往他們在聖地牙哥、李莫爾（Lemoore）或者惠德比島的住家，通報家屬有人陣亡的消息。

每當敵人得逞時，家屬則會遭受到毀滅性的打擊，你很少看到這類故事被寫出來。不過我們都曾在回國的時候，告訴陣亡弟兄的家屬我們有多難過。雖然大家都儘可能地想撫平家屬的創痛，但事實上這樣的損失永遠無法忘掉，家屬們在餘生中都要承受這種痛苦。俗話說：「時間是最好的解藥」，但即使過了五十年，我還是會看到家屬在談及陣亡飛行員時淚流滿面。你無法擺脫那樣的痛苦，只能學著和它共存，它會成為你的一部分。對我們這些從洋基站起飛的人來說，這樣的痛苦會激勵我們為彼此付出。

不是所有人都能承受這樣的重擔。我就在洋基站看到有機組人員會突然失常。例如會有毫無由來，足以讓任務被取消的機械問題突如其來的發生。有時這些狀況甚至會在飛機已進入彈射位置時發生。那些飛行員就是無法讓自己再一次去面對那一道北越在蘇聯協助下，在河內周圍建立起來，堪稱全球最嚴密的防空網。在極少的情況下，某些人為了不再面對這種生死考驗，會寧可交出自己的飛行胸章，捲鋪蓋回家，畢竟飛民航機可比空戰容易得多。

分別有二十一艘航空母艦，在東京灣總共執行了超過九千一百天次的任務。三年下來，海軍在作戰中總計損失五百三十二架飛機。如果把所有與戰爭相關的損失加總，則有六百四十四名海軍飛行員死亡、失蹤或者被俘。如果把海軍、陸戰隊與空軍所有的定翼機損失加起來，總數更在兩千四百人以上。當然，這些狀況因人而異。與德瑞爾・蓋瑞在受訓時同住在拉霍亞（La Jolla）海灘上的兩棟房子內的九名飛行員當中，歷經洋基站的第一次作戰部署之後，只有六個人能回來。

更糟糕的是，戰爭的形勢逐漸對我們不利。即使摧毀了五角大廈指定的那些目標，對南方的戰局並未有起色。隨著損失不斷升高，米格機甚至主動來挑釁。北越擁有一支規模小，但是訓練精良的空軍，他們是為中國和蘇聯打代理戰爭的盟友。好消息是，他們的戰力還趕不上蘇聯空軍。但也因為如此，當北越飛行員開始擊落夥伴時，在海軍內部還引起了不小的震撼。北韓空軍在韓戰爆發後的前幾個月就被消滅殆盡，可是在過了十年後，北越的米格機所帶來的是一場真正的惡鬥。我們每擊落兩架米格機，就會損失一架飛機。依照長期以來呈現一面倒的交換比，這樣的損失率是難以接受的。二戰時以地獄貓式戰鬥機為主力的美國海軍飛行員，從中太平洋一路追著日軍打到東京，為美國海軍贏得了高達四分之三

2 編註：中文舊稱，美國依然慣用的稱呼，是位於南海西北部，越南北部與海南島之間的海域。亦稱北部灣。

的空中戰果。一架地獄貓的損失，換來的是十九架日本飛機的擊落。在越南，由於上級的阻礙，我們並無法戰勝，因此海軍的官僚就發揮了它的長項——什麼也不做。由於華府事無大小的遠端遙控方式，一連好幾個月不斷犯下同樣的錯誤，幾乎癱瘓了整個美國海軍航空隊。

一九六九年一月，一位有話就直說的航空母艦艦長法蘭克·奧爾特（Frank Ault），向海軍軍令部長寫了一份報告[3]，詳細指出我方戰機在戰術與武器系統上的致命缺失。他列出了許多問題，海軍因此打算採取行動。不幸的是，很多高官在意的是前途，而非解決問題。他們批准成立了一個空戰訓練學校——我們很快就把它命名為 Topgun[4]——好顯示說有要做出改變的決心。但是在詹森總統與國防部長麥納瑪拉的領導下，海軍官僚似乎更在意如何做好表面功夫，而非冒著失敗的風險去真正解決問題。於是他們把 Topgun 的指揮權，交給了一個相對而言資淺的軍官——我。

八名在一九六八年底，與我一起進駐米拉瑪海軍航空站裡這間搖搖欲墜的露營拖車的人們，在參加實戰以前都自認是天底下最優秀的飛行員，駕駛著搭配最精良武器的尖端戰鬥機。結果被北越飛行員狠狠地打臉。我們當時都準備竭盡全力以找出獲勝的方法。

我們熱愛的團隊正陷入危機。無論如何，帶領全體前進的責任落到了我們的肩上。開始時，沒有一個人把自己的前途看得比做正確的事來得重要。我們向傳統思維挑戰，不斷詢問問題且尋求答案，並突破一層又一層的限制。我們打破規則，去借、去偷，甚至私下交易所需要的資源。最後我們這些創始成員，在一無所有的環境下，憑著自豪與努力掀起了一場革命。

我想告訴你關於這些飛官們的故事。尤其這個群體在越戰之前，是如何揮霍掉前人傳承下來的勝率，並將未來押寶在未經測試的技術上。我想要告訴你們，我們如何靠著少數人延續傳奇故事，打破教科書的規範，以過去在專業領域中前所未見的方式飛行，還要小心不被外人所知悉。最重要的是，我想要告訴你們 Topgun 草創階段的歷史，以及它流傳下來的東西。這證明只要一小群有內在動力的人，就可以改變世界。今天我們生活在一個有著巨大不確定性的年代，面對著看似無法被解決的問題。事實上創始成員們在一九六八年遇到的就是這種情況，Topgun 提醒了我們事情是可以被改變的。

在這個過程中，我希望讀者可以明瞭對於這一切付出的價值。當時的海軍航空隊並不僅是一份工作或事業，而是一項神聖的召喚。你必需要愛它超過一切事情，才能夠在狀況如此惡劣之際繼續堅持下去。這種生活中的取捨，對我們在簡報室以外的人生都造成了嚴重傷害。我們成了自己國家的局外人，就連過去老家一起成長的人都認不出幾個來了。德瑞爾在奧克蘭出席高中同學會的時候發現，即便是與自己過去最熟悉的朋友都找不出共同點了。基於這個疏遠的經歷，讓他決定直接回到弟兄們的圈子，因為只有這裡才是他的家。從此以後，他再也沒參加過任何同學會。

被疏遠的還不只是老朋友，就連家人也被排到了飛行與軍官職責的順序之後。與帥氣又前程似錦的戰鬥機飛行員結婚，這樣的喜悅隨著被派到海上出任務以後很快就消逝了。有多少女人可以忍受丈夫有

---

3 編註：《奧爾特報告》（Ault Report），正式名稱是《對空戰飛彈系統能力評估》（Air-to-Air Missile System Capability Review），針對一九六五年至一九六八年之間，海軍的空對空飛彈的研究，當中也揭露海軍的問題。

4 編註：Topgun 原本是指在團體或社群之中最重要或最有影響力之人，後因電影《捍衛戰士》的大受歡迎，反而在英文世界外讓人有不同意思的解讀。

其他所愛？每個晚上當我們在洋基站值勤的時候，未知的恐懼侵蝕著她們，讓妻子們擔憂著那些飛行員。她們不知道什麼時候聯絡小組的人會出現在門前。每當門鈴響起，都讓她們擔心是噩耗降臨。深夜的電話聲，也會引發她們的恐慌。但這一切都必須是如此的，因為對我們而言，飛行永遠是第一順位。

有天晚上我在艦上，準備履行首次的艦長職務時接到了通電話。原來是我八歲的兒子打來的，他不知道透過什麼方法取得了我的電話號碼。我接起了電話，聽到他在哭，請求我不要離開。

他喊著：「把拔，快點回來，每個人家裡都有一個爹地，但是我沒有」。

這些話在耳邊徘徊了許久，兩人都還記得。

每位海軍飛行員都經歷過類似的情景，這就是我們在地面上要面對的現實。真的要說我對自己二十九年的軍旅生涯有什麼遺憾，那就是對我的家人太殘酷了。

這是在好萊塢電影裡面看不到的內心世界。飛行員太常被描寫成像方基墨（Val Kilmer）在《捍衛戰士》裡飾演的「冰人」那樣，是一群冷酷又沉溺於速度與巔峰快感的人。我們拼了老命的活著，拼了老命的開派對，拼了老命在女人之間周旋，是如此地引人注目。

這本書的目的就是要挑戰這個「刻板印象」，事實上我們也是有血有肉的人。我們生活在一個危險的世界，能在一瞬間讓人從興高采烈轉為驚慌恐懼。飛行員之間的情誼是不會對外展露的，所以上述刻板印象的產生，也許有一部分是我們的誤導所造成的。從我的角度來看，弟兄們在艦隊裡取得的成就其實更意義非凡。畢竟跟所有人一樣，我們都是很容易犯錯的，差別在於這些錯誤會產生什麼樣的結果。當你在海防港上空躲避飛彈，或者是在熱帶風暴中將飛機降落在航艦甲板上的時候，錯誤往往是致命的。

我已經不能飛行了，但是我的心仍在天上。在花園躺椅上看著飛機呼嘯而過的時候，我試圖觀察他們的速度與高度，這樣的事情做久了以後，我甚至能掌握到他們的飛行時間表。當一架飛機比較晚出現時，我會好奇機師是不是在登機門有什麼耽擱，或是跑道上機滿為患。這是讓自己不與飛行脫節的方法之一，駕機橫越長空，永遠都是我的至愛。

第一章

取得入場門票

一九五六年十二月
南加州上空

攝氏十八度，艷陽高照，沿途盡是藍天。天啊，我真的好愛十二月的加州。因為不會下雪，所以不用劃出一條路通往車道，我只要在後院裡一面計劃著如何安排聖誕大餐，一面看著照耀洛杉磯盆地的金黃色陽光緩緩消逝即可。從深灰色的洛克希德（Lockheed）T－33噴射教練機座艙裡，我向下俯視著經歷過戰後房價大暴漲的繁榮市郊，種植橘子的小果園慢慢消失，取而代之的是一棟又一棟的粉色房子與柵欄。從我位於兩萬英尺高空的視野來看，這一切跟樂高玩具沒什麼兩樣。

倒是我經常在下面那棟李氏理髮店擦鞋，就在惠提爾市（Whittier）。

接著我把視線從下面的風景，移到駕駛的「T－鳥」[1]儀表板上。包括有高度、航向、空速顯示器、

1 編註：T-bird，T－33射星式（Shooting Star）教練機的暱稱。

轉彎指示器與垂直速度表。我很快地看了它們一遍，確保所有面板與數據都沒有問題，這一切猶如無意識的肌肉反射動作，因為我接受過全世界最優秀飛行員所能有過的訓練。

我前往彭薩科拉（Pensacola）的道路正是從下方開始的。在洛斯阿拉米托斯（Los Alamitos），我正式加入了海軍，成為一名入伍水兵（Seaman Recruit）。當時的海軍航空站裡，擠滿了參加過第二次世界大戰的老飛機。在備役飛行中隊裡身為發動機技工學徒的我，就曾在一架F4U海盜式（Corsair）戰機上工作。進入噴射機時代後，這款具有傳奇海鷗式機翼的「美女」成為骨董，我的中隊成為第一個接收噴射機的後備單位。一位年輕的海軍上尉幫我完成過渡階段，他帶我去飛兩人座的飛機。受到啟發後，我主動報名參加海軍飛行學員計劃（Naval Aviation Cadet Program）。計劃的目的，是將符合資格的水兵送到彭薩科拉接受飛行訓練。我再次靠著那位好心上尉的幫助，順利通過了入學考試。一九五五年，前往位於佛羅里達州那狹長地帶的知名海軍航空訓練中心。

長久以來的夢想終於觸手可及，只要我讓自己的成績保持在一定水準，就有極高的機會成為噴射戰鬥機飛行員，在胸前掛上金色的海軍飛行胸章。

那天早上在洛杉磯盆地上空，我們劃破寧靜藍天。駕馭的是讓二十年前湧入加州找尋工作的人們，所難以想像的新科技。經濟大蕭條的歲月早已遠去，今天面對的是噴射飛行的時代，而我則以全心全意迎接這一切。

對於在下面生活的人而言，這一切可能都沒有意義。他們在平和的環境中生活著，關心的是他們的家人，乃至於工作或者塞車時遇到的壓力。有些人會一邊喝著咖啡，一邊翻閱《洛杉磯時報》，以管窺天地看著外部世界。結果那天《洛杉磯時報》的頭條上，報導的居然是那年聖誕節假期有八百九十六人因酒後駕駛被逮。除了那篇報導外，只有一個小小的版面有關日本人偵測大氣層中的輻射線，這意味著俄國人不久前又試爆了一枚核彈。

副總統尼克森則說道，一萬名匈牙利難民在空軍協助下到美國展開新生活的過程。這些蘇聯武裝侵略下的受害者曾奮勇抵抗，但在布達佩斯大起義中失敗了。當蘇聯紅軍裝甲車駛上街道時，他們是少數幸運的生還者。

在地面上的這群老百姓，完全無法想像這樣的生活。他們住在整齊劃一的房子裡，享受著井然有序的草坪，看著在人行道上玩耍的孩子，他們享受的和平，其實就是我過去那些年所認識的軍人在負責維繫。回到家過完聖誕後，我又要回到部隊，捍衛我們在冷戰中的防線。那天的早晨真的是太動人了，發動機傳出的聲音聽在耳裡猶如音樂，是嶄新人生的配樂，我正進入一個連自己過去作夢都沒想到的專業領域。

我父親是二戰老兵，在歐洲戰場的陸軍通訊單位，負責維繫前線與總部間的聯絡。一九四五年回到伊利諾州老家，他卻發現原先的職位已經有人取代了。歐洲戰場的勝利，換來的結果居然是中年失業，而且還要承擔一家人的生活開銷。他從來沒有在大家面前流露過必然會有的恐慌感，相信所有的困難都能靠勤奮解決，最後帶著家人一起移居加州。在棕櫚泉他找到一個鋪設油管的工作，在經過長達十二天的白班工作後，不僅將他源自北歐的白皮膚給曬黑，更可從神情裡看出他的疲憊。他不曾抱怨過一次，他為了我們工作，也為了我們活著。他堅韌的個性影響了我，讓我擁有與他同等的奉獻精神。我知道自己深受此一精神的庇佑。

不過我與父親還是有一些差別，因為我深愛在座艙裡面的每一分每一秒，這對我而言不是工作，而是自由。每一次飛行都是在挑戰個人的極限，同時顯示你還可以再往前。每一次的考驗，都讓我們向飛行員、男人的方向成長。一路走來，我發現成就會如同毒品般令人無法自拔，我等不及被派往部隊。從我第一次單飛且完成剪領帶儀式[2]，到第一次降落在航艦上，中間是一段充滿回憶的旅程。在彭薩科拉的那一年，帶給我的是前所未有的認同與使命感。

我希望由瑪莉貝斯・派克（Mary Beth Peck）在結業典禮上為我別上飛行胸章，我們是在高中年代的一次教會活動上認識的，當時我十七歲，她才十四歲。就算是在南加州這個世界上美女密度最高的地方，她都能讓身邊其他女孩顯得平庸，瑪莉有著金色的頭髮和如同兩萬英尺高空般深藍的大眼睛。但是要在經過對話之後，才知道她天使般的臉孔下的內涵。瑪莉貝斯說起話來溫和又流暢，且天資聰穎。

我們常常約會，雙方家長也在我倆墜入愛河後更為親近。從我離家走上這條全新的人生道路以後，她天天都寫信給我，無論在彭薩科拉的訓練有多麼困難，我在睡覺前一定會寫一封信給她。

從洛斯阿拉米托斯到彭薩科拉後，我們有很長一段時間沒有見面。離開家時我還是一個男孩，並在軍校努力地往前衝。在返鄉的那天早上，我已經蛻變成一個能駕駛現代化噴射教練機的學員，並在胸前別上了證明自己身為資深海軍航空學員的兩條金槓。聖誕節假期是我向她和雙方家長證明，自己已經成為一名男人的時機。

機翼開始傾斜，比爾（Bill）與我，在教練機鋁質表面反射的陽光照射下，緩緩接近爾灣（Irvine）

的艾托洛陸戰隊航空站（Marine Air Station El Toro）。一排排小房子與橘子樹旁浮現的雙十字跑道，是這座基地的獨特之處。該基地出過幾位美軍最精銳的戰機飛行員，包括喬．福斯（Joe Foss）、馬利昂．卡羅（Marion Carl）與約翰．史密斯（John L. Smith）等在二戰時阻止日軍向太平洋推進的英雄。橘郡大多數的居民對這些傳奇多少會知道一些，但從訓練的第一天開始起，海軍飛行學員就必須要證明自己之後將成為這些傳統的其中一部分。

在彭薩科拉，我們飛了SNJ德州佬（Texan）與T-28教練機。在第一個早晨，教育班長用棍子敲打著上下舖的金屬床把全體弄醒後，再催促我們趕到水上飛機碼頭旁的一座舊機棚裡。這裡是海軍航空界的先驅建立傳統的同一個地點。教育班長開始了長達四十分鐘的體能訓練，讓大夥累得半死。每一個早晨都是這樣開始，在這座前人開創傳統的機棚裡進行體能訓練。多謝他們，航空隊成為海軍裡的怪咖，總是有新的想法、新的科技，甚至讓大艦巨砲走入歷史的新戰法。珊瑚海、中途島海戰還有馬里亞納空戰，都將美國海軍轉型成這個星球上最有效率的海上作戰勁旅。

在彭薩科拉的每一個角落，都能感受到這份傳統，並以身在其中為榮。未來的歲月，這個世代的飛行員能否創造新的傳奇？有一件事可以確定，那就是我不會成為慘遭淘汰後，只好回老家上一般大學，留著飛機頭髮型，靠奇怪的打工來支付學費的可憐蟲。

2 編註：tie-cutting ceremony，這個源自一九三〇年代的傳統非正式儀式，儘管從來沒有書面的記載，但總被認為是象徵飛行學員單飛而不再需要教官像韁繩般拉扯的意思。他們將在典禮上說一件關於教官的趣事，而教官們也同樣會說關於學員的趣事，最後以剪斷學員的領帶結束儀式。

當其他的學員把時間浪費在買車，或者到城裡的「阿喬商人」（Trader Jon's）或者其他海軍酒吧買醉的時候，我決定留在基地裡面。我延續了父親的敬業精神，學習且勤奮工作，希望能在畢業典禮上成為最優秀的學員，如此才有機會去飛最新銳的戰鬥機。

在彭薩科拉完成初級班訓練後，我們必須執行以加州為目的地的遠程儀器飛行，以做為在德州比維爾（Beeville）高級班的最後一個課程。這最後一趟訓練的好處，就是讓我有機會回家。當朝艾托洛航空站進場降低高度時，後座的教官比爾．皮爾森（Bill Pierson）用對講機向我作出指示。我收油門，準備進場降落。起落架與襟翼放了下來，輕輕地微拉機頭，我將「T鳥」降落到跑道上，並依照地勤的要求將飛機滑行到機坪上，關掉發動機、打開座艙罩。趁飛機加油之際，比爾去喝杯咖啡，我則脫掉頭盔，戴上之前在彭薩科拉ＰＸ福利站買的雷朋太陽眼鏡，這對學員來說實在太好萊塢風格了。在佛羅里達和德州，我只有到海灘時戴太陽眼鏡，但管它的，這裡可是加州。

站在機坪旁邊的瑪莉貝斯抬頭望向我，我父母也站在她旁邊。我看到她身穿毛衣和及膝長裙，除了腳上的平底鞋，還把長髮放了下來，她臉上掛著笑容，但我想說是不是還帶有點崇敬的心情呢。

解開裝備爬出機艙後，我穿著一身卡其飛行服和搭配的夾克，以及公發的查卡靴（Chukka boots）。我才剛從階梯上落地，她就已經環抱住我。在那當下，一整年的分離猶如一瞬間。此刻我非常確定，這就是我想廝守終生的對象。

比爾站在基地作戰室門口，拿著裝滿咖啡的紙杯看著我們，他是參加過韓戰的老兵，曾在海上度過無數的日子。他也有過類似的幸福時光，知道這類事情的影響力，所以決定站在一旁讓我盡情享受，對此我深深感激。假期往往十分短暫。

我是一九三五年出生於伊利諾州的莫林（Moline），父親是二戰的陸軍老兵。我的父母親都是移民，所以我是在此出生的第一代美國人。父親歐拉（Orla）或者歐爾（Ole），一九一二年生於丹麥，隔年與他的父母親歐拉夫（Olaf）與瑪莉（Mary）一起移居美國。母親亨里艾塔（Henrietta）是來自馬恩島（Isle of Man）的三位美麗姊妹之一，她在一場高中籃球比賽中認識了老爸。

我還記得大家在後門廊吃耶誕大餐的晚上，從母親廚房裡傳來馬鈴薯佐香腸的氣味，那可是從我爺爺那代傳下來的丹麥傳統。我在莫林的童年時期，總會從學校衝到爺爺那間滿是醃魚的桶子、具有北歐特色的小店，一鍋在火爐上清燉的馬鈴薯佐香腸，總能為滿屋子帶來家的感覺與溫暖。

我的首次飛行經驗是在一九四六年，距離父親從歐洲回來沒多久。父親在戰爭末期接觸過B-25轟炸機，對飛機一直很有興趣。有天晚上在莫林機場，他說我們要去飛行了，想想這對一個十歲的小男孩而言，是多大的驚喜。這次飛行是在夜間，因此在傍晚搭上了一架戰前的大福特飛機（Ford Trimotor），該機特別之處是有三具不斷發出聲響的萊特發動機與波紋狀的鋁皮。能在晚上飛行，更讓我感到嘖嘖稱奇。

在出發去比維爾前，瑪莉貝斯送了我一份聖誕禮物。打開才發現，是一枚中間鑲著小鑽石，表面除了我名字的縮寫與一九五六年字樣外，內圍還刻著「愛」與「貝斯」等字的戒指。當時她還在惠特學院（Whittier College）讀一年級，並在學生會餐廳裡打工，她一定為這枚戒指欠下了一筆錢。

美好的時光轉瞬而逝，教官在聖誕節後幾天與我在艾托洛見面。當我在停機坪前跟瑪莉貝斯吻別時，右手就戴著那枚戒指。很快我就會成為一名軍官與紳士，屆時我將會在她父親的祝福下向瑪莉貝斯求婚，並在海軍中開始我們共同的生活。接著來了一個大大的擁抱，離情依依的道別，但兩人都沒有流下眼淚。我爬上階梯進入座艙，跟著比爾．皮爾森駕機駛向跑道，我仍看到她揮著手向身為海軍學官的我道別。

才在比維爾降落，我人生中駕駛的第一款噴射戰鬥機，格魯曼F9F黑豹式（Panther）戰鬥機，已經在飛行線上等我了。這架身經百戰的飛機，在深藍色的鋁皮上還可以看到一個個補過的彈孔。就像我的教官，它也是參加過韓戰的老兵，機身的塗裝隨著歷經的歲月而褪色。由於直翼設計和低於一馬赫的速度，黑豹式被移防回美國本土，開始作為訓練下一代海軍飛行員之用。

站在這架戰鷹前，我沉浸在觀看電影《獨孤里橋之役》（The Bridges at Toko-Ri）的記憶當中，這部電影我看了幾次？有超過十二次嗎？那飛行的畫面真夠壯觀，淒美的愛情故事加上主角們幾乎全數陣亡的結局，卻完全被我對榮譽感的崇尚淹沒。當我飛黑豹式的第一個早上，在爬進座艙那一刻就愛上了它。

駕駛它是愉悅的。黑豹式是第一代單發動機噴射機裡控制相當均衡，速度也夠快的機型。單飛時，我試著讓它做特技表演，還以四門二〇公厘機砲將靶機打爛，這種震撼真令人欲罷不能。

訓練的最後階段，還有幾項課目亟待完成，其中一項是往返達拉斯的遠程編隊飛行。包括我在內的三名學員，在雲高不超過一千英尺的暴風雨來襲之際起飛。飛機以箭形（Arrowhead）編隊約五百英尺的高度，在德州鄉間的天空貼地急速飛行，每個人都輪流擔任領隊。在後方兩英里處，教官駕駛著另一架

F9F在視距內觀察我們。天氣越來越壞，能見度也隨之降低，但還是在達拉斯安全降落。在休息與重新加油之後，當天下午又循原路線折返。

以四百英里的時速，黑豹式可以在一秒內飛越約兩個美式足球場的距離。你隨時都要超前後面的一到兩個步驟，否則這個速度就會讓你反應不及。如果你的動作比飛機還要慢，而為了拼命想要趕上它，將會讓你很容易連續犯錯。所以那些最棒的飛行員不只在享受飛行，更總會提前預想到後面的一兩步，因為你對任何事情都只有很短的反應時間。所以當有東西突然在我們三架黑豹式之間一閃而過的時候，我嚇了一跳。透過後照鏡，才發現那是朝向天際閃著紅燈的無線電塔，它的高度是一千五百英尺，我們的飛行高度卻只有五百英尺。是上蒼的眷顧，才讓我們沒有因為撞上它而送命。

我們在比維爾降落，大家雖然無恙，但都感到震撼。幾分鐘後教官駕駛的飛機才降落。這讓我心裡感到一陣憤怒：「你當時在哪裡？在差點要撞上鐵塔時，你竟然在後面看不到我們的位置？」

在我平靜之後，便把精神集中在這次教訓上。當你身為一名戰機飛行員，獨自坐在駕駛艙時，你的命運是掌握在自己手裡。責怪他人只是推卸責任，無法成長或改進，提早發現鐵塔是我的責任，而不是他人的。

除了這項失誤之外，我仍舊以接近最佳的成績自高級班畢業。我察覺到自己正在成為一名有自信的年輕飛行員，但無可避免的，這樣的認知也會讓你自尊受損。而我的教訓除了嚴酷地讓我保持謙卑，也影響了後續的人生。

那天我駕駛「T鳥」與東尼・白蒙特（Tony Biamonte）教官作飛行考試。我們計劃好並作了簡報要飛往維多利亞（Victoria）旁福斯特空軍基地（Foster Air Force Base）。德州上空是整道厚重的雲層，一路直達兩萬五千英尺高空，即使在最低的飛行高度，能見度也降到最低。在那個還沒有地面管制雷達的年代，飛行員得透過簡稱ＬＦＲ的低頻無線電（Low Frequency Radio）信標來導航，這項技術直到五〇年代，仍作為飛行導航的備用方案。因此所有飛行學員，都必須在必要時能夠使用它，而這樣的天氣正是時候。

那天在狂風暴雨中飛行，直到飛過兩萬五千英尺的高度，看見藍天為止。東尼坐在後面，而我在前頭，維多利亞距離我們大概只有五十英里，是一段很短程的飛行。在通報福斯特塔台後，開始準備下降，藍天隨即成為環繞機身的烏雲，讓我幾乎連翼尖的燃料箱也快看不到了。

在雲層中飛行是一件令人感到迷惘的經驗，看著座艙外的烏雲太久之後，空間迷向會讓你分不清自己是往上還是朝下，甚至是在倒飛還是正飛。它也會讓你在轉彎或下降時，分不清機翼是否保持平衡，你是不是已經飛到了岸邊，甚至不知道自己是不是正在下墜。由於缺乏參考依據，你的感官也會一團亂。同樣的狀況也可能發生在夜間飛行，這時只能把性命託付給飛機上的儀器，你必須要相信它們，而不是自己的感覺。但要這樣做有時是不容易的。

那次我也陷入這種掙扎，但還是仔細地聽著低頻無線電信標的指示，確定自己和跑道的相對位置，還有距離跑道還有多遠。我可以感到自己不斷想控制局勢，並保持比飛機「領先個一兩步」的心情。

開始降落後，我試圖在腦海裡確認自己的位置，這樣的做法是很重要的。你必須在心裡感覺到自己的飛機在空中，然後排除眼前的雲霧，集中精神在下方的地貌。你是依靠無線電的信號來構思這樣的畫面。所有的摩斯電碼，無論是Ａ、Ｎ甚至間隔，都能讓你感知自己的位置。我一邊下降，一邊聆聽著字母的變化，隨著每道新的摩斯電碼信號，我不斷更新著腦海中的景象。

降到兩千英尺的時候，發現我們是順著風向飛行，並以數千英尺的距離與跑道保持平行。當以九十度角飛越跑道邊緣時，就聽到摩斯電碼的字母有了變化，示意該轉彎並準備最後進場，只要再轉一個彎，我就要通過考試了。

當時能見度依舊不佳，「T鳥」受到亂流影響不斷搖晃。我要同時注意飛機儀表、準備降落並聽取無線電訊號，這讓我開始混亂並感到不確定。

「我心裡的圖像是錯的嗎？」

信號又變了，傳來的是新字母。

「等等，我現在是要降落到跑道的哪一端？要轉哪個方向？」

我以為知道自己在哪，但是我的混亂瓦解了自信。

結果我轉錯了方向，讓「T鳥」離跑道頭越來越遠，所幸我在幾秒內發現自己的錯誤，停止降落，呼叫塔台並表示要拉回高度，再一次回到等待航線。

此刻，我才意識到東尼就坐在後座。我搞砸了。海上飛行是一項嚴苛的使命，只要一個錯誤，就可能導致自己和他人死亡。在訓練階段，儘管是轉錯彎這種才短短幾秒的小錯誤，都會讓你失分。當時就是如此，東尼終止了考核，要我飛返比維爾。我在返航途中非常怨恨自己，對錯誤感到怒火中燒。降落後，東尼問我：「你知道哪裡錯了嗎？」

我回答：「知道」，並解釋發生的狀況，還提到自己很快就修正了錯誤。

他點頭同意了我最後一段的說法，但並不打算放過我，明確表示：「我要你再考一次。」那次飛行我真的失敗了，是十八個月來唯一的一次。他看到了我臉上的表情，試圖鼓勵我：「聽好，丹，每個人都會失敗個一兩次，不要擔心，這才是最好的教訓。」

於是我更努力學習，研究如何依靠低頻無線電降落，每天上基地的模擬器練習。由於知道絕不能再失敗，我甚至還從頭學習摩斯電碼。因為執著於成功，我放棄了生活中所有例行性事務，將每一分每一秒都用於學習。失敗後的第一個晚上，當我上床睡覺，正要因疲憊陷入昏迷之際，突然想起自己好像忘記做些什麼。

「我還沒寫信給瑪莉貝斯。」

這是自我離家從軍後，第一次沒有給她寫信。

第二天，同樣的事又發生了。我寫信的進度落後了兩天，但她的信卻同樣準時到來，可我居然持續讓自己回信的時間越拖越久，現在想想還真的是很白痴。

整個星期，我全神貫注，人生只剩下唯一的目標，就是學習低頻無線電信標，並在下一次的考核中過關。包括瑪莉貝斯在內，所有我人生中的其他人事物都要暫時讓位，直到我修正我的錯誤為止。那時可沒有手機或者長途電話可以解釋，更何況向她解釋這些只會讓我更加羞愧，這實在是天大的錯誤。

這是我首次接觸到所有海軍飛行員都會遇到的挑戰，到底是工作重要還是個人生活重要？工作的要求是如此之高，讓它幾乎成為最重要的事。在民間生活中，只要稍微注意，是可以達到工作與個人生活間的平衡。但在海軍航空隊是沒有平衡的，工作永遠是擺在第一位。

老家的瑪莉貝斯，每一天都沒有收到信。隨著每次下午的失望，她開始從困惑，警覺轉為受傷。我孫子們稱這種事情叫「搞失蹤」，想想你跟你的愛人分隔兩地，每天靠簡訊保持聯繫。突然間一方停了下來，幾個小時或許還好，但若整個聯繫變成只有單向的溝通，那壓力就會逐漸升高。隨著日子一天天過去，疑問變為痛苦，一個人完全沒有解釋，就這樣失蹤了。

「搞失蹤」三個字當時還不是人們琅琅上口的詞彙，但我在一九五七年那週為了集中精神通過考核，對瑪莉貝斯就做出了這樣的事。等我回到「T鳥」的座艙，準備重新接受測驗時，過去的辛勞都有了回報，我拿到A了，降落也沒有任何問題。回到比維爾後，信心終於恢復了。

兩個月後，東尼居然在一場類似的低頻無線電信標訓練中，與另一名學員一同身亡。飛行圈的生活，即使是訓練，也必謹慎以對。你必須全神投入，失衡的生活不僅是表達對飛行的熱愛，更是讓我們活下來的不二法門。

那次是我最後幾項考核之一，我在排名沒有滑落的情況下結束了高級班訓練。等一切結束之後，我寫了數星期以來第一封給瑪莉貝斯的信，卻無法告訴她自己與失敗擦身而過的經驗。我要怎麼在信裡解釋自己的錯誤判斷？我決定等回家以後，再當面向她說明。我希望自己在她眼中還是那位聖誕節時戴著雷朋太陽眼鏡，穿著查卡靴，從「T鳥」駕駛艙裡爬出來、可靠、充滿自信的飛官。於是我做了最不困難的選擇，假裝先前的事完全沒有發生，像以往那樣寫信，甚至沒有正面提及那些日子的失聯，只管從後來的內容開始寫起。

一九五七年三月一日，我得到了飛行胸章，只是在科珀斯克里斯蒂（Corpus Christi）舉辦的結業典禮實在有點虎頭蛇尾。我希望由瑪莉貝斯替我別上飛行胸章，但無論是她還是我的家人，都無法支付她飛來德州的旅費。

最後，還是跟我一起接受飛行訓練的同鄉兼室友艾爾・克雷斯（Al Clayes）替我別上徽章。我也為同一天成為陸戰隊飛行員的他，別上屬於他的榮耀。

我們全體成為了海軍的少尉，「大艾爾」（Big Al）則是陸戰隊少尉。我們終於成為了軍官與紳士，但為等待第一次分發的單位而逐漸感到焦慮。雖然我經由消息管道，得知那年春天，海軍在西岸只有幾個給噴射戰機飛行員的員額，但我仍希望派駐到加州，如此才能夠離老家跟瑪莉貝斯更近，於是就提出了這樣的申請。

當命令送到時，我迫不及待的打開信封，看看自己會不會被分配到最差的幾個單位。最糟糕的是飛船單位，沒錯，美國海軍到五〇年代，都還在使用被稱之為「屎袋」（Poopy Bags）的飛船。沒有任何飛過黑豹式或者「T鳥」的人，會想要去操作那個速度只有七十節，活像漂浮在頭上的大空氣袋。不用了，謝謝！接下來是反潛機單位，這意味著你要搭上多發動機的慢速飛機，在大海上執行長時間的巡邏任務，飛機上的每個人都會想盡辦法不會先無聊到睡著。

我深吸了一口氣，然後閱讀我的派任命令，上級要求我，在三十天內前往聖地牙哥報到。我再讀了一次，然後又一次，好確保自己不是在作夢。依據命令，我將加入簡稱VF（AW）-3的單位。

V指的是比空氣還重的，所以不是飛船。

F則代表戰鬥機。

AW則是全天候。

我成功了，我將成為噴射戰鬥機飛行員，邁向通往頂尖飛行員的第一步。

第二章
加入部族

一九五七年春
德州到聖地牙哥北島海軍航空站

加州沙漠當時正值二三〇〇時，也就是老百姓說的晚上十一點。每晚的同一時分，我都會走到戶外，和太太養的那兩隻雪白色馬爾濟斯小狗一起坐在池邊。牠們蜷伏在我那張攤平的休閒椅下方，我躺在那裡，注視著夜空、等待。

對於必須經歷過一定次數夜間飛行的我們而言，星星自然如同老朋友般。當隨著航空母艦出海時，所有聯隊都會根據月相指派菜鳥飛行員的夜間任務，第一次的新手必須能在滿月的亮光當中降落，如果他能在尾鉤拉得住鋼纜的四十英尺範圍內降落（這對於航艦降落而言，是必須達到的要求，否則後果就靠老天保佑了），那他下一次夜間飛行，就會被安排在月光較暗，難度也較高的新月時進行。至於最大的考驗，是在完全沒有月亮且氣候惡劣的夜晚飛行。對於飛行員而言，沒有什麼事情比冒著夜間惡劣的海象落艦更能考驗自己的膽量了。可以非常肯定的是，只有身懷絕技的人，才能持續進行這樣的事。

記得當年在「遊騎兵號」（USS Ranger, CV-61）航艦，於太平洋某處巡弋，每當月亮的形狀看來像彎曲指甲時，我的聯隊就會進行夜間飛行。其中有位年輕的飛行員，無法順利地將他的F-14雄貓式（Tomcat）戰機落艦。當他準備進場，降落信號官（LSO）引導他去勾第三條鋼纜時，坐在艦橋椅子上觀察的我，覺得他好像在「和駕駛艙裡的蛇搏鬥」——過度操控他的戰機。在他感到快被壓垮時，心跳也隨之加速。但人人都發生過那樣的狀況，降落信號官只好叫他再繞一圈，這種情況稱為「重飛」。

他照辦了，但同樣的情況再度發生，這顯示他已接近臨界點。飛行員當時要分別應付恐懼、暗夜與儀器，並依照程序將戰機飛回航艦，但又錯失了機會。整個晚上他都在試圖將戰機飛回遊騎兵號，甚至兩度要爬升到雲層上方，從加油機補充燃油之後再繼續。我最後只好用無線電呼叫他，這是高階軍官幾乎不會去做的事，我們通常將聯繫工作交給飛行員與航管指揮官（Air Boss）或中隊長。

「聽著，小老弟，我們在逆風航行，大伙哪裡都不會去，就在這裡等你，你就放輕鬆，順利地降落吧。」

這其實是我軍旅生涯中最喜愛的時刻，也就是教導後進，表達對彼此的真誠，這種兄弟情除了海軍航空隊以外，又能在哪裡找到呢？

那菜鳥嘗試了十二次才把飛機成功地落到甲板上。回想起這件事，就會覺得每次戰機進場都是在考驗膽量。不僅甲板會隨著湧浪晃動，在夜間你也看不到地平線，只能依靠降落信號官與自己的儀表板，只要一項錯誤就能讓你送命。更糟的是，如果你在降落時犯了某個錯誤，你還可能連別人都害死。即便不處於交戰狀態，我們的風險還是很高。

經過十二次的嘗試之後，他終於完美地進場降落。也許在民間工作裡，部分經理人會真的給年輕人十二次機會，只是我對此抱持懷疑。在海軍的世界裡，自有一套辦法，也就是派他在第二天晚上再度駕機升空。結果當返航的那一刻來臨時，他不僅像艦隊裡的老鳥般漂亮地進場，還如同經驗豐富的海軍飛行員，順利勾住第三條鋼纜。後來他居然還加入了海軍著名的飛行表演小組藍天使（Blue Angeles）。

熱愛飛行是我們進入這個領域工作的重要原因，但讓我們留下來的關鍵還是在裡面的人。那些支持我們度過漫漫長夜的那群人。

成為海軍少尉後，我第一件處理的私人事務就是買車。我們這群首次進入德州聖體市（Corpus Christi）軍官俱樂部吃中飯的軍官，決定至少得要有一個人去弄輛車才行。我們用扔骰子決定誰去買車，結果我輸了。

我挑選了一輛一九五七年出廠的全新福特。它黑色的外觀，搭配白色內裝，給人一種猶如出自電影《美國風情畫》（American Graffiti）的感覺。前往第三戰鬥機中隊報到前，我獲准放三十天的長假。我從德州將車子一路開回老家，希望能與瑪莉貝斯重逢，彌補長時間的分離，打算利用所有的假期好好陪伴她。

回到家後的第一個早上，開著福特車前往惠特學院找瑪莉貝斯，我在學生會餐廳裡找到了她。她看

起來異常地平靜，當我給她看新車的時候，就知道有些事情不太對勁

「貝斯，怎麼啦？」

她遲疑了一陣子，似乎在想著該如何回答我。

「你沒寫信給我，我有一陣子都沒有收到任何信。」

正當我要開口解釋時，她說：「丹，我正在和別人約會，就在你沒寫信給我的這段時間，有人很殷勤的追我，然後我也答應了。」當下我無言以對，只知道對方是學院裡的足球隊隊員，兩人認識不過也才幾個星期而已。

我回家療傷止痛，那晚老家的氣氛是前所未有的感傷。我在那裡多待了兩個星期，每天都數饅頭算時間，越來越覺得自己是家中的局外人。這是我加入海軍航空大家庭以來，第一次感受到什麼叫做與世隔絕。你過去生活中的每個部份，將在後續的幾個月裡，如同飄落的葉片般離開你。菜鳥或許還與外界有所聯繫，但是我們已經了解，為了駕駛高性能飛機所需的要求，他們已漸漸被逼至極限。生活越來越集中在工作、同事，以及一些來自地面上的麻煩連結。

對我們而言這是個相當殘忍的過程。好萊塢電影通常把飛行員塑造成只知道飲酒尋歡，而未深入描寫實況。真相是，從你向第一個飛行中隊報到的那天開始，你的人生就剩下只能與美女共渡的浮華夜晚。當想要認真建立更進一步的關係時，問題隨即發生。為了那個金色的飛行胸章，我第一次犧牲了自己的摯愛。

我越來越無法忍受在老家的時間，決定提前去中隊報到。當我收拾行李時，母親過來看著我打包。

她溫和地說：「丹，瑪莉貝斯做出了她的選擇，你要尊重她。」

我媽輕而易舉就看出，我想重新贏回瑪莉貝斯芳心的念頭。

「別這麼做，不要介入他人的戀情，那不是你應得的，你們注定不該在一起。」彼特森家族的一大傳統，就是不許忤逆母親，她的話隨著我一路到了聖地牙哥。

第一次到中隊報到，對海軍飛行員而言可是人生大事。你不僅會結交到一輩子的好朋友，飛行中的教訓也如同消防栓噴出的水柱般向你無情襲來。你要有清晰的頭腦，隨時準備面臨即將到來的挑戰，否則早晚會發生意外。無論是在海軍飛行部門從事哪種職務，都是不容許犯錯的。

在聖地牙哥市中心百老匯大道的尾端，我找到了開往科羅納多島（Coronado）的渡輪，並把福特汽車給開了上去。我腦子一片混亂，顯然不是為了提前兩週向中隊報到，只是想逃離老家，躲避那個渴望卻無法得到的人生。

在北島（North Island）基地閘門外的衛兵，為我指引了第三戰鬥機中隊的方向。經過了一架又一架的噴射攻擊機、巡邏機與戰鬥機，幾乎沒有關注到那些在跑道上起落的飛機。每個中隊都有屬於各自處於高度戒備的營區範圍，除了圍籬，還有牽著軍犬的衛兵，和基地大門口相對鬆散的安全措施截然不同。這是我的第一個印象，這是一個與眾不同的中隊。

在二度向衛兵出示派令後，我把車子停到了機棚旁邊，再伸手去拿放在椅子另一邊的海軍船形帽，和裝著派令的信封袋，然後去行政辦公室報到。

值星官熱情地與我握手，歡迎我到來，然後帶著我去見副隊長尤金．瓦倫西亞（Eugene Valencia）少校。

與副座會面是新手報到必經的正式程序，被帶到他的辦公室後，便走進去向他自我介紹。

圓臉，結實的身材與稍微稀疏的頭髮，我的新長官是美國海軍在二戰期間排名第三的王牌飛行員，是群體裡的傳奇人物。一九四五年四月日本本土上空的一場空戰中，他單機取得了擊落六架的戰果。他的F6F地獄貓式座機側面，有象徵擊落數字的二十三面小旗幟。

當時的我只是個極力掩飾悲傷的小少尉。副座獲有海軍十字勳章及六個卓越飛行勳章。我非常訝異，像瓦倫西亞少校那樣的軍人，竟完全沒有一絲傲慢。他在和我打過招呼後，便以沒有預設立場的輕鬆態度，讓我也緩和下來。你很難相信有如此成就的人，竟會這麼地腳踏實地且平易近人。

隨後值星官把我從副隊長辦公室帶到機棚，說明隸屬於北美防空司令部（North America Air Defense Command）的第三戰鬥機中隊，是唯一一支負責保衛美國海岸線安全的戰鬥機中隊，因此必須二十四小時待命。由於是受美國空軍直接指揮的海軍飛行員，可說是一個異數。不分晝夜，都會有兩組人員待命，能在五分鐘內緊急升空。更多的飛行員則在待命室裡，值十分鐘待命班。只要一聲令下，他們就會奔向停放在機棚前方的戰機，並以極高的速度從一八跑道上起飛。

當時正值冷戰高峰期，對美國本土最大的威脅並非洲際彈道飛彈，而是裝載了核武的蘇聯戰略轟炸機。假如第三次世界大戰爆發，我們的任務就是在那些轟炸機攻擊南加州之前把它們擊落。

海軍給了我們最好的裝備，最先進的電子儀器與最傑出的機組員。每年都會有一次評比，看看哪一個保衛美國領空的中隊是最優秀的。每次空軍都會派出一位二星少將到北島來頒發這個獎項，得獎的總是體系中唯一的一個海軍單位。這無論對海軍或第三戰鬥機中隊而言，都是極為自豪的一件事。

那天下午我還獲准偷瞄了一下待命室，機組員穿著飛行服待在裡面，就等著警報聲響起。值星官指著主機棚裡的櫃子對我說：「你可以把自己的飛行裝備放進置物櫃去了。」當我找到屬於自己的櫃子，打開一看，裡面全是別人的東西。

我馬上提出疑問：「是不是搞錯了？」

值星官滿臉驚訝的說道：「不好意思，我們忘了清理。」

這又讓我產生了疑問：「忘了清理？」

他回答：「使用這個置物櫃的人在不久前意外殉職，你是來接替他的，直接把裡面的東西通通丟掉吧，他的重要物品已經全部轉交家人了。」

我走回置物櫃，以一種全新的視角看著裡面的物品，一件掛在衣架上的T恤，一些小裝飾品和個人衛生用品則放在架上。突然間我注意到有件不尋常的東西，有一雙眼睛在盯著我。我伸手從架子上拿出了一隻小老鼠娃娃。它大約兩吋高，有雙大眼睛、灰色毛髮與尾巴。這樣的玩具出現在戰機飛行員的置物櫃裡，有些不太搭調。

這是他買來送給孩子的禮物嗎？是否因為最後那次意外而來不及送出去？還是他的孩子送給他的禮物？抑或是一個用來提醒有人在等他回家的幸運物？我實在不願意知道幸運物是不是沒給他帶來好運。

突然間我不想知道答案了，這是種態度上的轉變，相較於玩具主人意外身亡，我個人的問題就顯得非常渺小自私了。

我把T恤與衛生用品丟了，卻無法拋下那隻小老鼠。我拿著它，心裡想著：「我有什麼資格把別人的老鼠娃娃丟掉？」

我把小傢伙放進飛行袋裡，還在裡面幫它做了個窩。當我把裝備放進置物櫃時，它就在飛行頭盔旁，用那卡通般的大眼睛看著我。我把雷朋太陽眼鏡放到了架子上，關上櫃子，然後去單身軍官宿舍等待分發房間。等一切都安頓好以後，我就去待命室和隊上夥伴見面。

待命室裡面，一切的客套都被丟到九霄雲外去，有位隊友笑著和我打招呼：「歡迎來到美國空軍最優秀的中隊！」母親要我把人生活得精彩一點，只管繼續向前，但說起來可比做起來容易。我在這裡，正被一群同樣熱愛飛行的人包圍著。他們是成功者，永遠向前邁進，是真正強悍的男人。贏得他們的敬重，將更具有不凡的意義。他們是海軍最傑出的飛行員，而且歡迎我加入他們的小小部落。那天晚上，我找到了自己的歸屬，他們將是教導我成為戰機飛行員的人們。

第三章
海軍禁止了空戰演練

一九五八年六月
加州，北島

突如其來的警報聲讓我們準備緊急起飛，原來是有架不明飛機接近。那些在待命室裡喝咖啡、玩撲克牌的飛行員，其實都在等這一刻的到來。我當時處於「五分鐘緊急待命」狀態，也就是一旦有狀況發生，必須在五分鐘內升空。我們在聽到警報聲後就朝飛行線衝，爬進駕駛艙，然後將飛機滑行到一八跑道上，接著就將機頭拉起並急速爬升。

被暱稱為「福特」（Ford）的這款戰機，正式名稱為道格拉斯F4D天光式戰鬥機，是由傳奇設計師艾德·海涅曼（Edward H. Heinemann）[1]所設計，這是一架幾乎沒有水平尾翼的空氣動力奇蹟。它那個像飛彈般的機鼻，再加上有如蝙蝠翅膀的三角翼，怎麼看都是科幻電影裡的產物。但想要駕駛它可得

1 編註：他同時也是SBD無畏式俯衝轟炸機、A-20攻擊機、A-1天襲者式攻擊機以及A-4天鷹式攻擊機等傑作名機的設計師。

經過一番競爭。第三戰鬥機中隊過去的要求是，飛行員必須先在上一代的Ｆ３Ｄ空中騎士式攔截機上，累積有三百個小時的飛行時數才能飛Ｆ４Ｄ。駕駛這類單座戰機的難度在於，你必須一個人兼顧雷達與飛行速度。

我一面檢查儀表板，一面聽著從普惠Ｊ57發動機傳來的嘶吼聲。飛到一四〇節的時候，我也以三十度角爬升，邊收起起落架，並將飛機轉往指定的方向找尋我的目標。一切都十分順利，天光式戰鬥機就如同歸心似箭的天使般，不顧一切的朝天堂狂奔。

我持續將控制桿向後拉，直到機頭的仰角從三十度變為六十度，幾乎呈垂直為止。然後再打開後燃器，讓飛機以完美的速度爬升，只用了五十五秒就飛到超過一萬英尺，星空看來就在眼前。

兩分三十六秒後，已經抵達五萬英尺高空。如果天候良好的話，在這個太平洋正上方九英里的位置，可以看到洛杉磯北邊遠處的內華達山脈，以及東邊環繞著亞利桑那州尤馬（Yuma）的科羅拉多河。

目標就隱藏在夜空裡，在正面較低的位置。拉古那山雷達站（Mount Laguna Radar Station）與諾頓空軍基地（Norton Air Force Base）的空中指揮中心，正導引飛往目標，直到我能以自己的雷達偵測到它為止。天光式戰鬥機的機鼻內，有具秘密的空用雷達系統，它是以一個圓形的陰極射線管螢幕顯示，並連接著一個罩子。如果要在白天觀看雷達螢幕，飛行員必須要將身體向前傾，讓眼睛貼著罩子才能看到雷達波束由左至右掃過的樣子。如果覺得這樣的飛行方式很危險，就必須要接受它！螢幕上，還有由西屋電器（Westinghouse）打造的轉彎傾斜儀與高度陀螺儀。我們可以在飛行的同時，盯著雷達看。雷達控制儀就在油門後方，所以一般用右手飛行，左手操縱雷達。

感謝戰機的後燃器，在短短幾分鐘內就能追上目標。強大的雷達系統，更可以讓我們在用肉眼看到目標前就將其捕捉。目標出現在雷達螢幕之後，我就展開鎖定程序。雷達螢幕上會有個小圓圈，飛行員的工作就是將圓圈與代表目標的光點重疊，只要完成這個動作，當目標進入射程範圍內就可以開火了。我們可以發射數十枚無導引的二．七英吋火箭來攻擊目標。

從道格拉斯飛機公司位於艾索岡多（El Segundo）的工廠生產出來的天光式戰鬥機，還裝備著四門機砲，每門機砲各有六十五枚彈藥。隨著無導引火箭與追熱空對空飛彈技術的精進，海軍認為機砲僅是增加無謂的負擔，因此將它們從飛機上移除，位置也被取代。歡迎來到按鈕戰爭的時代。

這些承平時期的攔截行動，都必須先以肉眼辨識目標。我降低了高度，發現當晚攔截的，和幾乎每次攔截的目標一樣，是架偏離航道的民航機。我伴隨它飛了幾分鐘，好奇機上的乘客會不會看到距離他們不遠的我。由於我沒有打開航行燈，因此即使有人剛好從側面的窗口朝外望，也只能看到戰機模糊的輪廓。

今晚的目標不構成國安威脅，任務結束，該是返回北島的時候了。為了爬升到五萬英尺，我的後燃器就耗掉了將近三千磅燃料，相等於四六一加崙。再加上飛行速度快，幾乎就和太空歌劇《二十五世紀宇宙戰爭》（Buck Rogers）裡的星星一樣。但天光式戰鬥機並沒有很長的續航力，即便在翼下裝了兩個副油箱後亦然。她就像是短跑運動員，專為因應我們希望不會遭遇的威脅而設計。

我掉頭飛回北島，輕鬆地進入航線，在與海灘平行的飛行途中，會經過科羅納多飯店（Hotel De Coronado），我總會藉機看它的泳池一眼。與達到完美平衡穩定的「T鳥」不同，「福特」則是焦慮、緊張又不穩定，但也因為這樣的不穩定，給了它極佳的靈活性與滾轉速率，但這可不是新手飛行員能夠駕馭的，尤其要在航空母艦上降落時，更是極具考驗。所以菜鳥們必須先飛老一代的攔截機以後才可以駕駛「福特」。

當你要以機鼻朝上三十度的仰角降落時，是不可能看清楚每件事的。也因為天光式戰鬥機降落時仰角如此地高，海涅曼在其末端加裝了一個可伸縮的尾橇，上面還有個小輪胎。當放下起落架時，尾橇也會隨著一起放下並鎖定。如果降落時沒出差錯，最先碰觸到地面的就是這個尾橇，然後才是主起落架與前起落架。

我看見接近跑道末端的進場燈光，它們被豎立在高聳的木柱上，活像是吃了美國仙丹的街燈。我對這些燈光相當警覺，它們會影響飛行員對方向的判斷，尤其是在有霧的夜晚。將機頭對準跑道中線，雙眼掃視著儀表板，然後慢慢把油門收回。「福特」在地面雷達導引下，準確地朝著跑道下降，直到落地為止。

加入第三戰鬥機（全天候）中隊兩個月後，半夜在家接到一通電話，要我立即回北島報到。當時我和其他幾位飛行員在科羅納多合租一棟房子，距離基地很近。抵達後，發現原來是一位跟我熟悉的學長，在濃霧中降落的最後階段沒有分清方向，撞上了其中一盞進場燈。F4D當場爆炸，立刻奪走了他的生

命。中隊長要我擔任這起事件的意外調查助理官，所以得和中隊長與軍牧一起，把不幸的消息告知遺孀。

在她的大門口前經歷了最難熬的一刻後，我花了一個早上的時間在事故現場，幫忙將墜機殘骸從跑道上移開。這是我二十九年的軍人生涯中，經手過最糟糕與最困難的工作。其中一部分還包括尋找我朋友的遺骸。我們花了好幾個小時處理，我一直會想起他剛成為寡婦的妻子和他們的孩子。

他的死亡讓我在後來的每次夜間進場，尤其是惡劣天候下降落時變得極為謹慎。入夜後濃霧會從海灣和北島湧入，讓能見度趨近於零，使降落極為困難。有些時候，大霧還會濃到迫使我們轉往艾森特羅（El Centro）海軍航空站，或另一座鄰近機場降落。大霧是造成我朋友死亡的元凶，在最後階段讓他迷失方向並撞向燈柱，這是個既悲慘又具警惕性的故事。

無論如何，天光式戰鬥機仍代表著美國空防的未來趨勢，只要克盡職責，甚至可以在視距範圍外就擊落那些蘇聯轟炸機。接下來幾個月，靠著響尾蛇與麻雀飛彈這兩項關鍵武器，視距外打擊成為空戰的主流模式，它們是第一代的空對空導引飛彈。正式名稱為AIM-9的響尾蛇飛彈，是靠紅外線感測器追蹤並摧毀目標，射程更遠的麻雀飛彈[2]則依賴雷達導引。

一九五八年九月，我們的盟友中華民國空軍，將響尾蛇飛彈掛在經典的F-86軍刀式戰鬥機去參戰。當年夏末，解放軍空軍取得了較先進的蘇聯製米格17，讓中華民國空軍陷入了苦戰。

九月二十四日，台灣的飛行員創下了人類歷史上首度以空對空飛彈擊落敵機的紀錄。響尾蛇飛彈的

2 編註：正式編號是AIM-7。

出現，帶給共黨陣營前所未有的震撼。在空戰結束前，這款新式飛彈又替中華民國空軍擊落了大約十架米格17，這個戰果證明我們在五〇年代大力投資飛彈技術的正確性。當然，台海空戰也出現了完全意料之外的插曲。那一天，有一枚擊中米格17機翼的響尾蛇飛彈竟然沒有爆炸，共軍飛行員帶著這枚鑲在他飛機上的「戰利品」安全落地。幾個星期後，俄國人便開始對這項超級機密的技術產物進行逆向工程。幾年後到了越南，便對上了俄國版的響尾蛇飛彈，我們給了它AA-2「環礁」（Atolls）的代號[3]。

響尾蛇飛彈在九二四空戰贏得初次勝利後，國防部、空軍和海軍很快地投資研發長程導引的空對空飛彈。一次大戰時「紅男爵」厲秋芬在西線上空作戰的方式，已經成為過去。你不需要再飛到距敵機僅數百英尺的距離才能取得戰果。飛行員大可以在對方逼進至纏鬥距離前，直接將其擊落。空軍與海軍都同意國防部那些天才們的看法，認為近距離空戰的時代已經結束。新的戰鬥機會有數個固定飛彈的掛載點，機上不再安裝機砲。何必為這些過時產物浪費更多的空間與重量呢？

我中隊上的幾名高階軍官，都參加過二戰或是韓戰，他們的戰鬥經驗，遠比依靠雷達螢幕打《二十五世紀宇宙戰爭》的人更接近厲秋芬。沒有人比副隊長尤金．瓦倫西亞，代號「基諾」（Geno）的王牌飛行員，對我產生更大的影響。他對我們幾個年輕的飛行員視如己出，親自教導我們。在著名的航空站I酒吧（I Bar），或是軍官俱樂部，每次到了下午放風時間，他有時候就會敞開心胸，述說他在太平洋上空與日本人激戰的故事。身為菜鳥的我，當時可是聽得津津有味。一九五七年，基諾曾帶我參加了一場在墨西哥下加利福尼亞（Beja California）羅薩里多（Rosarito）海灘舉辦的盛大海軍飛行員聚會，這個聚會又被稱為尾鉤大會（Tailhook Convention）。身為基諾的離營副官，我幫他提著那個裝滿蘇格蘭威士忌的手提箱。在那裡，我還從某些海軍航空最偉大的傳奇人物那裡，聽到很多發生在海上甚至機棚內的精采故事。另外一次，基諾帶著部份年輕飛官出席美國戰鬥機王牌飛行員大會（American Fighter Aces Convention）。我已經熟讀過許多二戰王牌的回憶錄，希望學到一些自己可用的經驗。會中見過了一些美軍最優秀的戰機駕駛員，吸收他們傳授的一切。他們全部都有與零式戰鬥機和米格機交戰的經驗，我們正想變成他們那樣。

老兵述說在太平洋戰場上學到如何避免與更為靈活的零式戰鬥機作迴轉纏鬥，否則只會淪落到被擊落的下場。因此他們的作法就是打帶跑戰術。「交錯之後，馬上飛開」（One Pass, Haul Ass）是最高的指導原則。他們以兩架戰機為一組彼此掩護，避免零式戰鬥機捉到隊友的尾巴。另一架美機，隨時準備朝向他的隊友方向，以便攻擊尾隨隊友的敵機[4]。

我的分隊長比爾．阿姆斯壯（Bill Armstrong）告訴我，韓戰的情況完全相反。如果以二戰的戰術對上共產黨的米格15將會是死路一條。敵機比當時所有海軍的戰鬥機，包括我受訓時飛過的F9F，都飛得更快更高。面對米格15在速度上的優勢，F9F的水平翼設計與轉向方面的特性，則是可與之抗衡的優勢。不過六年，我們連戰術都改了，「交錯之後，馬上飛開」的戰術成為歷史，迴轉纏鬥的方法讓美國飛行員找到了自己的優勢。

---

3 編註：蘇聯正式編號是K－13。

4 編註：美國海軍在二戰時名為「薩奇式雙機互掩戰術」（Thach Weave）的雙機編隊空戰戰術。編隊中的前架戰機先對日機攻擊，當日機施展他們慣用的緊急轉彎閃躲並鑽入前架美機的後方時，前架美機就要脫離。另一架美機這時就要從後方攻擊日機。

進入飛彈時代後，一切又有了變化，至少海軍方面以為是如此。地面戰管會把我們導引到空中的某一個方位，接著我們用小圓圈來鎖定對方，再發射飛彈。再也沒有過去那種緊張刺激的高機動轉彎動作，科技為空戰帶來了新革命。

傳統上，戰鬥機飛行員要扮演很多角色，我們會伴隨轟炸機編隊飛行，掩護他們直達轟炸目標上空。我們也會攔截敵方轟炸機，與護衛他們的敵方戰機纏鬥。我們還會執行空中巡邏，擊落在空中的任何威脅。甚至還會執行轟炸任務，沿著前線投下汽油彈來支援地面的友軍。戰鬥機可說是多功能的，但主要任務是在空中趕走敵軍，並確保友機在空中暢行無阻。而上述每項任務，都會需要採近距離空戰。海軍的結論是，長程雷達的導引攔截，將會把這些戰術全部淘汰。一批吊掛著飛彈的戰機，將可以在視距外摧毀目標，根本不需進行近距離的空戰。只要看著陰極射線管，鎖定目標再發射飛彈就可以了。至於轟炸任務，就交給專門的攻擊機中隊執行。

在這個關係密切的團隊裡，有些人並不樂見海軍這樣的發展方向。老戰術之所以會產生是有原因的，更何況空戰模式真改變了嗎？結果就是，另一項因素反而發生了作用。一切都和預算有關啊。五〇年代中期，要進行類似韓戰時期的空中纏鬥訓練，是件即昂貴又危險的事情。而且從跑道倏然起飛，以接近音障的速度爬升到五萬英尺高空，也會讓機體結構承受很大的壓力。基於安全理由，所有飛機都有其特定的服役年限。至於國防承包商則保證，機體在必須被汰換之前，都能承受一定的飛行時數。那些在五角大廈裡錙銖必較的官員就認為，空中纏鬥訓練產生的強大G力負擔，對機體造成的損耗，是攔截飛行訓練的五倍以上。而且纏鬥訓練也會造成人員意外傷亡，飛行員在那些翻滾迴轉的纏鬥中是會犯下錯誤的。他們超越了極限，但在無法復原的翻滾或空中相撞裡喪生。昂貴飛機的損失還可以（勉為其難的）承受，但損失長期訓練才能養成的飛行員，可是雙重打擊。

所以當我在第三戰鬥機（全天候）中隊服務期間，老方法是不合乎規定的。空中纏鬥，或者官方所謂的空戰演習是被嚴格禁止的。一九六〇年，在我被派到下一個單位前，海軍居然關閉了最後一個訓練飛行員作空中纏鬥訓練的學校，也就是在艾森特羅的艦隊航空射擊小組（Fleet Air Gunnery Unit）。從此之後，空戰演習就被禁止。如果你惹「麻煩」，也就是練習空中纏鬥被逮到的話，你的海軍生涯就可能結束。

禁止空中纏鬥的規定，讓中隊內分為三派。那些資深的領導階層，其經驗與海軍當前發展的方向背道而馳。他們可是參加過兩場戰爭，且目睹戰友死亡。在派往海外執行艦隊部署而與家人分隔多年後，他們現在全神貫注想當個好爸爸或好丈夫。在這些人的海軍生涯末期，他們對於在地面上教導我們這些新人，分享自己的經驗，以及如何成為領袖就已經感到滿足，因此會把大多數有關飛行的部分交給年輕人。

第二派人馬則是接受新方法的初級軍官，他們從來不惹「麻煩」，也從來沒有挑戰過天光式戰鬥機在空中飛行的極限。

最後一批人，是群沉默的年輕好手，當然在別人眼裡我們不是如此。我們決定要有所作為。

第四章
戰鬥俱樂部

一九五九年
聖克里門提島外海

還記得你第一次從家人手中，拿到車鑰匙時的心情嗎？又或者你撿了些不怎樣的東西回家拼湊起來，然後想開出門試試它的性能的心情。五〇年代，對汽車著迷的高中生們，似乎永遠都知道哪裡正有一場街頭賽車。南加州有不少廢棄的軍用機場，而跑道可以做為很棒的賽道。週五晚上，年輕人就開著愛車在這些舊跑道上馳騁。這些賽道消失數十年後，取而代之的是地下賽車的景象，正如電影《玩命關頭》裡描述的那樣。這類地下賽事從來沒有正式系統運作，僅靠著午餐時的幾句閒聊，就能約定會面的時間與地點。消息網路自然會一個人接著一個人地，把風聲傳出去。

我們呢，其實也發展出了類似的地下文化，差別在於我們飛的是噴射戰鬥機而已。在加州外海，位於聖地牙哥以西八十英里處，有一個涵蓋聖克里門提島（San Clemente Island）在內的禁航區。它是個軍事保留區，空中管制員稱其為「威士忌２９１」。南加州的美國海軍飛行中隊，將此地視為訓練空域，這就是我們的遊樂場。

有關於這個在西岸進行空中纏鬥的非法競技場，我是某晚下班後在聖地牙哥的酒吧裡聽說的。這事也許是發生在科羅納多飯店，或是我們暢飲龍舌蘭的一家墨西哥餐館，反正絕不會是在北島的軍官俱樂部，或是待命室裡面。太多「閒雜人等」是會壞事的。

我們幾乎是想飛就可以隨時飛出去，中隊裡有足夠數量的飛機，長官們也鼓勵飛行員多累積飛行時數。當然我們也總能找到好的理由去飛，有時會在週末駕機進行跨州導航的練習。我可以和任何一位新進同僚，飛往德州、奧克拉荷馬州或者亞利桑那州。有一次，菜鳥之一的唐．霍爾（Don Hall）在鳳凰城結婚，我就飛了一架「福特」去參與婚禮。如果是今天的海軍，我是完全不敢想去做這種事的。

重點在於，你必須靠著「動手」去學習，我們當中那些握著控制桿而活的人，是經由頻繁地飛行來瞭解我們的飛機。我們多次攔截偏離航道的客機，並在飛機發生狀況時嘗試自行解決問題。海軍裡最讓我敬佩的人，就是那些老派的戰鬥機飛行員，他們有讓我恨不得走回頭路的衝動，想要以自己的才智與逆境抗衡。只要對華沙集團的兵力稍有了解，你就會很清楚，當第三次世界大戰爆發時，我們將必須以寡擊眾。我把它想像成戰鬥機版的殭屍末日，我們將會使用狙擊步槍，也就是空對空飛彈，來解決掉第一波，但隨後一定還會有更多朝我們直撲而來。當他們距離你如此近的時候，狙擊步槍絕對不是合適的武器！

如果飛彈發射完了，該怎麼辦？「福特」戰機並沒有機砲，何況我們也不再學習如何在空中纏鬥中獲勝。這感覺起來就像是戰鬥飛行員的多項技能裡，缺了其中很重大的部分。

經過了一週漫長的警戒待命後，我在某個星期五下午，從維修廠棚裡開了一架「福特」出來。我在酒吧打聽到，在週五下午暢飲時間前的空閒，就是空中競賽的最佳時機。

從北島起飛後，依照大伙的不成文規定，朝西往「威士忌291」飛去。規定當中有一項，就是在五千英尺的高度設定了所謂的「最低高度」，也就是任何一方在俯衝後低於這個高度的話，這場模擬空戰就宣告結束。這點對安全是有幫助的，如果你發生狀況，因失速而尾旋的話，就需要足夠的高度來重新恢復控制。除此之外，這裡就像西部牛仔的年代，你要能找到有鬥志的對手，彼此打個信號，就可以開始決鬥。所有在「威士忌291」發生的事情，都會留在那裡。除非你後來在外面遇到自己的對手，並有機會在喝酒時討論，否則這類「訓練」不會有任務歸詢、報告或任何隻字片語。

藉由加入這個「戰鬥俱樂部」，才能讓我們以戰機駕駛的獨特方式，保持對飛行的熱情。五名在北島和我同個單位，並住在一塊的年輕軍官裡，有三個人喜歡這樣的訓練方式。在接下來的幾個月，我們工作以外都花了很多時間在太平洋上空與對手競逐。這遊戲雖然很好玩，但也以嚴正看待，因為大家是在保存海軍飛行員的既有傳統。

當我第一次飛到聖克里門提島南端，就對眼前所見感到驚訝不已。陸戰隊的A－4天鷹式、空中國民兵的F－86L、空軍的F－100超級軍刀式還有好多架海軍的F－8十字軍式戰鬥機聚集在那裡，還有其他幾架從北島來的老福特。風聲已經傳到海軍以外，加上各軍種都像海軍飛行員一樣，面臨放棄空戰的制度演變，因此這個機會讓各單位的成員都欣喜若狂。

後來與我一起創立Topgun的梅爾・霍姆斯（Mel Holmes），當時人在北島的一個混合中隊服務，距離我的單位才幾個機棚而已。梅爾超級喜歡到「威士忌291」惹麻煩，當時我還不認識他，相信我們曾經在那裡較量過。

我第一次去就了解規矩了。在選好對手之後，把飛機拉到對手旁邊，然後比出「鳥」的手勢，在微笑揮手後，然後以反方向四十五度角脫離。這個動作指的是，將機翼傾斜，然後朝預定方向轉彎，左邊的人向左四十五度角脫離，右邊的人則朝右四十五度角脫離，雙方以幾秒的時間，將距離拉開幾英里後就開始纏鬥。

我們彼此交鋒，毫無底線的推油門，以一馬赫的速度玩鬥雞遊戲。我們朝對方飛去，再以極近的距離擦身飛過，我們稱這樣的遊戲為「交會」（Merge）。雙方以總計達數千英里的速度彼此逼近，代表「交會」的動作幾秒內就會結束。在相撞之前，雙方就會拉開，展現彼此最棒的飛行動作，然後開始纏鬥。

「交會」後，沒有任何劇本告訴接下來該怎麼做，基本上就是回應對手的動作，盡全力去操作飛機。大家學到此刻動力就是一切，動力讓你可以在空戰中先把飛機高度拉高，以便在俯衝攻擊時有更大的能量。動力也讓你的飛機具有更小的迴旋半徑，並讓你可以維持高速的時間更為持久。

「福特」有很強的動力，它敏捷且迅速，是個難以捕捉的目標，在將它發揮到性能界線的同時，也會讓你的腎上腺素隨之飆高。通常在一到兩個轉彎裡，就能分出誰勝誰負，纏鬥很少會超過五分鐘的。對空戰而言，這樣已經是漫長如永恆了。這是個瞬間就能分出勝負的世界。

當覺得差不多了，並準備好願意承認自己失敗，好比對手在我們六點鐘方向緊咬著不放的時候，就搖一搖機翼，把飛機拉高到和對手相同的位置，與他並肩飛行表示認輸。有時我們在氧氣罩後方露出看不見的笑容，並向對方揮手，表示「兄弟，幹得好！」也有時候，雙方只是相互大眼瞪小眼，對於別人佔了上風感到生氣。不變的是，永遠都會有人比我更優秀一些。每次出來練習，無論結果是輸是贏，都會改進我的戰技。

這類空戰對生理上需要有足夠的耐力。困難的飛行動作，不僅讓你在座艙中左搖右晃，強大的G力也會影響你的身體。第一天打完以後，我陷入完全的疲憊當中，但這比世界上任何一處，更能為我帶來活著的感受，它對我的衝擊就是如此地具有威力。

後來我決定，只要有機會，就會前往「威士忌291」。我想要學習，而最佳的學習之道，就是對抗比你更有經驗的飛行員。即使輸了，你還是可以在練習後活下來，並再度學習。當中有些人，就是寧可死也不認輸，他們就是我當時在找的對手，因為雙方都會將戰機的性能發揮到絕對極限，有時甚至還會超過。

若較勁的戰機不是同一類型，有時就會取決於哪一架更具有動力與靈活度。交戰的兩名飛行員會緊拉控制桿，盡全力讓自己戰機的迴旋半徑[1]越小越好，以便佔到上風。那些最有企圖心的飛行員，還會做出「爬升擊盪」動作，故意將飛機帶到失控甚至於失速邊緣一陣子，然後再恢復控制。這時無論從座椅或控制桿，你都可以感受到飛機的狀況。若繼續向後拉甚至不鬆手，飛機就會失速，開始翻滾下墜。這段時間，敵人隨時會飛來攻擊你這個目標，所以最優秀的飛行員知道什麼時候該讓飛機維持在擊盪限度，

1 編注：迴旋半徑越小，就越有機會取得有利位置。

但又能避免失速。在空中只要有些微的優勢，就會造成極大的差距。

我不只一次看到有兩架戰鬥機，雙雙會把後燃器全開，以火箭般垂直爬升的方式來拚搏。他們會達到飛行的極限，接著就頭下腳上地陷入螺旋。這時你會發現戰機不再展翼翱翔，而且機尾朝下墜落，從發動機噴出的濃煙卻倒噴到機腹甚至超過機鼻。這是非常危險的時刻，但只要有足夠的高度，你可以透過七到八個動作，恢復控制飛機。

從這些纏鬥中，我學到了空戰的基本功，也就是千萬別讓對手脫離你的視線範圍，因為「看不見對手，就輸掉了戰鬥」。除非你能掌握局面，否則千萬不要垂直爬升，也就是你必須有足夠的引擎推力，在向上爬升時讓對手跟不上你，也無法從後方朝你開火。在迴旋戰中，就和你在後巷裡和人打架一樣。與性能接近的戰機拚搏時，真正的差距往往在飛行員的技巧和求勝心。贏家通常是最願意把戰機發揮到空氣動力性能上限的那一方。

想要獲勝，你就必須能感知自己的飛機，經由地平線或地上的蛛絲馬跡來判斷自己的位置。也許你會很快地朝燃料表或高度計看個一兩眼，但也僅此而已。這樣的飛行需要你儘可能地注意著座艙外頭。若你在交戰當中的關鍵時刻，還低頭去管座艙的儀表，就會在瞬間跟丟目標。你的頭腦會需要更多時間處理資訊，且雙眼從儀表板移回藍天時。也需要重新聚焦。

每個飛行員都有自己的絕活，不僅可以從別人打敗自己時藉機學到它，也能在科羅納多酒吧裡的深夜暢談中略知一二。任何罕見的空戰動作，包括能從飛機或其他方面多「擠」出額外性能的小方法，都會被拿出來分享與討論。在那樣的場合，知識與酒精都會同樣快速地流動。

有時我們會忽略高度限制的規定，這時的空戰練習就會變成是比膽識的遊戲。有時候我會跟另一架飛機的飛行員，同時開著飛機如雲霄飛車般的翻滾飛行，我們儘管叫這樣的動作「連續剪式滾轉」（Rolling Scissors）。我看到對手從後方出現，打算來一個快速通過。為了反制他，我將機身拉起，翻轉過來繼續飛行。攻擊者從我座艙的下方通過，於是我將機鼻朝下，俯衝飛到了他後方，讓原本追擊我的人成為了我的目標，一個正在逃離我的目標。本來我應該有足夠的空間，在他試圖拉開距離時實施前置量射擊，結果他又來了一個滾筒動作擺脫了，並在我飛過他之後又再度從後方追擊我。我們把雙方飛行路線交錯稱為「剪刀」。你可以把雙方飛行路線交錯時形成的X，看成是剪開天空的剪刀。兩名實力相當的飛行員，可以一再地重複這樣的動作。高度通常會降到五千英尺以下，彼此纏鬥直到高度和海浪差不多為止，畢竟真實的空戰可不會限制高度。

靠著這個方法，將遺失的技巧保存了下來，並將空中纏鬥這項失傳的技藝的燈火傳承下去。至於海軍其他飛行員，從六〇年代初期開始，就漸漸地荒廢了這項訓練。我總是抓住一切的機會去飛。假期更是練習纏鬥的絕佳時機。有家室的人都要回家陪伴家人，基地內的步調也隨之放緩。我還在嘗試要把瑪莉貝斯給忘掉，帶著這樣的心情我爬進了「福特」座艙裡，準備來一場精彩的空戰吧。

此時海軍最傑出的飛行員，駕駛的是沃特公司（Vought）製造的F－8十字軍式戰鬥機。之後，這些F－8會被稱為「最後的機砲戰鬥機」，這是因為它配備了四門二〇機砲與五百發彈藥。F－8的飛行員都曾在一九六〇年解編的「艦隊空中射擊小組」學過空戰，可以說是這門技藝的最後一批傳人。而且，他們真的很棒。

我們的爬升力比F-8還要好。可是他們一旦打開後燃器，時速最高可以達到一千二百英里，我們只能勉強飛過一馬赫，約七百四十英里。十字軍式戰機只要是讓優秀的飛行員來飛，可說是能打遍天下無敵手。駕駛天光式戰鬥機的我們，只能靠轉彎性能來取勝。所幸它的巨大蝙蝠式機翼，能為我們帶來優勢，使得迴旋半徑跟機身較重的F-8來得更小。我們可以把對手帶到比安全高度更低的區域，然後迴旋、咬住、對戰。我們是這樣取得勝利的。最優秀的F-8飛行員當然很清楚，只要利用十字軍式的速度和動力上的優勢，就足以主宰整個戰局。

與不同機種之間的較量是十分有幫助的，給我的經驗也遠大於與同型機的對抗。後來在Topgun，我們稱之為「異機種空戰訓練」。五〇年代末期，這類訓練還沒有正式名稱。演練僅能依靠經驗來進行。每一場不同機種間的對抗，都會顯示其優點與缺點，讓我們學會如何發揮自己的極限，並消彌對手的優點。如果你問我們是如何學習的？那我會說，我們是靠失敗來學習的。失敗是最好的老師！只要誠實面對自己，學到教訓，這樣你就不會再重蹈覆轍。像我在北島就多次練習飛行，重複找出自己的錯誤，下次與來自不同軍種的對手交流時，我就能獲得勝利。創辦Topgun的時候，過去在「威士忌291」的經驗，成為我們組織文化中相當重要的一部份。

一九五八年聖誕節前幾天，隊上非常安靜。幾乎所有人都回家去了。我利用週末時間回家去，急於想了解瑪莉貝斯的現況。我在惠特學院的一場足球比賽後看到她，當時她正跟新男友在一起。我隱藏住內心的悲傷向她揮手，她也立刻向我揮了回來，我注意到她眼中的淚水。在此之後，我就更少回家了。週末的時間都用來飛行。

有一天我在維修棚裡辦好手續，準備駕駛「福特」出海。那是一個清爽的冬季早晨，天空萬里無雲。爬升以後，我最遠幾乎可以看到兩百英里外，那景象還真讓人屏氣凝神。

這次我沒有飛往聖克里門提島，而是朝北向洛杉磯，也就是我的老家飛去。飛沒有多久，右方的兩道凝結尾就吸引了我的注意。那是兩道垂直的凝結尾，就在艾德華空軍基地（Edwards Air Force Base）的管制區內。

看來是有人開好局了。

我實在無法抗拒。朝右邊一壓把我天光式戰鬥機往東邊帶去，瞧瞧是何許人在「偷歡」。我看到一架F－8正在與空中國民兵的F－86對決。等再拉近一些距離後，從機身塗裝看出那架十字軍式是來自米拉瑪的。他們的技術可真他媽的棒。出乎我意料之外的是，F－86居然把F－8當成午餐在啃。等到我靠得夠近的時候，F－8棄權了。兩機重整編隊，F－8搖了搖機翼示意，就飛回基地去了。

我飛到軍刀機旁邊，「換我和你一決勝負」。

那位國民兵飛行員打量了一下我和我的飛機。兩人互相點頭、打出信號——就是那個中指手勢。

遊戲開始！

雙方各自將機頭轉向四十五度角，然後拉開直到雙方之間的距離大約是七英里為止。在回頭前我看了一下高度計，讀數是兩萬七千英尺。心裡是有點遲疑，這樣會不會冒險了點？在這麼晴朗的天空，地面上一定有人可以看見我們在幹嘛，萬一他們向艾德華基地舉報的話……

沒時間想那麼多了，把這些念頭拋諸腦後。我駕著飛機迴轉，一心只想到我海軍的榮譽，直朝軍刀機的方向飛去，替落敗的十字軍式復仇。

軍刀機與我以超過一千英里的時速完成「交會」，隨後我努力把飛機拉開，試圖做出最適合F4D的戰鬥動作：水平轉彎！

完成了一百八十度的轉彎後，我驚訝的發現他已經拉平並朝我飛來。兩人的機翼都呈垂直角度，讓大家能從座艙頂部看到彼此。經過了三百六十度的迴旋之後，他抓到了攻擊我的好角度，向我的機尾逼近。我開始冒汗，並以更小的角度轉彎，這讓我的飛機開始擊盪、掉速度。才經過兩次動作，空中國民兵飛行員已經咬住了我後方。

如果這是一場真實的空戰，曳光彈就會飛過我的座艙蓋了。我必須要快點做點什麼。打開後燃器、垂直爬升，我才不相信韓戰時代的飛機能跟得上我。

我將機頭緊緊拉高，以動力換取高度，等我飛到比他高的位置時，就輪到我上場了。我以次音速朝著他俯衝，並掠過了他的位置。對方居然翻滾開來，隨後跟著我一起俯衝。

天光式戰鬥機航速已經接近一馬赫，F-86仍緊跟在後。我拉起機頭打算再次垂直爬升，卻發現自己無法把他給甩掉。雖然我的飛機性能較好，但他卻是更優秀的飛行員。整整兩分半鐘下來，軍刀機死死釘住了我的六點鐘方向，我不得不認輸，只好擺了一下機翼向他俯首稱臣。當緩慢地轉向洛杉磯盆地時，他飛到我旁邊向我點頭、敬禮。我回禮之後，就轉向飛回北島去了。

降落後不久接到一通來自凡奈斯（Van Nuys）空中國民兵第一四六戰鬥機聯隊的電話。我感到一陣緊張，擔心是否被人舉報了？電話那頭是一位少校，也許是一四六聯隊裡的某位中隊長，他問我是不是飛了一架F4D出現在艾德華基地的管制空域。我說，是的。

「小子，你不錯哦，」他說，「但還有很多要學的。」

談起了那場私鬥，才知道他的F-86有裝後燃器。早期的F-86並沒有安裝，讓我不禁覺得這才是他打贏我的主因。在談了好一陣子之後，我終於開口說：「長官，不要再打電話來了，好嗎？」

「喔，不會了，我再也不會這樣做了，小子。」顯然他是知道遊戲規則的。

掛掉電話之後，我再也沒有和他聯絡過。但老天啊，那天他給我的教訓，令我終生難忘。當你要找人單挑時，最好先把敵機的性能給弄清楚。假設自己的裝備比對方更精良是個危險的錯誤。反之應該假設，對方是頂尖高手，否則你很可能會有不走運的一天。

我接到命令要離開第三戰鬥機（全天候）中隊。我那通往長期低潮的道路這時就在眼前開始了。我受命到米拉瑪基地向一二一戰鬥機中隊報到，準備換裝全新的麥克唐納F3H「惡魔式」（McDonnell F3H Demon）戰鬥機。一九六二年底，加入二一三戰鬥機「黑獅」（Black Lion）中隊。一九六三年二月，我們登上漢考克號（USS Hancock, CV-19）航空母艦，接下來的整整八個月時間將在西太平洋巡弋。

海軍航空隊是美國的尖兵。無論何處有爭端，航空母艦就會被派往那裡。當漢考克號駛向南中國海時，我們的目的在於向紅色中國傳遞一個訊息，那就是「離台灣遠一點」。

然而，那不是一次令人感到愉快的經驗。

第五章
航空母艦在哪裡？

一九六三年十一月三日
南越西貢河上空

漆黑的夜晚。這是一個沒有月光可以幫菜鳥照明的夜晚。從一千英尺直達天際的暴風烏雲，讓我連一顆星星都看不見。間歇性的熱帶暴雨，讓漢考克號航空母艦的木製甲板變得滑不溜丟。這艘時至今日快滿二十歲的「老妹子」，是二戰時由約翰・漢考克保險公司（John Hancock Insurance Company）募款打造的。從神風特攻隊自殺飛機撞擊後引發的大火，到亞太肆虐的颱風，其木製甲板見證了不少的大風大浪。雖然在韓戰期間處於封存狀態，但是隨著冷戰局勢不斷惡化，海軍需要有更多的航艦，因此將她從華盛頓州的布雷默頓（Bremerton）的封存艦隊裡給拖了出來，並為她升級改裝了新型的斜角飛行甲板，及四座噴射機專用的蒸汽彈射器。

在投入到對日作戰二十年後，外號「漢娜」的漢考克號又置身於西太平洋的另一場新危機當中。

在這艘充滿故事的浮動平台上，我坐在一架執行五分鐘待命，在彈射器上蓄勢待發的Ｆ３Ｈ惡魔式攔截機裡，雙眼緊盯著周邊忙碌的甲板人員。覺得迷惘嗎？那你就去看看甲板人員是如何幹活的吧，尤其是在夜裡！那會是你這輩子見識過節奏最緊湊的工作了。他們置身在你能想像到最危險的工作環境裡，卻都能合作無間地達成任務。不消說，他們幾無犯錯的空間。一個失誤，就可能導致人員被吸進發動機裡，或者被發動機的噴氣掃落船外。他們依舊在這個充斥著咆哮的後燃器、高張力鋼索的危險地帶裡，無畏且專注地工作著。這真是個棒極了的畫面。

當晚，我沒有看見太多什麼，除了四處移動的手電筒燈光外，就是在駕駛艙左邊，將甲板訊號傳遞給我的「黃光魔杖」[1]（Yellow Wands）。我只能藉由甲板人員手上的燈光，依稀辨識出他們的輪廓。

在這如同一場交響樂的行動裡，負責指揮的是彈射官（Shooter）。他是一名身穿黃色上衣，手上拿著一對「黃光魔杖」有點年資的軍官。當出發時機到來時，他就會下令啟動彈射器把我送上天。一切準備就緒，另外一名身穿黃色上衣的飛行甲板導引官（Flight Deck Director）揮手引導我駛向彈射器專用的軌道上。我放開剎車，等鼻輪進入彈射器的彈射梭固定後，再將剎車拉緊，並確認可折疊的機翼已經固定就位。水兵們這時擁向我的惡魔式戰機下方。身穿紅衣的軍械士，替我拔除四枚AIM-7麻雀飛彈的保險，另外一批人將鼻輪後方的拉緊纜固定在彈射軌道的彈射梭上。隨後機身感受到的震動感，那就是戰機已經準備就緒，彈射器也準備好了，隨時要將飛機如弓箭般給發射出去。

彈射起飛並非當晚的原定計劃。照安排我是要在香港登岸休假的，那可是登岸休假的所有港口當中，最佳的選擇之一。除了美食與夜生活外，還可以買到不錯的勞力士錶。在有機會享受上述任何一項好處之前，漢考克號接獲了緊急出航命令，我們在〇八三〇時起錨，在兩艘驅逐艦陪同下朝西南疾駛。不清楚發生什麼狀況，只知道某個危機迫在眉睫，而軍方需要在越南外海有一艘航艦。

我的第一次海外部署，讓我親身體驗到美國是如何去投射她的海軍力量。部署至西太平洋後，一邊守衛海上航線，一邊在日本外海做訓練，並在停泊於各個港口時展現美國的影響力。我們的F3H惡魔式戰鬥機，曾攔截過那些定期前來偵察的蘇聯轟炸機。只要我方雷達發現他們從海參威飛來，就會立即起飛追趕。當圖波列夫Tu-95熊式轟炸機在偵察拍照時，就是要讓惡魔式戰機入鏡。這種向對方證明我們有能力隨意摧毀他們的戲碼，在整場冷戰當中不停地上演著。不只一次，我在透過座艙拍照時，也看到俄國機砲手向我揮手，在全球最大的海洋上空，雙方精銳的飛行人員，進行片刻的個人接觸，這樣的體驗既少見又瞬間即逝。

事實上，在被調到二一三戰鬥機中隊，以及兩次海外部署期間，我的心情就像大二學生般憂鬱。第一次部署時，「黑獅」中隊是由一位嚴厲對待年輕飛行員的中隊長掌權，而且有時還會過於嚴厲。身為中隊安全官的我，眼看他做了幾個糟糕的決定後終於無法再袖手旁觀。有位飛官明顯因為過於勞累，在一場原本可避免的飛行甲板意外中喪生了。他降落時並沒有勾上攔截索，整架飛機就這樣滑到甲板邊緣落海，飛行員殉職。我敦促這位長官放緩步調，否則其他飛行員也會出事。他不僅忽視我的建議，還寫了一份不適任報告，指出我的「不忠誠」表現。但在第二次出海部署時他不在了以後，事情就平順了許多。

五十年代早期設計的惡魔式戰機，裝備號稱是全球第一的西屋J40發動機，但結果卻是狀況百出。

1 編註：指得是甲板人員在暗黑中下達指令用的指揮棒，類似於陸地上警察指揮交通用的同類工具。

Ｊ40不僅時常失靈、害死飛行員，而且永遠無法提供惡魔式成為一架稱職的攔截機所必須的有效推力。因此海軍取消了與西屋的合約，改將原為Ｂ－66轟炸機設計的艾利森發動機裝到Ｆ３Ｈ上。即使經過這樣的升級，要我從天光式戰鬥機換裝到惡魔式，感覺就好像是用保時捷去換一輛道奇那樣。

在寒冷、潮濕的天氣裡，由於金屬外殼會熱漲冷縮，發動機葉片會因刮傷外殼內側而導致停機。雖然這表示應該重新設計整個發動機，但海軍卻沒有因此編列預算。製造商只好將發動機葉片的長度稍微修短，這樣應該解決問題了吧？是的，但這樣與原先的設計並不搭配，導致惡魔式戰機不僅推力不足，加速也慢。只有提升到飛行速率後，性能才能發揮出來。它終究不是擁有三角翼的「福特」。

我真的很懷念駕駛那架飛機的日子，你永遠不會忘記從航艦上彈射起飛的感覺。在夜間準備起飛時，甲板人員會豎起噴流擋板。那是一塊保護戰機後方人員免於受到引擎噴焰傷害的強化鋼板。檢查一遍儀表板後，每項狀態都是代表正常的綠燈，很快看了看前方，外頭只有一片漆黑，甚至連飛行甲板的前端都看不見。

穿著紅色上衣的軍械士從機翼下方撤出，顯然已將飛彈備便。只等其他人員做完最後檢查，我就可以升空了。我一邊加大油門，然後聽著引擎的吼聲隨之提高。

然後再望向彈射官的「黃色魔杖」，他打信號要我啟動後燃器。一股明亮的紅色火光，就從惡魔式戰鬥機後方的排氣口冒出來，距離起飛只剩最後幾秒。

我將頭向後仰，緊靠著彈射座椅。如果不這樣做，當彈射器將你向前發射出去時，就會覺得脖子痠痛。同時我用「彈射手把」（catapult grip）固定住油門，不讓人在加速時反射性將它往後拉。最後，我還把右手肘卡到臀部邊，免得意外將控制桿向後拉，這會讓機鼻過度朝上進而導致失速。在看不到地平線的漆黑夜晚，是很容易犯下這類錯誤的，這可一點都不好玩。

彈射官將身體向前傾，將「魔杖」朝下指向甲板，起飛了。

彈射器啟動，彈射梭沿著彈射軌道向前衝去，我在兩秒內從零飆升到時速一五〇英里。

天啊，我真想念這種感覺！

其實在戰機抵達甲板末端前，我已經在駕駛飛機了。在這個關鍵時刻，你不能盯著眼前的黑夜，而是要在眼球放鬆、逐漸恢復視力後，全神貫注在儀表板上。沒多久，感覺到機輪離開了甲板，拉緊纜隨即脫落，收起起落架。

那晚的任務並沒有什麼。我加速爬升，直到飛抵西貢河上空指定的巡邏位置為止。沿途始終受到天氣的影響，真是一個不適合飛行的夜晚。在起飛前的任務簡報中聽到，南越局勢變得嚴峻，當然上級是不會說細節的。假使當晚能看到國內晚間新聞的報導，就會知道南越陸軍正在西貢針對那位在過去八年，將國家帶上毀滅之途的獨裁者吳廷琰，發動了一場軍事政變。如今在國家陷入混亂之際，效忠政府的一方與叛軍還在街頭激戰。其實前一天吳廷琰和他的弟弟就已落入叛軍手裡。據謠言指出他們若不是已經自殺，就是遭到處決。

萬一事態失控，海軍希望漢考克號有在現場。若有必要從南越撤出美軍顧問，我們就能提供空中掩護。然而，在那個有超過兩萬英尺烏雲的晚上，我的空對空飛彈能有什麼用，還真耐人尋味。

我在全然的暗夜中巡邏。在後面某處還有我的僚機，從漢考克號上起飛後，就無法以肉眼看到彼此，這就是這麼樣的一個夜晚。

我不記得當晚是誰擔任我的僚機，但若是約翰・奈許上尉（John Nash）的話，我就完全不用操心。奈許在我之後沒有多久就來到「黑獅」中隊。他認真、熱情且會自我要求。他在船上沒有幽默感的缺點，在空中飛行時就不是問題了。他是個既堅持又勇猛的飛行員，尤以過人的飛行技巧來襯托自信。他是這個世界上極為少數天生下來就適合飛行的男人。似乎一切都存在他的基因裡。後來我將他視為至今接觸過的飛行員當中排名前十大的好手。他確實做到了「寧死都不認輸」的精神，而這也是他出任務時的格言，不管是在訓練或戰鬥中都將其貫徹到底。當我後來挑選他加入首批創辦 Topgun 的成員之後，也極度借重他在各方面的能力。

惡魔式戰機裝備了一具極佳的雷達系統。當我在飛越漆黑的夜空時，眼睛則同時一直注視著雷達。那些俄國轟炸機能從海參威飛到這裡嗎？北越有空軍嗎？我完全不知道答案，但顯然某人有足夠的理由，才要我們當晚出現在這裡。

我看了一會兒外頭的黑暗，在這樣的情況下是很容易讓人暈頭轉向。你試著站在衣物櫥裡把燈關掉，待上十到二十分鐘，你就會開始失去平衡感，那是因為內耳「感到疑惑」，接著五官會將混亂的訊息傳達到腦部。現在你可以進一步想像，這個衣櫥會以四五〇節的速度移動，而且眼前完全沒有任何參考點。再一次，你只能倚靠過去接受過的儀器訓練，要相信眼前的儀表與按鈕。

這一切都還算順利，直到突然失去電力，儀板上的燈光通通熄滅。在前一年的海外部署，惡魔式戰機就曾經給我出過這個狀況，我之後再也無法完全相信這款戰機。

那天晚上的狀況與今晚十分類似，除了我們是在一萬五千英尺高度就穿出雲層之外。沒有月亮也看不到地平線，我的惡魔式戰機忽然電路失靈，駕駛艙裡的燈光通通熄滅。照理說一具依靠風力運行的輔助系統應該會隨之啟動，但什麼也沒有發生。我就在那裡，被完全的黑暗給環繞著，只能靠一把彎形的軍用手電筒，定時檢查儀表板。那一次跟我一起出任務的是副中隊長喬・保克少校（Joe Paulk），他注意到我的情況後立即趕來支援。

他用自己的手電筒打出訊號，要我「跟著他」飛往漢考克號最後所在的位置。還要在黑暗中跟著喬飛回漢考克號，有種陰森恐怖的感覺。我想盡辦法讓自己的機翼與他的機翼，還有其機腹上的導航燈保持同樣高度。因為喬流暢的飛行技術，我只需要用微量而精確的控制力度，使得這一切都變得容易一些。

在距離航空母艦艦尾約一點五英里處衝出雲層，看到指引方向的白色閃光。我持續跟在喬旁邊，直到他關閉了導航燈，讓出航線好讓我能對準跑道為止。

由於電路失靈，我無法用無線電與降落信號官對話，我能做的就是看著他的燈光信號。其中綠色代表繼續維持現有飛行姿態，令人最不願見到的紅色閃光，則代表必須重飛，調頭重新再一次。我沒有足夠的燃料再飛一次，如果這次搞砸，我就得彈射逃生，並寄望到時候有人能在惡劣的海象中找到我。

終於降落成功，感覺到尾鉤拉住了攔截索，我的飛機停下來了。這可是一次驚險的經驗，但這還沒結束。

第二天晚上又駕駛同一架惡魔式的我，竟然遇到了同樣的狀況。我又飛在喬的旁邊，他以同樣的方式把我帶回漢考克號，而我也鼓足勇氣再度安全降落。我們搞不好也曾開玩笑地說他救了我兩次。戰機飛行員從不喜歡在同僚面前顯示自己的軟弱或恐懼。我走到下甲板獨自坐了一會兒，邊喝著咖啡邊想，能在連續兩個漆黑的夜晚，再連續發生電路故障的機率是有多高？在這兩次狀況之間，同一架飛機可是在兩次的白晝飛行時都是表現良好的。

我在官廳手握咖啡杯，心裡念了段禱詞：「感謝主，讓喬都在現場，能幫助我返航與家人團聚。」

回到一年後的南越海岸上空，我雷達在掃描前方的天空後，什麼也沒有捕捉到。而在我掃視儀器時，控制板上的指示燈，也確認了沒有異常，這只是另一個在惡劣天候下做海上飛行的夜晚。但前兩次的電路故障經驗，仍然在我腦海中揮之不去。為了因應最壞的狀況再度發生，我三度檢查了那支軍用手電筒，確定它功能正常，而且還放在容易取出的飛行服口袋裡。在危急狀況發生時，不管什麼小裝備都能形成任何不同的結果。

這時，有聲音從無線電裡傳來。原來是下方航艦上的管制官要我改變航向，說海岸外有狀況發生，要降低高度去調查一下。當向著雲層中央直飛時，導航燈的光線在周圍混濁的黑暗裡，不斷發出橘色的光線。

到了一千五百英尺，仍看不到雲層底端，突然間一道砲口火光，照亮了下方的黑夜。然後又是一道照亮夜空的閃光，讓我們看見了雲層的缺口，可以從那裡看到水面上有艘軍艦，正在發射主砲，而我竟開始感到暈眩。

當下只能對自己喊著：「控制自己，丹。相信你的儀表。」

暈眩且頭重腳輕的我，覺得自己好像在漂浮，我的身體告訴自己，在朝著一個方向，但儀器的顯示卻是另外一回事。我也許在下降，但是卻完全不知道控制桿該朝哪個方向。最後當我把注意力集中回儀表板上，才能從暈眩狀態中恢復。

最後一陣艦砲齊射，如同黃紅色的閃電，照亮了我的機身下方。正當整個世界陷入瘋狂之際，我強迫自己把注意力集中在儀表板上。那樣的感覺消失之後，我一面拉平機身，一面將狀況回報給管制官，問他：「你要我們怎麼辦？」

又能怎麼辦？我們既沒有炸彈，也沒有對地火箭。惡魔式是專為空戰設計，雖然有兩門機砲，但「黑獅」中隊很少攜帶彈葯起飛。因為那對這架動力不足的飛機來說，算是非必要的額外重量。漢考克號命令返航，我們避開了在海面上的激戰，盡力穿過雲層，迎接另一次令人膽顫心驚的航艦降落。

當抵達距離艦尾三英里的位置時，他們給了我修正資訊，要我對準一路通往甲板的中線。航艦在眼前出現，我維持目前的進場方式，聽從降落官的指示下降。落艦、感覺到尾鈎拉住了第三道攔截索，又是一次完美的降落。這架功能一切良好的飛機，讓我能平安地在飛行紀錄簿裡，又增添一筆夜間降落紀錄。

等到僚機也平安降落後，我們到甲板下方進行任務歸詢。那天究竟是誰在砲擊誰？我們從未得到答案，或許是我們某艘在外海的驅逐艦，正替某些在距海岸不遠處交戰的美軍顧問提供火力支援。也有可能一艘是南越軍艦，在朝發動政變的叛軍開火。這次的砲擊，可以算是對接下來幾年戰爭的發展走向的一個預兆。我剛好在美國因東京灣事件而被捲入越南內戰的前一年，親眼見證到了海軍在其中的行動。

午夜過後沒有多久，終於能夠上床，卻始終無法入眠。我不禁思索起這些險象環生的夜間飛行。惡劣的天候、暈眩、系統故障以及在伸手不見五指的暗夜中降落等風險，都不曾讓我停歇下來。除非損失了某位弟兄，但我從來沒有想過那個人可能會是自己。但事情已經有了變化，而在那一刻，我覺得自己不再像過往那樣的所向無敵。

瑪莉貝斯和足球隊員結婚了，我從未認真試著把她給追回來。她的婚禮終於打消了我的樂觀念頭。我必須放下這一切。最後我在科羅納多結識了一位名叫麥蒂（Maddi）的優秀年輕女性，並在一九五九年與她共結連理。一年後，女兒達娜（Dana）誕生了。我和妻子展開了長達十七年的海軍生涯，當然中間是聚少離多的。

飛行是一場很危險、要以冒險去換取獎勵的競賽。倘若把自己逼得太緊，你就會要付出代價。在我加入「黑獅」中隊以前，只要顧好自己和中隊裡的弟兄就可以了。但現在不同了，我是為了另外兩個依靠我的人而活。成為有家室的男人這件事，剛好和我隨漢考克號出海作第一次艦隊部署時期重疊。我在一九六二年的海外部署是從二月一直到十一月。之後回到西岸，為下一次的海外部署進行訓練。每個星期有三到四個晚上，我會駕駛惡魔式戰機進行模擬攔截的訓練。類似這樣的安排，即使回到了家，心思還是放在工作上。我解釋過這會對家庭造成什麼樣的影響。回家不到半年，一九六三年春季又要開始海外部署任務了。離別之際當然又是擁抱、道別與眼淚，尤其是達娜的小手還按在我的掌心裡。回到船上代表必須依靠寫信、錄音帶上的語音，或是偶爾的幾通電話來維持這種遠距離的關係。

第二次和家人分離遠比第一次來得糟，我不想被自己的女兒當成陌生人，但又有什麼選擇呢？海軍在太平洋的另一頭需要我，而出發則是我宣誓任官時的義務。

我們沒有在南越外海待很久。在吳廷琰被殺後，即使對抗共黨叛亂的戰爭仍在持續，新掌權的軍方卻以驚人的速度恢復了秩序。三週後，甘迺迪在達拉斯遇刺身亡，詹森接替成為美國總統。漢考克號在暗殺事件後的幾天啟程返航。一九六三年十二月十五日抵達聖地牙哥，迎接我們的是一次愉快的團聚。這不僅是未來十年我最後一次在承平時期渡過的聖誕佳節，也是許多人唯一一次能享受到「回家過聖誕」的經驗。

第六章
敲響警鐘

一九六七年一月
夏威夷，珍珠港

當全球第一艘核子動力航艦企業號（USS Enterprise, CVN-65），在珍珠港航道緩緩駛過醫院角（Hospital Point）時，我正在它的甲板上肅立著。旁邊還有兩艘小拖船。但這沒有必要，海軍的每位艦長對這條水道都瞭若指掌。

前方靠近左舷，是亞利桑那號（USS Arizona, BB-39）戰艦的長眠地。在這個國家級紀念館上方，星條旗正在風中傲然地飄揚著。在它下方躺著整整一個世代以前、超過一千名水兵的忠骸。他們是在一九四一年十二月七日，也就是太平洋戰爭開始的第一天陣亡的。亞利桑那號戰艦紀念館，是除了安納波利斯海軍官校內的約翰・保羅・瓊斯（John Paul Jones）墓地外[1]，最能代表海軍忠烈祠的設施。自那個

1 編註：美國海軍之父。

國恥日後，每當有軍艦抵達珍珠港時，向亡者致敬就成為一種傳統。當天艦上的正式行程，就是要在飛行甲板集合。船上擴音器傳來「立正，敬禮！」的口令後，包括我在內的企業號全體官兵，將右手舉高並觸及額頭直至禮畢為止。

我過去在漢考克號上參加過類似的儀式，但如今的感覺卻大不相同，且每個人都能感受到這種變化。有些同僚甚至還強忍著眼眶裡的淚水。在經過三年的戰爭後，我們都清楚要付出怎樣的代價。這些忠魂長眠在亞利桑那號破碎的艦體內。這是敵軍的空中武力所造成的結果。

在珍珠港短暫停留之後，我所屬的第九二戰鬥機中隊（VF-92），將前往「洋基站」——美國航艦在打擊北越部隊時，駐留的那片東京灣水域。外號「銀色騎士」（Silver Knight）的九二中隊，將參與由詹森總統下達、連續執行三年，空襲北越的「滾雷行動」（Operation Rolling Thunder）。

駛經亞利桑那號時，我維持著敬禮的姿勢，即便是經過了那麼多年，海面上仍可看到從沉艦生鏽的油槽裡溢出的油料。白色紀念館裡充滿了人潮，絕大多數是觀光客。當大E[2]經過時，觀光客很快就將注意力從陣亡官兵名單上，轉移到我們這些身穿夏季白色制服，在甲板上立正站好的上千名海軍官兵。

隨著漢考克號上一次回國，避免介入越戰的最後一絲希望也隨之化為泡影。由於東京灣事件[3]爆發，美國被捲入了一場既缺乏終局界線，又答應了諸多公開承諾的戰爭。當其他飛行員投入戰場時，我的人事命令卻是要前往位於加州聖地牙哥洛馬岬（Point Loma）的艦隊防空作戰訓練中心（Fleet Anti-Air Warfare Training Center）報到。我的任務是在岸上，協助海軍從類比技術演進到數位作戰管理，並開發出軍艦上的戰情中心所需的電腦作業系統。在漢考克號上執行兩次海外任務後，這個派令算是令人感到欣慰的差事。我有整整兩年的快樂時光可以在岸上陪伴妻女。

總統於一九六四年八月，授權軍方對共產黨目標發動空襲。結果才來到八月五日，駕駛A－4天鷹式攻擊機的艾佛里特・阿爾瓦雷斯少尉（Everett Alvarez）便被擊落，成為第一個被北越俘虜的美國海軍飛行員。這位定居加州薩利納斯的墨西哥移民之子，在被俘八年期間，持續地遭受到折磨[4]。

我不禁想起那些在我加入第三戰鬥機中隊幾個月後，從第一次意外開始陸續罹難的戰友。自那時起，陣亡、失蹤或受傷的名單變得越來越長。海軍試圖維持美國在全球各地的承諾——無論是在大西洋或是印度洋，越戰卻在消耗我們的人力，許多飛行員選擇退伍。「滾雷行動」開始時，我人在美國本土，我也受到外面企業的誘惑。航空公司不僅在徵人，而且還提供比海軍多出一至兩倍的薪水，但我可不是當民航機駕駛的料。

在聖地牙哥的時候，我去北島探望一位過去在第三中隊服務時的老鄰居，羅傑・克林姆（Roger Crim）。他負責那些剛完成維修或大修飛機的試飛工作。他通常會讓我飛完成維修的飛機，感謝他和另一位機工長的幫忙，我飛過了包括F6F地獄貓式、取代惡魔式，擁有更大機身和雙發動機的麥克唐納道格拉斯F－4幽靈II式戰鬥機在內的各型戰鬥機。

---

2 編註：企業號的暱稱。

3 編註：一九六四年八月四日，北越魚雷艇向兩艘在越南東京灣外海的美國驅逐艦發射了十二枚魚雷，美艦隨即反擊。作為報復，詹森總統因此下令轟炸北越的「滾雷行動」。

4 編註：阿爾瓦雷斯於一九七三年二月十二日返國，他被關押長達三千一百一十三天，是被關押第二久的美國戰俘。期間他都待在外號「河內希爾頓」的戰俘營。

當我第一次駕駛幽靈戰機的時候，就感受到那種急於衝到兩倍音速時的衝擊。這是讓我決定要留在海軍的理由。當岸上勤務接近尾聲時，我想辦法讓自己能參加新型戰機的換裝訓練，然後加入企業號上的航艦航空中隊。

在飛了十年戰鬥機之後，我覺得自己不僅做好了準備，且充滿信心。我獲得去一二一中隊訓練的機會，該中隊是負責西岸換裝幽靈戰機所在的「航空換裝大隊」（Replacement Air Group, RAG）。一二一中隊協助F－4飛行員做好投入越戰的準備。我們不斷地飛行，努力進行視距外飛彈攔截的訓練。我們甚至有機會用麻雀飛彈擊落靶機。這還是我少數幾次真正射擊這類新式高科技武器的經驗。課堂上，課程內容還包含敵情匯報，教官也會教授機上的武器與感測系統。接著就是求生訓練了。在敵區彈射降落後，飛行員必須逃亡並躲避由教官們扮演的敵軍。幾天後我就被俘了，其他人也都一樣。我被丟進一個長三十六英寸，寬二十四英寸的木箱，上面只有幾個可以讓人呼吸的小孔。當我無意間向「敵軍」警衛洩露自己害怕蜘蛛的消息後，他們還真的將一隻蜘蛛放入囚禁我的木箱裡。在一個寒冷的夜晚，牠甚至爬過我的臉。當然此舉比起北越虐待被擊落的飛行員來說，實在算不了什麼。

在珍珠港停留幾天後，我們就向西朝日本的佐世保出發。結果在抵達的時候，卻遇上了大規模的抗議。除了學生和激進的反戰人士外，還有一些人是由於距當地不遠的長崎在一九四五年八月九日被原子彈摧毀，因而反對史上第一艘核子動力船艦的造訪。帶著棍棒、投擲石塊的抗議者企圖闖入基地。日本警察則以警棍、水砲甚至赤手空拳回應。他們用了整整兩天的時間，才讓這座日本城市恢復到原本安靜又井然有序的樣貌。壞消息接二連三傳來，歐立斯基尼號航空母艦（USS Oriskany, CVA-34）幾乎跟我們同一時間抵達佐世保，他們的航空聯隊在北越損失了一半的飛機。三分之一的飛行員不是陣亡、受傷就是失蹤，名單還包括後來成為亞歷桑那州參議員的馬侃上尉（John McCain），他在一九六七年十月被俘。

在兩艘航艦碰頭前幾週，歐立斯基尼號的F-8戰鬥機飛行員夏佛特（Dick Schaffert）少校，與多達六架北越的米格17[5]和米格21[6]，進行了一場典型的空中對決。當時正在掩護A-4攻擊機的他突然遭受攻擊。夏佛特發射出去的三枚響尾蛇飛彈，不是故障就是未擊中目標。當他想改用二〇機砲時，又由於高G力動作的影響，使得「氣動進彈系統」故障，這讓他幾無反擊能力。但憑藉著高超的飛行技術，他竟能和米格機打成平手，並在燃料耗盡前脫離戰場。後來其他歐立斯基尼號的艦載機隨即趕到，將其中一架米格機擊落。期間他們總共發射了七枚飛彈，才打下一架敵機。

當時在企業號上的我們，對這些空戰故事一無所知。不過已經聽到足夠的謠言，讓大夥覺得之前在加州聽取的敵情匯報絕對是不完整的。敵人對我們來說就像謎一樣，既不知道他們當前的戰力，也不了解任何他們採用的戰術。簡報時情報官倒提到許多將會遭遇的防空武器，以及北越從蘇聯引進的地對空飛彈。我們知道米格機部署到河內附近，但對那些機場乃至於北越的地理、天氣卻知之甚少。原以為更接近洋基站後，將能聽到更完整的簡報以掌握空戰兵力，也就是一份即將遭遇的北越部隊清單。但這一切都沒有發生，那些原本可以用來幫助我們的情報，當時都被列為最高機密。

5 編註：北約代號「壁畫」（Fresco）。
6 編註：北約代號「魚床」（Fishbed）。

原本應該朝著洋基站航行，但在前往菲律賓蘇比克灣途中，北韓又在醞釀另一次危機。我們奉命改變航向，全速趕往朝鮮半島。原來北韓先是派出了一支突擊隊，打算刺殺南韓總統朴正熙。隨後又在公海俘獲了美國海軍的「普韋布洛號」研究船（USS Pueblo, AGER-2）。對方動用了四艘魚雷艇、兩艘潛艦與米格21戰鬥機來追逐這艘用於情報收集的船艇。期間還開火打死了一名來自奧勒岡州的水兵。北韓登船、俘虜全體官兵，然後開始虐待他們。北韓截獲了足夠的機密資料與加密設備，讓蘇聯能在後續的二十年時間，破解美國海軍特定通訊的方式[7]。

這真是件令人感到羞辱的事件。原本已經陷入一場看似永無止境的戰爭裡，結果另一場戰爭好像又將開始。大E必須趕往韓國秀武力才行。

才剛抵達就遇上了可怕的冬季天氣。陣陣刮過的寒風與飄雪，強烈到連站在艦橋上都無法看到飛行甲板的尾端。華府居然要我們在這樣的暴風雪當中做空中巡邏。艦上近百名飛行員，只有六個人被選上要在這種惡劣天氣中飛行。我就被指派擔任中隊長沈克．倫森中校（T. Schenck Remsen）的僚機。

他是屬於那種最罕見的領袖之一。不只個有天分的飛行員，還會身先士卒，總是擔起最艱難的任務。沈克有一種與生俱來，能啟發年輕軍官的人格特質，再加上愛護手下，讓他贏得了所屬的徹底擁護。當奉命要在夜間的暴風雪中，沿著韓國的海岸線做巡邏飛行時，很自然的，沈克就親自擔起這項任務。

飛行甲板上佈滿了冰，必須要在地勤的協助下登機。才不至於滑倒甚至跌落。進入座艙後，飛機被拖到彈射器上，免得在結冰的甲板上打滑。每一次的夜間彈射都有不同的狀況，再加上雪花與惡劣海象，眼皮底下都是十足的冒險。

已經爬升超過兩萬英尺，但仍未脫離暴風，能見度是如此之差，讓我和沈克都看不到彼此，只能倚靠我後座的丹尼斯・達菲（Dennis Duffy），用雷達來追蹤他，並維持在沈克後方幾英里的位置。冰與雪不停地敲打著幽靈戰機，把座艙罩變成了白色的萬花筒，就跟在雪花球裡飛行沒有兩樣。

企業號終於在返航前，導引我們進入待命航線。可是當要進場的時刻漸漸接近時，我開始覺得奇怪為何航艦沒有提供氣象動態。我們分別在暴風雪中下降，能見度幾近於零。沈克在航艦雷達指引下先行降落，他在第一次進場時什麼都看不見，既沒有燈光，也看不到航艦，只有暴風雪和一片漆黑。降落信號官告訴他：「你飛過我們的時候，聲音聽起來還不錯！」

沈克終於降落成功，他和降落信號官在我又一次繞過航艦時和我說話。提醒我保持低高度，順著船艦的航跡，我放膽地降低高度，儘可能接近水面，搞不好離海面只有四十英尺。但在海浪上方的飛行甲板卻距離有六十五英尺，一盞紅燈開始在我座艙裡閃爍，原來是燃料快用盡了。成敗在此一舉，要不就是成功地降落，要不就是彈射到冰冷的海水裡，就看我們的求生飛行服能有多管用了。事實上在冰冷的海水裡，大概只能撐五分鐘，才不要下水去。

在黑暗中竟然看到了航艦的白色航跡。就順著它飛，直到我能看到正前方艦艉上的降落燈後，才發現他們在我的上方。降落信號官要我拉高，幽靈機的機鼻高過甲板後，先將控制桿往前推，再立刻向後

7 編註：一九六八年一月二十三日，美國海軍普韋布洛號在北韓東岸元山港外公海執行任務時，遭北韓軍艦襲擊。全艦包含艦長共八十三人被俘，一人陣亡。人員後雖都被釋放，但普韋布洛號至今依然被北韓扣押，當成戰利品，美軍亦堅持保留船籍，不除役。

拉，這是二戰王牌飛行員澤克．科米爾（Zeke Cormier）教我的老技巧，在那晚救了我與丹尼斯的性命。幽靈式戰機碰到了甲板，尾鉤也鉤到了攔截索，我們嘎然停了下來。

坐在座艙裡等待甲板人員來導引的時候，我的膝蓋和踏在剎車上的雙腳不禁在顫抖。截至目前我所有的飛行經驗，都沒有像這次那樣嚴苛。我完全不確定，為什麼在華府的某人會希望我們在那晚升空？我想不到在那九十分鐘的航程裡，除了讓那些持續在惡劣天候中追蹤的北韓雷達操作員感到印象深刻外，究竟達成了什麼。平白拿自己的生命去冒險。那些政客是憑什麼，可以把我們的生命當兒戲？原本我從不質疑指揮體系，至少沒有質疑過中隊長以上的長官，相信領導階層不會派我們去冒不必要的風險。但那次在西太平洋的飛行，讓全員踏上幻滅道路的第一步。我坐在中隊待命室裡，手上握著熱咖啡與爆米花，自言自語說道：「你沒問題的，你又可以享受人生了。」但問題自此變得越來越糟。

普韋布洛號事件後沒有多久，企業號就投入了北越的空戰。我在飛第一次戰鬥任務時，心裡還充滿了對那些老前輩口中聽來的戰爭故事的假設和期望。他們曾以史上前所未有的方式痛擊敵人，而我也預期自己能在北越創造同樣的戰果。但那並不是「滾雷行動」執行的方式。

由置身華府的國防部長麥納瑪拉決定，詹森總統批准的政策，空襲的目的不在於摧毀敵人的作戰力量，或是瓦解他們的防空網，以便我們能在北越領空來去自如。這個任務和有形的戰果或勝利毫無關係，只是漸進式地向北越傳遞訊息。當期望自己是長矛的尖端，結果卻只是詹森逐漸施壓北越的手指。我們不能打擊對方真正的痛處，只能輕捏他們的肩膀做出警告，提醒他們若再不乖乖聽話，我們就會更用力。

那種會把逐步對敵人施加壓力當成戰略的人，鐵定沒有在校園裡與惡霸幹架的經驗。想像在一天結束之際下課鐘響起，你離開學校要回家，卻在途中看到惡霸正在修理小孩。你雖然去幫忙，卻沒有一拳擊倒對方，只是輕拍他的後腦勺，告訴他：「你再動手，我就會讓你好看。」

你覺得惡霸接下來會怎麼做？

「滾雷行動」只是詹森的隨身警棍，只有當北越為越共提供補給與兵力時，他才會派我們出擊。接著是下令單方面的停火，也就是暫停轟炸，讓北越有時間學到教訓。但停火事實上只是給了他們更多時間補給。美國的反應似乎只讓河內更為大膽，使其高層認為美國在意的是避免戰爭擴大，甚至擔心與中共或蘇聯的可能衝突而非贏得這場戰爭。他們利用停止轟炸的空檔重新補給，並準備下一次作戰，結果是不少美國人因此死亡，其中一些更是我的朋友。

在「洋基站」，企業號航空聯隊領教到這種政策對每個機組員帶來的影響。詹森與麥納瑪拉在華府遠端遙控著這場已露敗像的空戰，甚至到了親自挑選轟炸目標的程度。當時北越也許有一五〇個值得轟炸的目標，例如機場、軍事基地、後勤設施、發電廠、橋梁、鐵路中心、產油設施、幾間鋼鐵廠，以及海防的港口設施。中共與蘇聯都想成為北越的主要盟友，因此接連為其提供軍事援助。大批裝載武器與作戰物資的車隊，從中國邊界直接開入越南。蘇聯則利用直抵海防港的貨輪，運送重戰車與地對空飛彈。長年以來，敵人一直在這樣的庇護下，取得任何他們需要的裝備。

由於害怕戰爭升級，詹森政府始終不肯轟炸海防港，或是那些運輸的船隻。每次飛去北部執行任務時，都可以近距離飛過那些等著卸載的貨輪。我們甚至可以看到在他們的甲板上，滿載著全天候的米格機與地對空飛彈，那些都是在不久將來要用來對付我們的武器。

但我們既不能攻擊他們，也不能在港口佈雷。這真悲哀。當下只要執行早在二戰時期就已經成熟的空投水雷計劃，我們能在三天內癱瘓北越這個唯一的大港，但白宮的命令就是不行！

這些如電線杆般巨大的地對空飛彈，將會射入天空，利用他們的導引雷達，追逐我們的飛機。他們造成我方的重大損失，但我們卻很少能轟炸這些飛彈陣地，就因為擔心會殺死那些蘇聯顧問。

當北越開始駕著蘇聯與中共製的米格機參戰，海軍與空軍便要求華府同意轟炸機場，但這個要求也被拒絕。那些在任何情況下都不能攻擊的目標還包括水庫、水力發電站、漁船、舢舨、船屋，以及那些人口聚集的地區。北越洞悉這些禁令的軍事價值，因此將多數防空飛彈的支援設施，還有其他重要物資，移到河內與海防這些我們不會轟炸的位置附近。河內周圍的機場成了米格機的避難所。當時擔任美軍太平洋司令部指揮官，同時也主導空中作戰的夏普上將（Ulysses Simpson Grant Sharp Jr.），便要求參謀長聯席會議取消這些半吊子的限制。與此同時，敵人的戰機飛行員可安穩地待在停放於跑道上的戰機裡，不需擔心被攻擊，只要等我們的轟炸機出現再起飛就可以了。

最後詹森與麥納瑪拉終於在壓力下同意對機場實施攻擊，但他們連這一點也依舊要遠端遙控。例如選擇特定的機場，並禁止攻擊其餘的目標。夏普如此寫道：「我們要層層上簽向華盛頓請求，然後才能獲得攻擊目標的授權。」相較於放手讓海軍進行一次能重創北越空軍的閃電戰，每次只被允許攻擊幾座機場，然後放過其他的。

戰後研究顯示，河內不時能和在「洋基站」上我們一樣，同時拿到最新的目標清單。結果是我們的國務院，經由瑞士政府將清單傳給北越，希望河內方面能將目標區裡的平民疏散。當然敵人並不很在乎這一點，他們只會利用這項寶貴情報來躲避我方下一次的攻擊。一面將米格機通通疏散，一面將防空砲與地對空飛彈調到目標區防衛。要摧毀停放在地面上的米格機已經夠困難了，還被下令不許攻擊升空後的他們，除非能以肉眼就辨識出對方，且是對我方造成了威脅。

這簡直是為失敗做的安排，而且後來還變得更糟糕。

這些接戰規則，完全違反了過去為空戰所接受的訓練。F－4幽靈式戰機的價值在於，它具有視距外摧毀敵機的能力。而麻雀飛彈則是這種新式戰法的終極代表——以雷達系統追蹤並鎖定目標後，在十英里外發射飛彈，然後跟米格機說再見。這是海軍教育我們的接敵方法。由於海軍對飛彈科技的信仰，放棄了空中纏鬥訓練，導致大多數飛行員並不曉得如何以其他方式來戰鬥。

結果我們的接戰規則，竟然不許我們使用受訓時的戰法。新的交戰準則尤其明令禁止在視距外發射飛彈。想要對某架飛機發射飛彈的話，戰鬥機飛行員必須先以目視確定對方是米格機，而非友機。雖然因不小心或意外而擊落友機的想法令人無法忍受，不過在激烈的戰鬥中，這種令人難過的事還真發生過。不過整整三年下來，加州的訓練中隊仍然只教導以飛彈進行遠距離攔截的戰術，且排除其他的選項。這導致過去的訓練無法應用在越南的空戰當中。

不但如此，這些規則還正中米格機飛行員下懷。

米格17是一款裝備有機砲但沒有飛彈的靈活戰機。它的老舊設計觀念是源自於蘇聯在韓戰中學到的教訓。裝備這款戰機的北越空軍，必須先逼近再以機砲瞄準追擊，有時甚至還要逼近到六百英尺的距離內才開火。但我們受的訓練卻是在十英里外擊落敵機，而且F－4只裝備飛彈。承包商與五角大廈都相信，空中纏鬥的時代已經過去，所以飛機都不裝火砲了。

我們把昂貴的高科技武器，投入一場近距離的白刃戰。結果呢？我只能說米格機飛行員得到了太多原本不屬於他們的戰果。

歐立斯基尼號上的夏佛特與米格機的那場一比六空戰，還凸顯了另一個問題。在起飛時，他的戰機吊掛了四枚響尾蛇飛彈，但就在甲板上彈射之前，其中一枚因失去功能而卸下。這讓他只剩三枚飛彈，而他發射的三枚飛彈沒有一枚命中米格機，甚至連他的機砲也失效。

我們的武器並沒有像宣傳的那樣好。我雖然想說這只是個案，但類似的情況在珍珠港事件之前也發生在我們的魚雷上。這些武器在三〇年代也如同高科技的魔法，而且也同樣造價不斐。海軍無法在射擊訓練中引爆這些魚雷，只好改採啞彈操雷，讓魚雷在行進一段距離後能浮上水面。一九四一年以前，很少有裝上實彈的魚雷被真正引爆過。

你能想像嗎，當這些魚雷被證明不可靠之後，有多少人因此感到震驚？它們只會在水裡繞圈，而不會引爆。海軍官僚不僅拒絕接受魚雷可能故障的意見，還責怪那些在前線操作的水手未正確使用武器。直到一九四三年以後，問題才終於被發現並得以處理。那其實純粹是技術上的問題而已。

而在越南上空，麻雀飛彈也通常會故障或無法擊中目標，響尾蛇飛彈也差不多如此。為什麼我們沒有在一九六五年之前就發現這些問題？這一切只是歷史在重演，因為這類武器昂貴到讓海軍不願意在訓練中使用它們。所有實彈射擊演習都是以在空中直線平飛的靶機為目標，就如同一架意外被發現的轟炸機一樣。在這款武器被實際用來對付敵軍戰機之前，我們根本不知道有問題存在。

雖然我們從未失掉在北越的制空權，但米格機與它們的飛行員依然是顯著的威脅。他們能成功對付我們，只代表有另一個更大更危險的問題，如果只有一七〇架戰機的北越空軍就能對我們造成慘重傷亡，那和華沙集團甚至蘇聯開戰時又會如何？屆時敵我在數量上的差距可能達到五比一之譜。如果越南只算對我們戰力的測驗，那將來我們會被全面壓制、輾壓。

即使面對這些技術問題與政治干預，我們仍須找出獲勝的方法。麥納瑪拉是一個極為重視數據的人，五角大廈在他的帶領下，是以敵軍的傷亡數字來衡量地面作戰的成敗。而在空中作戰方面，則是以出擊的飛機架次來計算，一個架次就等於一架飛機執行一次任務。如果派出十架飛機轟炸目標，就算十個架次。但這其實是個虛幻的世界。例如我們的轟炸機，常會在米格機來襲時，即使還沒抵達目標就先拋下炸彈，但依然會被列入任務架次計算。

面臨必須提高飛行架次的壓力，整艘航空母艦都被操翻了。飛機維修人員每天要工作長達十二小時。他們要一次又一次檢查甲板，讓飛機出擊，然後再收回飛機，為它們重新掛彈加油，以趕著達到所要求的架次比率。每個飛行員一天平均執行兩趟任務，而且每次任務前後都有數小時的簡報要做，每個人也被操到極度疲勞。連那些被擊落後獲救的飛行員，都要在幾天內重返崗位。一九六七年十二月那一場歐立斯基尼號與米格機的空戰中，夏佛特中校因為沒有其他飛行員可派，即使背部有未確診的傷勢依然投入戰鬥。他的傷勢使其無法轉過頭檢查機尾方向。為了解決問題，他只好解開座椅肩部的固定帶，以便於整個上半身能向後轉。如果他必須彈射逃生的話，就可能會因此送命。外號「大熊」的他可說是海軍航空界的傳奇，不僅熬過了越戰，還成為一名受人景仰的戰史作家。

任務頻繁除了導致重大損失，更引發了許多原可避免的不幸，其中包括了因疲勞地勤犯錯而引起的航艦大火。不少官兵和飛行員都在這樣的意外中死亡，更遑論兩艘航艦上的大火更可能嚴重到讓我們失去船艦。

因為被迫要達到出擊架次的比率，有多少好人被不必要地犧牲了？為什麼？這是起緣於軍種間的競爭。空軍和海軍為了拼命爭取應得的預算，都決定要在出擊架次上勝過對方。

一九六七年，企業號抵達東京灣前不久，海軍與空軍都面臨了嚴重的彈藥不足問題。承平時期的產量顯然不足以應付戰時的需求，迫使五角大廈只好向北約盟國買回先前出售給他們的數千枚彈藥，而且得支付通貨膨脹後的價格。即使將老舊的鐵製炸彈從二戰時期的儲存設施裡搬出來，航艦依舊要在缺乏彈藥的情況下執行多次任務。結果就是將原本應該由兩架飛機吊掛的彈藥，分配給六到八架戰機來投射，這樣當國防部長看到每天的數據時，才不會覺得海軍的表現有下滑。

戰爭暴露出這些問題後，華府官僚們是如此地拒絕面對。他們找不出任何解決之道，只會叫我們重複去做那些肯定會有相同結果的事。當我們把自己飛到精疲力竭時，北越卻在加倍增援南越的叛亂份子。

這裡我是用簡潔摘要的方式，來為各位說明一個廣泛且嚴重的多層次危機。我可以向各位保證，實際體驗過這些會比以文字書寫它們更為痛苦。這個問題已經在很多本著作中被詳盡地說明。它不僅真實，而且很悲慘！對我們這些倖存者而言，更是苦澀的經歷。

我的故事與其他人不同之處在於，我被授予修正這些問題的職責。很快就會提到這部分。首先我得要告訴你，一個航空母艦航空聯隊是如何撐過一九六八年在洋基站的部署任務。

第七章
洋基站的教訓

一九六八年初
越南外海，洋基站

站在緊鄰中隊待命室的置物櫃旁，我將抗G飛行衣、靴子與手套陸續穿上後，開始為下一次任務收拾自己的求生裝備。然後再把手伸進置物櫃，拿出雷朋太陽眼鏡，這幅眼鏡跟了我超過十年，幾乎在每次飛行都陪伴著我。當我把飛行頭盔從頭盔袋裡面拿出來的時候，又看到了那隻小老鼠娃娃，它還待在它的巢穴裡面！經過了艱困的跨海飛行後，它仍一臉堅毅的出現在我面前，吸引我的注意。就像當年我在北島打開那個來不及收拾好的櫃子時一樣。

「你好，小兄弟。」

這隻老鼠娃娃已經成為我的吉祥物。它跟著我一起經歷了數千個小時的高難度噴射飛行——越南上空的戰鬥，還有在老舊航艦上的夜間降落。我原本要把它送給已經八歲的達娜，女兒應該會愛上它。但我又想起了它原來的主人，覺得自己應該沒有權力把它當成禮物轉送出去，所以乾脆把我的頭盔袋當作它永遠的窩。我回家時，應該要買別的禮物送給女兒才行。

我考慮的是何時回家，而非是否還能回家。

我再看了老鼠娃娃一眼，然後把頭盔袋放入置物櫃。抱著飛行頭盔的我，此刻才想起側背式槍套裡的四五手槍忘了帶，這是我擔任科羅納多市助理警察局長的岳父贈送的另外一個幸運物，同樣也伴我經歷每次飛行。等到把槍拿出來以後，我已經準備好出發了。

我很想擊落一架米格機。事實上所有的戰機飛行員都想，但北越飛行員的行蹤既隱密又飄忽不定。這要歸功於他們的地面雷達控制站，以及種種禁止我們摧毀他們的規定。幾個星期以來，美國飛行員都找不到一架米格機。不知哪天他們會突然現身，衝進我們多達三十架飛機的攻擊編隊裡。

只是我從來沒有在北越上空遭遇過米格機就是了。

日復一日，我們都會從「洋基站」起飛，去轟炸那些不確定是否值得攻擊的目標。執行搜索與摧毀任務時，我們會攻擊敵人的運輸車隊，他們多半在夜色掩護下行動。我們還會轟炸敵人的補給點，有時還會攻擊發電廠以及那些早就被其他中隊轟炸過的軍營。我們也會攻擊橋樑與地對空飛彈陣地，但很少獲得華府高層批准去轟炸河內周圍停放米格機的機場。

F-4戰鬥機的設計出發點，是要有一架超音速飛行能力的攔截機，主要任務是攔截蘇聯的戰略轟炸機。在越南上空，幽靈式戰機成為美軍歷年來最多元用途的機種。除了作為攔截機之外，它也是護航戰鬥機與通用攻擊機。而到了非軍事區以南之後，還可以扮演密接空中支援攻擊的角色。

我們不僅會執行上述各項任務，還從中學習到如何完成任務的最佳方式。它們都不盡相同的。在北越執行完一天兩趟，甚至其中一趟還是夜間任務後，我們都疲憊不堪了。加上缺乏良好睡眠，更讓大夥時時刻刻神經緊繃，我們都變得容易受挫。某些人因為壓力、疲勞以及許多同伴陣亡造成的痛苦而退縮，所幸這沒有發生在我的隊上。沈克與隊上的資深飛行員，總是以身作則地帶領後進執行幾乎所有最困難的任務，從不會因目標或接戰規定而有所抱怨。他們是偉大的飛行員，對我們全體都形成深遠的影響。沈克要求我們集中精神並展現團隊合作，在每天執行危險任務的同時要彼此照應。在航空聯隊裡，所有的中隊當時都是以以身作則的方式來領導。但就像其他團體也曾經歷過的，這樣的風氣並非總是如此。

我們因為敵軍的防空飛彈、高射砲，以及成群結隊的米格機而損失戰友。米格機飛行員能在雷達的正確導引下衝入我們編隊發動攻擊，對方格外擅長對付空軍的F-105雷公式戰鬥轟炸機（Thunderchief）。逼迫他們必須提前拋棄彈藥，使得預定目標不再被打擊。

海軍航空隊與空軍之間，長期都是處於既競爭，又攜手合作的狀態。我在一九六八年時，同樣會因雷公式飛行員在北越上空的嚴重損失而感到難過。共和公司生產的八三三架F-105中，有三八二架都在東南亞被擊落。F-105飛行員就像我們A-4天鷹式的飛行員一樣，都是既勇敢又傑出的美國英雄。

這天下午，終於輪到我們去挫挫對方的銳氣。所有指派出擊的飛行員，在著裝完成後走入打擊作戰中心（Strike Operations Center）聽取簡報。我們通常是為了找情報官才會去這裡。這些情報官不只懶惰，而且連待命室在哪都搞不清楚，不如去找他們還省事些。

進到打擊作戰中心後，我一看當天的地圖就失望。這一趟應該碰不到米格機了，因為目標位置是位於南北越間的非軍事區，一個叫做溪山（Khe Sanh）的地方。

那年一月底，北越正規軍向溪山的幾個美軍特戰部隊據點以及陸戰隊一個位於山頂，幾乎無險可守的火力基地發動大規模攻擊。美軍與南越部隊很快就陷入包圍，還遭到猛烈砲擊，地面的補給線全被切斷。想要降落在溪山機場的直升機與運輸機，不僅在接近時受到防空武器的射擊，在降落後還會被迫擊砲猛轟。北越曾發動一次夜襲，企圖突破基地防線，但在他們能成功突穿之前，一個美軍陸戰排朝著衝鋒的敵軍發起反攻。

在經歷過一場使用刺刀、槍托甚至拳頭的近距離惡戰之後，陸戰隊員成功逼退了北越軍。他們能堅守陣地的兩大關鍵是膽量與火力。除了頭頂有兩架空軍的B-52同溫層堡壘轟炸機以地毯式轟炸敵軍陣地的方式來增援之外，陸戰隊和空軍其他的戰鬥轟炸機，還有來自「洋基站」的海軍航空聯隊，都投入了這場拯救火力基地與受困勇士的戰鬥。

我們在當天午後出發，飛了兩百英里抵達溪山上空的集合點。周圍的山谷因激戰而冒出灰黑色濃煙，我們只能瞥見地上的戰況。機場的狀況一片狼藉，燒燬的飛機殘骸被推到了跑道旁邊，它們都是被迫擊砲擊中的。至於基地本身看起來像月球表面，在柔軟的紅土上佈滿了數千個彈坑。

我與陸戰隊前進空中管制官取得聯繫，他的工作是導引我們把炸彈準確投到目標上。他就在現場，跟那些年輕的美國人一同承受砲擊與夜襲。憑藉著無線電與專業，對其他弟兄而言，他就像是上帝的鐵拳。他可能曾經是一名陸戰隊飛行員，所以才能說我們的慣用語，了解我們的視角。

前進空中管制官聽到了我抵達時的無線電呼叫，立即回應我。依照他的描述，戰況聽來非常危急，北越軍正在他們的防線外集結，準備再次發動夜襲。他希望我在敵軍趁夜進攻之前，把所有吊掛的彈藥通通丟到他們頭上。

那個下午呈現少見的天空，在我上方萬里無雲的碧藍晴空，剛好與機鼻下方冒出濃煙與火焰的山谷，形成了強烈的對比。在接收到地面指示後，我開始下降準備對地攻擊。

「保持你目前五百節的速度，高度四百英尺，敵軍將會朝你開火。聽我指令，投下所有的蛇眼炸彈，但要小心在防線上的陸戰隊員，他們就在你的左翼下方。」

我的飛機上當時吊掛著十二枚五百磅重的Mk82蛇眼炸彈。投彈後，它的尾翼（也就是裝了彈簧的減速裝置）將會展開，使炸彈在投出後幾乎垂直落地，這使它成為非常精準的武器。更重要的是，在低高度投彈的時候，這款武器還讓我們有充足的時間可以避開爆炸或破片的影響。

我在四百碼的高度將機頭拉平，以五百節的速度飛行。幽靈戰機穿過硝煙，從山丘一直到我們的右側，冒出了各式輕兵器的火光，我與後座的達菲都可以看到它們。不久之後，橘紅色的曳光彈就劃破前方的天空，打向我們的高度。

以我當時的高速，其實不太需要擔心右側敵軍發射的曳光彈，因為它們是呈水平發射的。我反而害怕自己失手誤擊，意外把蛇眼炸彈丟到防線附近的陸戰隊員頭上。稍早就有一名缺乏經驗的海軍飛行員，意外傷到一些自己人。

投錯炸彈殺死自己人？我知道如果發生這種事，會一輩子都忘不了的。

我仔細聽著前進空中管制官說出的每個字。如果我沒有保持水平，炸彈就可能掉到目標區的右邊或左邊，這取決於我機翼的平衡程度。要在所有壞蛋拿著AK-47朝我射擊的同時維持飛行的穩定，可不是一件簡單的事。事實上這是我這輩子執行過最艱難的一次飛行。

我檢查了自己的航向，確定機翼維持水平，就在那一瞬間，管制官呼叫：「投彈！投彈！投彈！」

我投下了Mk82，F-4機身因為六千磅的炸彈從掛架脫離、落地而瞬間上揚。同時，我加大油門、點燃後燃器，隨後幽靈式戰機的兩具J79發動機，以五個G的速度把我們拉回原先的高度，遠離下方的惡戰。

後座的達菲大叫：「我們閃吧，老友！」

在爬升的同時，我的喉嚨一陣緊縮，心裡更充滿了不好的念頭，就等著前進空中管制官回應。任務當中最難熬的階段，就是等待前進空中管制官的戰果回報。

「糟了，我剛剛是不是炸死幾名陸戰隊員」的念頭始終揮之不去。

管制官沒有回應，隨著通過三千英尺，高度計的指針也不停旋轉著。時間一分一秒過去，對方依舊沒有回應。身後的丹尼斯，不斷在彈射椅上調整坐姿，想看看究竟把炸彈投到哪裡去了。

不妙！

無線電裡先是傳來一陣靜電聲，接著是前進空中管制官的吼叫，他大喊：「炸得好！炸得好！正中目標！」

我終於能鬆一口氣，在氧氣面罩下露出笑容。訓練時做過不少次密接空中支援，也在從南越飛回洋基站途中執行過幾次這類任務，沒有一次狀況是像這次，地面上的陸戰隊員是身在我投彈位置的危險範圍內。

一架接著一架，隊上的幽靈戰機陸續完成攻擊後，集結飛回航艦，我們所謂的「本壘板」。一連幾天都在進行這些任務，支援那些幾近絕望的陸戰隊員。能做些有用的事，讓我感覺好過一些。只要能用炸彈多消滅一個北越兵，地面上的友軍就少一個威脅。

最後陸戰隊守住了防線。另一支由陸軍，陸戰隊和南越軍組成的地面救援部隊，沿著九號公路奮戰，突破了北越軍的包圍。企業號航空聯隊又回到原先規劃好對付北越的任務模式。

無論天氣好壞，我們日夜都會執行任務。海軍會組織全體出動攻擊（Alpha Strike），也就是以三十架甚至更多的飛機，發起龐大而死板的攻擊行動[1]。當A-4對目標實施攻擊時，F-4便為其護航，對付來犯的米格機，或是壓制敵軍的防空系統。我們也會執行兩機或者四機編隊的偵察任務，搜索任何既有價值，華府也允許我們攻擊的目標。

因為掌控著他們國家的制空權，北越必須趁夜才能將作戰物資與人員往南送入戰區。為了反制，我們只好在夜間飛行，企圖在車隊南下的道路上逮到他們。

北越則以裝在甲車上的輕型防空機砲來護衛車隊。它們看起來就像二戰時美國提供給蘇聯的武器。由於配備了重機槍或輕型防空火砲，他們能趁我們俯衝攻擊時重創我們。

1 編註：主要是以較短的間隔持續派出中等規模的混編攻擊機群進行反覆攻擊。

接戰準則也讓北越更容易攻擊我們。華府要求要先投下照明彈，確認地面上行駛的是軍用車輛後，才可以在照明彈的光線下俯衝攻擊。敵軍很快弄清楚了這點。每當投下照明彈，他們的砲手就會以曳光彈以及會炸出破片的防空砲彈射擊照明區下方。我們只能冒著迎面而來的砲火俯衝，把握在極短的時間內投彈。

和空中纏鬥一樣，如果那時飛機有裝二〇機砲那就好了。這樣就可以在俯衝時掃射，至少壓制部分的敵火。但實際上我們只能挨打，沒有什麼事情比炸彈落地之前，自己只能被動挨打更讓人沮喪的了。

有天晚上，我和僚機執行偵察巡邏，觀察沿著海岸線的一號公路是否有敵軍出沒。在距離河內一六〇英里，靠近榮港（Vinh）的路上，注意到有幾盞昏暗的車燈。

這下面肯定不是友軍。

在不需要擔心會誤擊友軍的情況下繞了回來，決定由西向東沿著道路攻擊。正常來說，會先掠過一次並投下照明彈，或是其中一架飛機投照明彈，僚機在亮處下方發起攻擊。更好的方法是，有時候會延遲攻擊，等到照明彈燒完，且敵人多數的火砲也停下後才動手。我們可比那些在華府制定接戰準則的人聰明多了。維持我方的不可預測，才能讓敵軍的砲手抓狂。

我已經不想再挨打了，去他的照明彈。

那晚我們攜帶的是集束炸彈，也就是一枚主要炸彈會朝下方的目標區釋放出多達幾十個子炸彈。這些子炸彈在落地後引爆，以數千個破片來重創目標。它們設計原本是為了殺傷在開闊地上的敵軍。後來發現，它也能貫穿無裝甲的車輛，並讓它們起火。如果能將F-4上吊掛的集束炸彈準確地投下，將會往四周延伸出一個廣達數百公尺的殺傷區。它們就是如此具毀滅性，又令人畏懼的武器。

我們向下俯衝，僚機緊跟在後側。我先投彈，僚機也隨即如此。然後脫離目標，朝夜空爬升而去。兩架飛機上滿滿的集束炸彈，引爆了載滿彈藥及燃料桶的卡車，一號公路上揚起的火光，在數英里外都能看到。當晚在海岸巡邏的飛行員，看到地平線上冒出的大火後，都會想知道「榮港是怎麼回事？」當晚的攻擊，讓敵軍補給南方「春節攻勢」[2]的後勤路線受到挫折，是令人欣慰的一刻。

回到航艦上卻發生了意料之外的狀況。完成任務報告後，有些軟腳的參謀跑來找我，威脅說我違反了接戰準則，要移送軍事法庭。就因為我沒有投下照明彈？沒錯，就因為接戰準則和那些唯命是從的非戰鬥軍官，這件事可能得賠上我的前途。我直接請他們滾蛋，這次攻擊是本中隊執行得最為成功的任務之一。這提醒了我，在這場麥納瑪拉式的戰爭裡，軍法審判與獲頒勳章只有一線之隔。

任務仍然持續進行，傷亡人數也不斷的飆高。有些晚上在床上躺平的時候，我有著滿腹的絕望感。看戰友死亡向來都是件沉重的事。有時候你以為已經能夠面對它，但另一些時候，這些人的死亡卻造成內心永遠無法復原的傷痛。在那樣的夜裡，即使疲勞使得我快要入睡，卻因內心不斷思索而無法入眠，滿腦子地思索著。

當下能做些什麼嗎？會不會他已經彈射，只是我們沒看到降落傘？幸運的是，那些不是我隊上的人。

---

2 編註：一九六八年一月三十日由北越和越共游擊隊聯手，對南越的重要城市與美越聯軍據點發動全面性襲擊的作戰行動，是整個越戰地面作戰規模最龐大的一次。雖然美軍與南越最終以勝利告終，但也促使了美國國內的反彈，最後導致美軍撤出越南。

我試著不去想他們的家人。但再怎樣努力，那些寡婦與孤兒的臉孔有時還是會浮現出來，而且還是很突然地。在我海軍生涯裡，發現有些人會陶醉於挑戰與戰鬥的刺激感。即便像越戰那樣，他們也視其為對付敵軍的狩獵場。但我本人從未達到那樣的程度，我把作戰視為責任，甚至是神聖的使命。經過亞利桑那號紀念館的一刻，就像是提醒我關於戰機飛行員間的緊密相連與光榮傳統。我當然是嚴肅以對，只是從未喜歡過這樣的感受。除了再也見不到陣亡的弟兄之外，還很快要去面對他們的家人。他們都是因某些人追求刺激而付出的代價。這是個我必須承受，卻無法喜歡的重擔。

敵人總是有主動權，這使得他們在交戰中擁有了取勝的捷徑。即便你始終做出正確決定，甚至你的單位乃至指揮體系都如此，而且還像沈克般身先士卒地領導，但我們依然面對著一個狡猾、堅定，甚至可說是勇氣十足的敵人。他們總是能找到出乎我們意料之外的新伎倆。

失眠的夜裡，我的腦子就是無法停止思考。我會想到那些再也沒有人坐的待命室椅子。我們失去了一些絕佳的飛行員。顯然當你性命該絕的時候，再怎樣有能力也是不夠的。

離開家後，我就不常去教會，但我從未失去信念。當任務越來越艱難，陣亡與失蹤名單也隨之越來越長的時候，我其實是極度依靠信仰撐過來的。我知道凡事背後必有原因，生死不是僅由那些時常隨機變化的運氣主宰。這不僅給我帶來些許安慰，也讓我每天早上更敢於登上戰機。

在那些我和多數人共同經歷的失眠夜晚，會儘可能地不去想家裡的事情，因為這會讓你在空中變得謹慎與遲疑，最後送命。如果你夠聰明，就絕對不會去設想明天早上以後的事情。一些歷經過戰鬥的老兵都會告訴菜鳥：「就假設你不會回來，甚至真的相信如此，這樣才能讓你活著回來。」這真是戰爭帶來的兩難心境。

在人生最黑暗的時刻，我會想起瑪莉貝斯，我內心真正的最愛，沒有任何事情能改變這一點。即便已經十多年沒見到她，或和她說話，卻還是能清楚記得她的臉龐與樣貌。當我在加州任職時，天天努力維繫著婚姻。我愛我的妻子，無論是經歷戰火或分離的考驗亦然。但當我真正面對自己的時候，我知道只有瑪莉貝斯才是我畢生的摯愛，而且只要世界上有她在，就是對我最好的慰藉。有些人窮盡一生也找不到心靈伴侶，但至少我找到了，即便可能再也見不到她。

在不停執行任務一連數週之後，終於離開了洋基站，啟航前往菲律賓的蘇比克灣休息。我們已經緊繃到了人類的極限。如果你看過電影《從海底出擊》（Das Boot）的開場片段，就大約能夠理解我們為何在庫比角軍官俱樂部（Cubic Point Officers' Club）會如此瘋狂。這種脫離戰場的休息時間，給了釋放壓力的機會，並以一連串派對、把妹、瘋狂行徑、惡作劇和豪飲的方式表達。

俱樂部坐落於可以俯瞰蘇比克灣，佔地一點五英里跑道的山丘上，茅草屋頂搭配水泥地板，還有大量塑膠或者金屬製的簡易桌椅。這裡給人的感覺，就是標準的熱帶潛水酒吧，我們喝著一瓶只要十美分而且隨處可見，讓安德士・蘇理安諾上校（Andrés Soriano）致富的生力啤酒。

此地招呼過幾乎所有在西太平洋巡弋的海軍飛行員，而酒吧的牆壁則留下了他們的紀念。從這個角度看，這座熱帶潛水酒吧除了像一座博物館以外，也是對那些前人的紀念。每個中隊都捐贈自己的銘牌、照片或者其他紀念品，給這裡增添了榮耀的感覺。在日後蘇比克灣基地關閉，美國海軍撤離菲律賓後，庫比角軍官俱樂部的擺設，居然被幾乎完美複製並陳列於國家海軍航空博物館（National Naval Aviation

Museum）內，證明這個地方對我們是有多大的意義。

我們提供的紀念品十分特殊。一名當地工程師與幾位年輕軍官合力打造出小型的彈射器軌道，搭配一個裡面有尾鉤控制桿的舊飛機座艙。軌道由氮氣驅動，把座艙沿著一個迷你版軌道推出去。如果你來不及放下尾鉤拉住攔截索，你就會衝入一個裝了溫水的大水缸。好吧，事實上裡面可能多半是啤酒，雖然我在喝到深夜的時候曾懷疑，年輕軍官可能在裡面添加了其他的液體也說不定。無論座艙裡的人是否成功勾到攔截索，都會引來大聲歡呼。這個被稱為「彈射軌道」（Cat Track）的娛樂設施，是不分階級使用的。某晚我就親眼見到海軍部長好幾次被弄到全身濕透。

我們也會以其他方式釋放壓力，尤其是在自制力隨著酒精漸漸喪失之後，原先在洋基站上累積的宿怨也隨之爆發，引發爭吵甚或鬥毆。在洋基站，我們從每位長官身上學到，階級並不代表你就是個好領袖。真正的領袖必須要有勇氣、能力，和樂意帶頭樹立典範。他們除了比別人努力以外，還承擔起最艱難的任務。至於那些不具備領導條件者，只是因為其官階，加上海軍培養我們克守紀律所以才會服從他們。

一晚，某位被多數部屬看不起的聯隊長，激怒了他下面的年輕軍官。軍階被放在一邊，年輕飛行員就開始動手了。聯隊長雖然試圖反擊，但寡不敵眾。即使被打倒在地，還不肯罷休，還叫屬下拿出真本事來！結果大家當然繼續動手，期間沒有任何人介入，大家都覺得那是他們的家務事，最好依照這些戰士的意志來解決。圍毆結束，聯隊長被打到流血倒地才終於學乖。他的手下們瞪著他，其中一員甚至大喊：「我們扯平了，聯隊長！」

當你被要求每天要為了一個不合理的理由去冒生命危險，甚至還要被那些可能害死你的規則所限制時，差勁的上級往往就會是壓垮你內心的最後一根稻草。那一晚，我很感激在這樣的逆境裡，有沈克·倫森在領導。

我們在菲律賓待了大約一星期，又輪調回洋基站，途中停在南越外海的「迪西站」（Dixie Station），好讓在實戰前熱身一下[3]。我們從該處起飛，為地面友軍提供空中支援，這是因為南越境內沒有敵軍的防空飛彈，即使防空火砲都很少。這類任務能讓我們在回到北方執行「滾雷行動」之前，重新做好準備。

三月底，發表不會競選連任的演說後，詹森改變了整個空戰的形式。他宣布立刻停止轟炸北緯二〇度以北的目標，「滾雷行動」就這樣被一個跛腳總統給取消了。

在此之前，米格機曾一度被迫要退到中國境內才能起降，此舉減弱了他們的作戰效率。詹森向世人宣布我們不會再轟炸之後，形同告訴北越他們的戰機團將重獲安全。同時，新的限制大幅削減了空軍在北越空戰中的角色，於是後續作戰的責任就落到了海軍頭上。

米格機又回到了它們在河內周圍的據點，那些飛行員不僅經過休養，而且訓練更勝以往。他們研究我方的戰術後，開發新戰術來對抗我們。沒有多久，他們就趕上了美軍。

一九六八年五月七日，五架F－4原先以為自己遇上的是兩架米格21戰鬥機，其中一架是由敵軍飛行

3　譯註：美國南北戰爭時期，北方被稱為「洋基」，南方被稱為「迪西」，美國海軍以此區分北越與南越的責任區。洋基站是多艘航艦集結所執行的打擊，迪西站則是一艘航艦輪值，主要為南越境內美軍提供密接火力支援。

員阮文谷駕駛。他是一名宣稱擊落過六架美軍戰機的王牌。他們由壽春機場起飛後，開始追擊EKA－3B「天空戰士式」，一架無武裝的電戰／加油機。

我方原本的計劃是在雷達辨識敵機後，就發射麻雀飛彈對付他們。由於北緯二〇度線以北的空域，基本上不會有美國空軍戰機活動，我們的雷達可以在米格機起飛後就完成辨識。再加上在開火前也不需要再以目視辨別，恢復了原本攔截機的初衷，也就是作為發射視距外飛彈的平台。

當時天氣多雲且能見度有限，非常適合具備全天候作戰能力的F－4戰鬥機。但空戰才開始，雙方就已陷入混亂。幽靈機趕去攔截對方，以拯救干擾手段失效的天空戰士式機組人員，所幸幽靈式及時趕到才救出他們。但在F－4逼近時，敵軍防空火網卻誤將米格機當成美軍戰機立即做出反應。結果北越的防空砲手就朝著己方戰機開火，迫使他們放棄攔截任務，改在都梁上空盤旋，等待戰管人員為他們提供幽靈戰機的位置。

在九千英尺高空利用濃密雲層作掩護的米格機首先發現了F－4，結果那兩架領頭而被我方雷達發現的米格21其實只是誘餌。在他們後方還跟著另外兩架米格21，正以超低空飛行來躲避我方的雷達。四打五的敵方居於劣勢。其中兩架F－4在接觸米格機後，發射了兩枚麻雀飛彈，敵機脫離鎖定，沒有被擊中。當一場貓捉老鼠的遊戲在雲層中展開之後，有一架F－4脫離了編隊。當時座機燃料已經不足，正預備返航的阮文谷，卻撞見了這架由本聯隊參謀E.S.克里斯汀生少校（E. S. Christensen），還有卡馬中尉（Lance Kramer）駕駛的F－4從眼前經過。阮文谷立即發射兩枚追熱飛彈，它們正是由十年前在台海空戰中，隨共機飛回基地的響尾蛇飛彈改造而來的。

其中一枚飛彈擊中目標，F-4從空中墜落。克里斯汀與卡馬兩人跳傘成功，隨後被救了起來。他們的戰機成為阮文谷的第七架，同時也是最後一架空對空作戰的戰果[4]。

兩天後，兩架由企業號上起飛的幽靈戰機，又與三至四架米格機陷入一陣激戰。F-4共發射了四枚麻雀飛彈，沒有擊中任何目標。幸運的是，當天所有飛機都平安返航。隨著米格機越來越具侵略性，我也越來越想與他們交手。

我在一九六八年五月二十三日當天，親自率領兩架沈克．倫森麾下的F-4實施「阻絕戰鬥空中巡邏」（BarCAP）。這是要將我們部署在航艦特遣艦隊與北越海岸線中間的空域，只要米格機一從河內周圍的機場起飛，就可以很快地進行攔截。

通常這類任務不會有什麼狀況，所以相當無聊。即使少數幾次米格機現身，也都不是在我執勤的時候。但這天出乎意料，一群米格21戰鬥機——北越手中最新、最棒的共產集團科技產品，正從跑道上起飛爬升，直撲海岸線外來找麻煩。

這是所有戰鬥機飛行員夢寐以求的時刻。雖然我從未喜歡戰鬥，但仍想從其中了解自己的實力。過去在聖克里門提島參加秘密空戰俱樂部的時光，為了在海軍中傳承空戰技藝而甘冒著飛機墜毀與退出軍旅生涯的風險，都是為了知道在對抗米格機時，能如何駕馭自己的戰機。

---

4 編註：阮文谷最後兩架擊落戰果是美軍的無人機，但因為不是纏鬥所得的戰果，因此作者才會形容這一天的戰果是最後一架的「空對空」作戰戰果。

艦載雷達幾乎在第一時間就發現了米格機，戰管人員隨即通知並導引航向。沈克即刻朝著岸上飛去，我與僚機隨後跟上，J79發動機發出的嘶吼聲，飛往職涯中等待的這場戰鬥。

當接近時，戰管人員呼叫：「對方是敵機，敵機！你們可以開火！」

那是一次完美到可以列入教案的攔截任務。米格21出現在機載雷達上，後座人員開始瞄準、分配目標、準備鎖定，發射射程較遠的麻雀飛彈。我們的訓練是在十二英里左右發射飛彈，但沈克決定暫緩開火，縮短距離，希望這樣更有擊落敵方的機會。

鎖定了目標，飛彈也準備好發射，已經逮到對方，他們正朝我們飛來，這將會是完美的一擊。麻雀飛彈在朝對方迎面發射時是最有效的。

正當沈克準備開火時，無線電又傳來新的指示：「紅冠呼叫銀王，停火！停火！停火！」這是要我們脫離戰鬥及離開的指示。

取消行動，我們掉頭飛回艦隊。沒多久戰管人員升級警報，表示飛彈巡洋艦長灘號（USS Long Beach, CGN-9）關閉了它的電子系統正躲在海岸線外。因此在雷達上看起來就像是一艘較小的驅逐艦。北越空軍不僅知道我方防空飛彈的概略距離，也清楚驅逐艦上的飛彈比較老舊，射程也有限。因為知道不會受到防空飛彈威脅，他們才派出米格21朝那艘被當成驅逐艦的巡洋艦飛去。

當偵測到米格機並準備接戰時，長灘號也啟動了它的雷達與武器系統，在六十五英里外鎖定米格機群。一批從艦上發射的ＲＩＭ－8「護島神」防空飛彈（Talos）劃過我們上方的空域，因此我們被迫停止接戰。米格21立即掉頭就跑，其中一架被擊落，另一架可能被擊中。這是越戰裡，海軍以防空飛彈擊落敵機三次當中的其中一次。

對於這次的戰果我幾無興趣。那些巡洋艦上的水手搶走了我們的戰果，也讓我們失去驗證自己能力的機會。他們似乎沒考量我們在現場就開火了，完全是危險的賭注。我們失望地回到企業號，如果能夠在十二英里處就開火，或許現在一切都不一樣了。任務雖然仍持續進行，但我再也沒遇過米格機了。

這是一趟艱鉅的海外部署，卻讓我們深刻地體會到，何謂真正的領導統御。後來有次執行低空攻擊任務時，有顆步槍子彈打穿了沈克的座艙，直接貫穿了他兩邊大腿。沈克將縛腿帶當成止血帶拉高綁緊，然後飛了一百五十英里，成功降落在航艦上。艦上醫療人員急忙將他弄出飛機、送進手術室，他不願被後送回美國本土的醫院，寧可留在艦上養傷。兩個星期後，這位強悍的前輩又開始飛行，帶著我們這些小老弟執行作戰任務。這才是我心目中真正的領導才能。

六月十四日，姐妹艦美利堅號航艦（USS America, CV-66）上的F-4，又與較老的米格17交戰了。幽靈戰機飛行員試圖以麻雀飛彈將他們擊落。在短暫的空戰中一連發射四枚，但全數都沒有命中目標。兩天後，一架同樣來自美利堅號第一〇二中隊的F-4，與米格21空戰後被擊落。這次也是發射了四枚麻雀飛彈，仍舊一枚都沒有命中。機上兩名人員在北越上空彈射，飛行員被俘，後座雷達官陣亡。

一個月內，我們損失了兩架幽靈式，發射了好些造價超過百萬美金的高科技智慧武器，結果換來一人陣亡、一人失蹤。這是個令人感到驚訝的過程，即使企業號與美利堅號的航空聯隊擊落了敵機，也無法抵銷戰損。

幾個晚上之後，我駕駛幽靈機為搜救美利堅號上第三三中隊兩名成員的海軍直升機護航。他們是在北越內陸遭防空飛彈擊落的。結果由克勞德·拉森（Clyde Lassen）與李勞伊·庫克（LeRoy Cook）駕駛的直升機，在夜間低飛時又遭到密集的地面武器攻擊。

後座的達菲與我立即折返現場。由於只攜帶了空對空飛彈，而毫無用武之地。如果有一門二〇機砲的話，至少可以俯衝掃射那些攻擊我方直升機的敵人。沒有機砲我們無計可施，只能在無助煎熬的心境下，在高空協調救援與聯絡。

拉森找不到F-4機組人員，而機組人員不知道直升機的位置，直升機的螺旋槳在第一次意圖救援時，就已經掃到幾棵樹木。油料即將耗盡的拉森打算再試一次，打開了他的導航燈，附近的每一名北越兵都開始朝他射擊。下方的叢林很快的交織成一張由火光與曳光彈形成的火網。

地上的飛行員約翰·霍爾特克勞（John Holzclaw）看到了燈光。他拖著後座的齊克·巴恩斯（Zeke Burns），設法朝直升機移動。齊克的腿在彈射過程中骨折。他能否存活，完全取決於前座飛行員的體力與決心。

拉森降落在一片稻田中，機工長與副駕駛手持M16步槍壓制四周的北越軍。副駕駛李勞伊·庫克是從直升機的駕駛艙窗口向外開火的。被擊落的飛行員終於抵達，在協助下登機之後，機工長布魯斯·達拉斯（Bruce Dallas）才上來。這架被打得遍體鱗傷的直升機立即全速出海。當他成功降落在外海的巡洋艦上時，直升機只剩下五分鐘的燃料。拉森因為當晚的英勇表現，獲頒美軍最高等級的國會榮譽勳章。這是我在洋基站許多個月的戰鬥中，親眼見過最勇敢和最無私的表現。在那個晚上之後，我永遠無法原諒海軍不在F－4上安裝機砲的決策。

這趟救援任務，也是我們那年六月於洋基站執行的最後幾次任務之一。我們在當年初就啟航出門去了，此時已經準備好要回家去。但是米格機變得更為活躍，六月份我們又與他們多交手了三次，總共發射了十三枚麻雀飛彈，沒有命中一枚。

我們在七月份離開洋基站時，戰況已逼近臨界點，來自第三三中隊的幽靈戰機，總算在七月十日用響尾蛇飛彈打下了一架米格機。這稍微減輕了我們的痛楚。但在一個月後，那個被派來接替我們，部署在星座號航空母艦（USS Constellation, CV-64）上的聯隊，卻反而被米格21攔截。之後的空戰，一枚朝向米格機發射的響尾蛇飛彈，竟然鎖定了飛過的另一架F－4並將其擊落。機組人員雖成功彈跳，但在美軍能展開搜救之前就先被北越俘虜了。

在這兩起夏季空戰爆發的同時，企業號與第九航空聯隊已經返美。我們疲憊不堪，飽受挫折並感到辛酸。從二月底到六月底，聯隊內上百名飛行人員當中，有十三人陣亡或被俘。十架A－4攻擊機、一架F－4戰鬥機，還有一架A－5「民團式」偵察機在戰鬥中折損，事情真的是不太對勁。

如果我們希望維持海軍既有的優勢就必須做出改變。剛好此刻我接獲了新的派令——前往米拉瑪海軍航空站幽靈式戰機的「航空換裝大隊」報到。幸運的是，在第一二一戰鬥機中隊這個熙熙攘攘的桃花源，我有機會解決那些代價高昂且不幸的問題。

第八章
創辦武器學校

一九六八年秋天
加州，米拉瑪海軍航空站

美國戰鬥機城，這個長年以來伴隨著米拉瑪航空站的綽號，會比它源自西班牙文的意思——海景，更符合實際狀況。這座位於聖地牙哥北部十五英里，距離港口五英里的內陸區域其實看不到海，除非你駕駛飛機往西，沿著被戰管人員稱為「海狼」的航線飛行時才有機會看到。所以「戰鬥機城」這個用油漆寫在一號機棚上的非正式綽號，才更符合實際狀況。在這個廣大的設施裡，無論在跑道、停機坪或滑行道上，不變的是噴射引擎的呼嘯聲，以及航空燃油的氣味。

如果說我對飛行的熱愛是經歷過戰火考驗，那我永遠不會改變在聽到噴射機飛過之後，抬頭向天空張望的習慣。這個飛行員是誰？他飛得怎樣？現在狀況如何？作為一名教官，自然會留意手下的學員狀況如何。

當我再度回到米拉瑪時，已經是第一二一中隊的戰術教官，但我發現在當地日常生活的步調，是依照快速的戰時節奏向前。因為整個西岸的海軍設施，都被動員以支持越戰。而第一二一中隊的負擔更是沉重。身為西岸所有幽靈式戰機的艦隊換裝中隊，其支援的對象包括了整個太平洋的航艦航空聯隊。正如我前面提到的，我們稱其為航空換裝大隊（RAG），這是源自於第二次世界大戰時的稱呼。海軍的每一款飛機，都有專屬的換裝航空中隊支援，無論是A－1天襲者式、A－3天空戰士式、A－4天鷹式、A－6入侵者式、A－7海盜式與F－8十字軍式也都不例外，就連不同款式的反潛機和預警機也都一樣。第一二一戰鬥機中隊就是負責F－4戰機。每當航空母艦損失一架幽靈式戰鬥機，我們就負責將一架飛機與兩名機組人員送去遞補。要從我們的跑道抵達那些前往洋基站的航空母艦，是段漫長的過程。我們都了解實際面對生離死別是這個工作的一部分。很多好人再也沒有回來，每當得知有飛行員陣亡、被俘或失蹤的消息，都會在我們心中留下陰影。一九六八年的米拉瑪，沒有人敢在如此沉重的氛圍下鬼混。

中隊在當時是海軍內規模最為龐大的。編制內大概有七十架F－4B與F－4J，以及一千四百名官兵，包括行政和保修人員。一個如此龐大的中隊不上戰場，而是做為本土的訓練指揮部，以確保派出的航艦航空聯隊能全力做好出擊準備。相較於當時空戰的悲觀走向，我們中隊外號卻是「領跑者」（Pacemaker）。隨著我方損失的持續增加，你可以將這場戰爭視為接在維生系統上的病人，而我們只能盡量填滿訓練流路，在戰爭逐漸消耗人力的同時，訓練出新的飛行員來。一九六九年，幽靈戰機航空換裝大隊總計訓練出超過一五〇名飛行員與雷達攔截員。在我所認識的F－4飛行員、雷達攔截員、維修人員與機械人員當中，沒有人比他們更能引以為豪。

當時我擔任中隊（或處）的高級戰術課程教官，負責戰術訓練的長官山姆・里茲中校（Sam Leeds）

是個好手。學員在被送到這裡以前，就已經接受過艱苦嚴厲的訓練。他們在得到飛行胸章後，還接受了消防、海上、陸上以及戰俘營求生、航空情報判讀與回報、座艙儀器運用，還有掌握麥克唐納道格拉斯戰鬥機上的許多系統。我負責傳授基本空中戰術，能進到我這個關卡受訓的年輕人，臉上往往都是掛著笑容的。但在我這裡，他們得學習真正的飛行。在此同時，還要通過一系列的密集課程，內容涵蓋飛機動力學、儀器飛行、基本空中攔截、武器、導航、電子作戰以及航空母艦飛行員資格測驗（我必須再次提醒，在夜間找到一艘移動的航艦，然後降落在其甲板上，不是一般人可以做到的）。我們教導的戰術並沒有什麼新奇，其實就是基本的海軍戰術教範，加上限量配發的F－4幽靈式戰鬥機飛行手冊內容。他們學習如何發射武器、投彈以及用長程雷達攔截視距外目標。這部分就如同大學教育，要求那些主修英文系的學生再去上生物學一樣，只是我們的內容是有關F－4的基本飛行與機動動作，運用其武器擊敗另一名飛行員，或是摧毀地面上的目標。

唯一阻止我們挑戰空氣動力學極限的因素，是上級規避面對風險的態度，很多訓練都因此受到影響。對長官而言，我們所能做出最糟糕的事情，就是摔飛機而已。所以在一天兩趟的飛行之中，當我帶著年輕的飛行員與他的後座人員升空時，我們都是乖乖地飛。雖然我們也會有航空作戰演練（ＡＣＭ），但總是在嚴格的安全係數規範之內進行。我們從不允許他們的飛行高度低於一萬英尺，你當然可以把這看成是海軍不想冒險違反新戰機的保固合約。結果就是，訓練和實戰脫節。飛行員在換裝大隊是第一次可以看到當代噴射戰鬥機做出驚人動作，以及飛舞的曳光彈之所在。他們尚未經歷過煙硝味的洗禮。這不是你要送一名年輕人上戰場時希望發生的事情。

即便是這樣，學員在完成這個階段以後，就準備接受下一步的訓練，然後派往航空母艦。飛行訓練的每日節奏已經夠危險了，但敵人會將其提升到另一個境界。就如一位智者曾說過，敵人也可以左右戰局。而在北越的天空，敵人對戰局更有相對的影響力，如今海軍終於打算解決這個問題了。

十二月下旬，報到沒多久，山姆・里茲把我叫到他的辦公室，丟了一疊藍色封面的厚重文件給我。這是海軍航空系統司令部（Naval Air Systems Command）發表的研究，名為《對空戰飛彈系統能力評估》（Report of the Air-to-Air Missile Capability Review），看名稱就不像是一本暢銷書。這份由珊瑚海號航空母艦（USS Coral Sea, CV-43）的法蘭克・奧爾特艦長所寫的報告，是令人印象深刻且影響深遠的著作。

這份兩百頁的報告，算是從上到下指出了我們在北越空戰當中失敗的原因。奧爾特的報告做了相當長時間的觀察。從一九六八年夏天起，他率領一個小組調查麻雀飛彈的問題開始。基於這個以及其他研究，他在洛杉磯北邊穆古點（Point Mugu）的海軍空用飛彈試驗中心（NAMTC），召開一場超過兩百人，其中包括飛行員、指揮官，以及來自西屋電器、雷神公司與麥克唐納道格拉斯等戰機武器承包商的專案經理和技術人員參與的座談會。不曾有人像奧爾特那樣把問題做出全方位的整合。那是有史以來第一次針對空中戰鬥系統，從戰鬥機、飛彈還有射控系統進行的整體研究。內容包括設計到採購，從作戰到後勤體系。套一句奧爾特常說的，他要了解武器系統「從生到死」的整個過程。他的結論是影響深遠的。

里茲要我特別注意報告中的一項建議。在報告第三十七頁第六段提出的十五項建議當中的第十一項，即「飛行人員訓練」。奧爾特就是藉此建議海軍軍令部長與太平洋海軍航空司令，應盡快在米拉瑪的海軍第一二戰備攻擊航艦航空聯隊（RCVW-12）[1]，成立進階的戰鬥機武器學校，以培訓F-4與F-8的飛行員。就是這樣的一個建議，促成了Topgun的誕生。類似的提議過去曾在換裝大隊的上級單位討論過，但就如所有好的提案，必須要有一位勇者出面讓它落實。奧爾特上校的報告，把這樣的想法帶到了某些重要人物的面前。

山姆與我都知道，這個以米拉瑪為據點的戰術訓練計劃勢必將由我們兩人接手。他看著我說：「丹，不如你就接了吧！」

我原想說山姆真是有雅量。因為無論在經驗或階級上他都勝過我，大可把這個任務接過去。但其實已經有一項很棒的工作在等著他。山姆即將要接任第一個F-14雄貓式戰鬥機中隊（多謝湯姆克魯斯的電影，讓這款由格魯曼打造的美麗戰機舉世皆知）的中隊長。他大可以輕鬆地接下成立新學校的職務，等自己要接手F-14中隊時再移交給我。但是他覺得，為了持續下去，學校在創立之初應採取一貫的領導方式。他話不多，但態度卻是十分地強烈。

一切就這麼定了。我快速做了一個對未來有重大影響的決定：「交給我。」

當我們將這個決定告知上司漢克·何里蘭（Hank Halleland）中校，指出我願意擔任海軍戰鬥機武器學校的第一任主官時，他唯一的指示是：「不要讓任何人送命，也別損失任何一架飛機。」這些事故不時會發生，我們對他的警告嚴肅以對。另外他也事先聲明，海軍提撥的預算很少，所以我們不會有專屬

1 原註：全稱Readiness Air Wing 12，是一二一中隊在米拉瑪基地的上級單位。

的教室、待命室或辦公室，編制裡也沒有維修或機械人員，甚至連專屬的飛機都沒有，必須要向其他單位借。不意外的是，我們更不會有任何的經費。這個新的進階訓練單位必須在米拉瑪航空站搜刮資源，以最低限度維持下去。還有一件事，我們必須在六十天內準備好課綱課程，並準備迎接第一批學員。除了上面這些難題之外，我覺得這是份很吸引人的工作。

沒有多久，我們就稱這所學校 Topgun。但我們並非第一批使用這個傑出名號的人。一九五八年以前，海軍就有舉辦一項同樣名稱的空中競賽。在我後來指揮過的遊騎兵號航艦，也曾稱自己為「太平洋艦隊的捍衛戰士」。我們在米拉瑪駕駛舊式 F－8 戰機的好友與對手，則自稱為「最後的快槍手」。他們的學校，也是因《奧爾特報告》的同一段內容而催生。由於舊式飛機即將淘汰，因此其戰術並未延續下去。

我時常回想說，領導 Topgun 的責任之所以能夠落在我的肩上，只是一個巧合。雖然當時還不知道，但它卻比我所有承接過的職務影響來得深遠且重要。對那些想要迫切參與變革的人來說，這是畢生難得的機會，雖然它的成功必須要等好幾年，並需要仰賴許多跟隨我的優秀飛行員齊心協力才可辦到。這所新的戰鬥機空戰學校，比任何個體或團隊都更為重要。它會生根茁壯，發揮遠超乎其任務的影響，並成為傑出和奉獻的唯一代表。這份榮耀將會延續數十年，只是在一九六八年十二月我並無法預料到這一切，而只是把它當成一項必須完成的工作。

這個計劃幾乎在一開始就註定要失敗。我之所以這樣說，是因為海軍向來會指派一名高階將領來負責重要的事，而負責這個計劃的我當時只是個三十三歲的少校，階級比將官低了整整三級。而海軍讓一個階級如此低的人來領導 Topgun，代表長官對我們並不看好。我們很容易就會完蛋，因為我們要打亂傳統的戰術教學方式，這部份我稍後會詳談。由於大多數擬真的戰術飛行訓練是在艦隊層次去進行的，這讓飛行中隊的指揮官認為只有他們才能教導戰術。Topgun 挑戰了這種做法，我們很容易因此失敗。

在海軍裡，任何一個團隊的失敗，都有可能對自己上級長官的前途造成連帶的負面影響。而影響程度通常和指揮官的階級成比例。如果 Topgun 搞砸了，就代表我的海軍生涯受到重創，而我階級不高這件事則確保上頭高級長官的紀錄不會留下汙點。我們的失敗可以被輕描淡寫成一群空有想法，卻無能力的年輕軍官沒有把一件事情做好。這也許就是為什麼像我這樣的人能成為 Topgun 首任主官的原因。在今天看來，這件事情的重要性可遠勝當初。

處在這樣一個不確定的位置上，我慶幸還有漢克・何里蘭的協助。他從一開始很快就展現出是盟友的態度，協助尋覓人力與資源。同樣，《奧爾特報告》也給予了幫助。它讓太平洋海軍航空司令部與五角大廈的高層都不得不正視，畢竟連海軍軍令部長本人都贊同其觀點。

但是戰爭並不在乎這些事，一點影響都沒有。事實上戰爭不僅是 Topgun 誕生的原因，而且還在虎視眈眈地等我們回去，隨時準備消滅我們當中那些沒有做好準備的飛行員。當我們下一次向西太平洋部署任務報到時，就必須拿出很好的表現。人命就繫於天秤的兩端。

我總是努力記住某位戰機飛行員在某天曾說過的名言：「上帝是我的副駕駛」。過去我們如何從無到有組織起來的？我真心覺得上帝出了比我更大的力量，我祈禱祂給我良好的判斷力，好讓事情能順利完成。這不是個簡單的任務，但其實我們需要的一切，就在這個「戰鬥機城」裡。

奧爾特指出必須做出哪些改變。雖然我感謝其智慧與遠見，但他並沒有說要如何去完成。他提議成立海軍戰鬥機武器學校，但並沒有說明該教些什麼，以及該如何去教。如果在今天，一項這樣的評估將會需要投資上百萬美金聘請外界專家做專門研究。除非結論能無異議地通過，否則什麼事都不會發生，更別提單是文書作業就要花上好幾年。但是在一九六九年，我可以決定這一切，加上何里蘭和一群米拉瑪夥伴的集思廣益。我想可能還是有些機會，所以就直接著手幹起來了。

Topgun 如同大學畢業後深造的研究所，就像是戰機飛行員教官的師資班。訓練出最棒的飛行員還不夠，我們更要訓練他們去教導出最棒的飛行員。在短短的六十天裡，那些由各個中隊長親手挑選出來的學員，就要來到米拉瑪加入我們。他們在訓練五個星期後回到原單位，把我們教導他們的戰技傳遞出去。海軍希望藉此達到倍數效應，以幾何級數的方式傳授新觀念，也就是從訓練出的八人，可以讓每個人再帶出十六人。

要真正掌握一件事的關鍵，就是要熟練到你可以去教導別人。因此我的第一個任務，就是要尋找有教學天賦的教官——那些能夠讓學員記住複雜課程的飛行員。我們的要求非常高，不止是對學員，對自己也是一樣。我們只有六十天時間去為幽靈式戰機開發新的攻擊纏鬥戰術、重新制定麻雀與響尾蛇飛彈的使用方式、擬定課表與教學計劃、為飛行教學大綱制定簡報與歸詢內容，並向艦隊招募第一批飛行員，我們連每個小時都必須把握。

差不多在里茲向我出示《奧爾特報告》的同時，我剛好在聖地牙哥的家裡接待了一批以色列飛行員。他們的領隊是艾登·班·艾利亞胡中校（Eitan Ben Eliyahu），他是位威名遠播的戰鬥機飛行員和領袖。

其中還有丹尼．哈魯茲（Danny Halutz），另一位以色列空軍的未來領袖。當時以色列空軍正處於以幽靈式戰機替換法國達梭公司幻象戰鬥機的階段，因此才來米拉瑪向我們取經。我尤其從艾利亞胡那裡學到了不少，之後我倆還成了好友。

在可口的美式燒烤當中，我仔細傾聽他們說的一切。我發現以色列的戰鬥機中隊特別重視專業技術。班．艾利亞胡認為，每一項專業領域，包括雷達、武器、彈藥、空氣動力與戰術，都應該找出一位主其事的專家。這種分工方式，對於要在短時間內集合一支隊伍與擬定技術課程來說是種高效率的做法。這成為我選擇第一批 Topgun 教官的切入點。

照以色列人的方法，我決定八名教官便足以囊括那些必須精通的課目。四名飛行員與四名雷達攔截員將會和我一起成為 Topgun 的創始教官團。這八名充滿活力、聰明、說服力強又頭腦清晰的年輕軍官，將會在一九六九年三月開始之前，幫助我完成整個計劃。我不認為還有餘力管理更多的人，尤其我還要忙著建校、在換裝單位持續教導與飛行。除了要完成指揮官的例行事務，教官還身兼兩邊的勤務。沒有什麼時間可以浪費在組織隊伍，我們共同設計課程，集結必要資源，並想辦法扭轉在太平洋八千英里外另一側的空戰態勢。

當你在環顧四周時，會發現周圍的人才是一切的關鍵，無論你是做生意、慈善事業，還是為政府或軍隊服務。你的人就是你的命運，我們必須成功，否則我們的軍旅生涯與信譽就到此為止了。這還不是最嚴重的，如果失敗，就要繼續沿用那種被政治指導的接戰規則所拖累的戰術來打仗。這表示我們會重蹈覆轍——不僅失去好友，還得在一場不許獲勝的戰爭中被苛求逼到極限。

我不需要到別處去挖角來完成這個突如其來的任務。在換裝大隊裡面已經有夠多經歷過實戰的好手，我不需要再花時間打報告從其他單位調動人員。那些和我一起教導戰術的教官都有戰鬥經驗，而且累積了許多F－4的飛行時數。他們每天不斷飛行，逐步帶領新手學員。我認識他們每一個人，他們不僅是飛行員，同時還是教官。對我而言，他們在米拉瑪學員當中建立的名聲，就和其身為戰士同樣重要。當選擇「創校八元老」的時刻來臨時，我已想好適任的人選。我和他們每個人都討論過，還要求他們閱讀《奧爾特報告》，並告訴他們要在六十天內從制定進階課程到準備教學，將會是個多麼艱鉅的任務。

我不記得在第一次做簡報時確切使用的文字，但主要就是說，我們接受重振海軍飛行員傳統的挑戰，也就是再次學習空中纏鬥的技能。奧爾特上校開放讓第一線的飛行員能表達意見，因此當我發現要成立Topgun的建議，是來自強悍的F－8飛行員梅勒．哥爾德上校（Merle Gorder）後，並不感到意外。撇開十字軍式與幽靈式飛行員間的瑜亮情節不談，我們基本上是同一類型的人。追溯源頭，那些二戰時開著活塞式螺旋槳戰機的是我們的共同前輩，是他們以鮮血帶給我們這樣的權力。在傳達出這樣的訊息之後，我終於讓各人加入我的行列去參與這場新的冒險。

應邀加入Topgun成為教官的飛行員有梅爾．霍姆斯上尉、約翰．奈許上尉、吉姆．魯理福森（Jim Ruliffson）上尉以及傑瑞．史瓦斯基（Jerry Sawatzky）中尉。我把他們一個個叫進辦公室，並依照《奧爾特報告》的內容，向他們解釋了戰鬥機武器學校的理念。他們毫不猶豫答應。為了在越南贏得空戰，我們早就提出必須做點改變，而現在機會終於來了。

梅爾．霍姆斯是所有人心目中的頭號人選。我看過許多飛行員飛行、戰鬥與工作，但沒有一個能與梅爾相提並論。一九六九年初的那個時候，我覺得他是世上最優秀的F－4飛行員，長得又高又帥又有自信。天生就是個領袖，有著強烈的個人特質。出生於俄勒岡州東北部，一個能造就強悍獨立性格的內陸鄉下。有一次梅爾在基地的高爾夫球場打球，不小心把球打進了一堆雜草裡。但這對於以該處為巢穴的響尾蛇而言，可不是個好消息。果然梅爾就在弟兄眼前，揮著手上的七號鐵桿，痛宰那些躲在草叢裡的響尾蛇。從此之後他得到了「響尾蛇」（Rattler）的外號。他有一個強項，但我懷疑是不是有可能被傳授給其他學員。那就是他那根深柢固又充滿爆發力的侵略性。尤其是在籃球場上，他這項特質更被充分地展現出來。靠著運動員獎學金，讓他能接受原先家裡無法提供給他的教育機會。但要到了空中，他的這項優點才會被徹底展現出來。只要梅爾進入了戰機座艙，所有把人類與飛行區隔開的因素都會消失。他是我認識的人當中最具有天賦的，在我認識的飛行員裡，沒有人能在一對一的模擬空戰中連續贏過梅爾。他是 Topgun 裡最專精於戰術及空氣動力學的人選。

雖然約翰．「擊潰」．奈許（John "Smash" Nash）是創校八元老當中唯一沒有在換裝單位擔任戰術教官的成員，但因為他智勇雙全的特質而選擇了他。我早在一九六三年，於漢考克號上駕駛 F3H 惡魔式戰機時，就已與奈許熟識。而且很幸運的，我們兩個都能在那一年活了下來。每當要和比自己卓越的飛行員對決時，就會逼他拿出真本事來，任何勸退的聲音，都只會激起奈許更為強烈的競爭意識。「寧死也不認輸」是他的座右銘。其實多數的戰鬥飛行員都具有這樣的特質，而奈許的特點在於他能將競爭意識與注意細節的特質合而為一。任何人如果沒有注意他要教授的重點，就會領教到他那來自密西西比的火爆脾氣。多數的學員也聰明到要避免再次將他激怒。奈許期待他們有完美的表現，而學員多數也沒讓奈許失望。無論在空中還是地面，他都是個重要的人才。他在技術研究方面的才能，讓Topgun的戰術理念能以深厚的依據為基礎。另外奈許也非常了解系統，他曾告訴學員：「無論汽車、飛機或空對空飛彈，都是會失靈的。你不僅要預期問題會發生，更應該事先設想得到。」我認為他那種將細節與侵略性合而為一的心態，是非常適合擔任Topgun的教官。

吉姆·魯理福森可能是我們當中，貢獻最多專業知識的一位，沒有人比他更瞭解幽靈戰機的電子與航電系統了。以他在電機技術方面的卓越頭腦與訓練，自然成為掌握響尾蛇與麻雀飛彈系統方面的專家。這些高科技武器在性能方面的些微差異，以及它們的使用最佳參數，足以影響飛行員在空戰中的生與死，而這就是吉姆的專業。身為美國東岸海軍戰鬥機群體名門杜克·赫南德茲（Duke Hernandez）的門徒，外號「眼鏡蛇」（Cobra）的吉姆自然也是一名好手和卓越的戰術家。他具備能夠將困難的教材悉數教懂飛行員的天賦，並讓他們能牢牢記住與好好運用。

傑瑞·史瓦斯基，被我稱為「史基鳥」（Ski-Bird），曾經是貝爾·布萊恩特（Bear Bryant）[2]執教的阿拉巴馬大學足球校隊的後衛球員。他高大，充滿架勢又活力十足，是和我一同飛行過的人當中，個性相當謙遜且令人喜愛的一人。他經歷了一九六七年七月福萊斯特號（USS Forrestal, CV-59）航艦那場造成三十九人死亡的嚴重火災，且倖存了下來。他是一名天生的教官，同時也是艦隊裡最早那批駕駛嶄新幽靈式戰機的少尉飛行員之一。他不僅從裡到外了解這架戰機，而且非常善於駕駛它。他極具侵略性的駕駛方式，也就是所謂要把噴射機「帶到極限」。傑瑞對環境有敏銳的洞察力，這對於空戰是極為重要的。你很容易把所有注意力集中在打算攻擊的敵人身上，但這是相當危險的。由於周圍所有人都以高速朝不同的方向飛行，駕駛員必須對方圓幾英里內的狀況保持警覺。傑瑞正好可以教導他人如何養成並保持這種警覺性。他也同樣善於從敵人的角度觀察空戰。霍姆斯和奈許對他的極高評價，對我而言便是一種證明。「史基鳥」是團隊裡的王子，大家都信賴他的可靠性，就像他總是在每次簡報前提早十分鐘到場那樣。他正是那種我們需要的教官，因為我們的職責就是要將教範丟到一旁，以及跨越飛機原廠性能設定的極限。

霍姆斯、奈許、魯理福森與史瓦斯基是我的首批四名飛行教官。但我也強調過，雷達攔截員是同樣重要的。如果在F-4上沒有一名優秀的後座人員，沒有飛行員能在空戰中存活下來。Topgun創校四名雷達攔截員同樣是當時的一時之選，其中帶頭的就是外號「JC」的約翰．史密斯（John Smith）。他是我立刻招攬進來的人選，他可以說是有史以來最優秀的雷達攔截員。

一九六五年六月，從航艦中途島號上起飛的JC，與他的飛行員羅．佩奇中校（Lou Page）取得了海軍參加越戰以來的第一個空對空戰果。他們與兩架米格十七面對面的纏鬥，不僅是標準的雷達攔截，他們的麻雀飛彈也發揮了預期效果。不久之後，他們的僚機飛行員傑克．貝特森（Jack Batson）也打下了第二架米格機。五角大廈當然為此興高采烈，不過據我所知，這是整場越戰期間海軍唯一的「空戰攔截勝利」。隨後北越飛行員不再遵循我們的遊戲規則，而雷達導引的麻雀飛彈也很少展現出如宣傳般的性

2 編註：擔任阿拉巴馬大學足球校隊總教練長達二十五年，是美國國家大學體育協會（NCAA）著名的五大名帥之一。在他一九八二年退休時，達成執教生涯勝場三二三場的紀錄，成為當時美式足球大學級的紀錄領先者。

能了。

JC是個富有趣味的人，他不僅講話很快，有時甚至好像永遠不會停下來，而這樣的人格特質讓他成為一名偉大的雷達攔截員。一位好的雷達攔截員在他的駕駛下令「麥克風靜默」之前，是不會停止說話的。JC對新手格外友善。每當有學員需要幫助時，我都會讓JC坐在後座，和他一起飛個幾次，這總能讓學員趕上進度。JC與他的妻子卡蘿仍過著虔誠的基督徒生活，教育別人是他的專長。另外他也是個不錯的談判專家。

另一個雷達攔截員是外號「鷹眼」（Hawkeye）的吉米・拉艾。這位二十三歲的沉默小伙子，只有在坐進機艙後座才會拿出真本事。他曾兩度隨小鷹號航空母艦（USS Kitty Hawk, CV-63）參加越戰。拉艾與他的飛行員在海防港附近把一架米格17給打到起火燃燒。拉艾曾經在一個月不到時間內兩度彈射跳傘，第二次尤其驚險。他與飛行員丹尼・衛斯理（Denny Wisely）一起在內陸的茂密叢林裡降落，軍方還為此發動一場大規模的搜救行動。當直升機去搜尋兩人時，即便當時燃料已經快要用盡，而且還不斷遭到地面敵軍的射擊，約翰・奈許依舊勇敢地駕機在上空護航。他因此獲頒一枚應得的銀星勳章（Silver Star）[3]。拉艾在逆境求生的經驗，成為Topgun極為重要，代表道德勇氣和持續奮鬥的寶貴精神。他不僅克服了那些慘痛教訓，甚至還繼續接受挑戰。身為一名有高度宗教信仰的顧家男性，吉姆以其永不放棄的精神啟發了Topgun學員。他是我見過最冷靜、最堅定也是最值得信賴的人。每當他說話的時候，大家都全神貫注傾聽。他是個通才，能對課程的每個領域做出貢獻。他不僅能和最棒的人一起教學，而且還是一位隨時準備幫助他人的好領袖。

我們還有另一位史密斯先生，他名叫史蒂芬（Steve Smith）。雖然具備了頂尖雷達攔截員所需的一切技巧，但他異於常人的真正才能，是能在任何情況下扮演推銷員、組織者以及騙子。他能說服貝都因人把駱駝讓給他，然後載著刨冰一路騎到阿拉斯加，再用高價把甜點賣給愛斯基摩人。他那開朗的個性加上帥氣的外表，確實吸引了不少女性的目光。我們不會忌妒他的成功，因為他不僅是位絕佳的組織者，還有超乎我的工作倫理道德。他自發性強，每天都把代辦事項清單放在口袋裡，他很少在太陽西下之前還沒有把它們給完成的。當我不去設限，甚至也不多過問時，外號「叛軍」的他總能發揮所長。

較資淺的雷達攔截員是德瑞爾．蓋瑞中尉，他是創始元老當中最年輕的一位。他具備了許多我期望的教官特質，包括成熟（超越他年齡的成熟）、自信（低於他的年齡）與極度勤勞。即便德瑞爾看起來更像電影明星扮演的戰機飛行員，但我們接受上帝給他的特質，並為他帶來的豐富多元感到高興。有些飛行員比他聰明，另一些則比他有經驗，但沒人比他更有動力。雖然他公餘生活非常多元，甚至多采多姿到成了傳奇，卻不會影響到重要的專業工作。當學員的時候，即便其他人都在床上睡著了，德瑞爾還是靜靜地一手拿著手電筒，一手拿著教科書。這應該是他能以第一名成績從海軍飛行員學校畢業的其中原因。他在航艦小鷹號出過兩次的作戰部署任務以後，於一九六八年來到一二一中隊。人們很難忽視他的極度自信。我們都知道像他這樣的人格特質是很容易被抹煞掉的，所以給了他取了個「禿鷹」（Condor）的外號，本意是希望他能更為謙虛一些。在經過這麼多年後，我終於可以下定論。向來就會不斷地思索

3 編註：美軍表揚軍人面對敵人時的英勇表現所頒發的獎章。

戰術的德瑞爾，是Topgun裡最犀利的講師。他是我認識的人當中，既具有侵略性又聰明的人，更是個天生能讓人追隨的創新者。

我們手裡還藏著最後一張王牌，但他並不是飛行員。當史蒂芬．史密斯找上他時，恰克．希爾德布蘭（Chuck Hildebrand）正在米拉瑪的一個F－8照相偵察中隊擔任著情報官這項既煩悶又不快樂的工作。史蒂芬和他談了一下，就發現了他能為我們所用的才能，因此協助他安排調動，所有的事情都在一天內完成。恰克是擔任Topgun情報官的最佳人選，他因那宛如人體吸塵機般的情報能力，而得到「間諜」（Spook）這個外號。年輕卻高大、好學又專業的他，不停地在圖書館裡蒐集文件，詳細掌握敵軍飛機和駕駛的戰力。如果沒有「間諜」，Topgun要花上更多年的時間才能成為戰機飛行員心中的研究圖書館，無法快速成為飛行員的知識中心。

這就是我們的團隊，我認為是某種更強大的力量，在正確的時候，把他們集中在一個正確的地方。在團隊組成後，需要的便是一個能夠當成家的地方。

某個星期五下午，史蒂芬．史密斯在米拉瑪海軍航空站的一個角落，基地作戰中心附近，找到了一輛被棄置且年久失修的露營拖車。它再適合不過了。在他親切地說服一名下班的民間起重機操作員，以一箱蘇格蘭威士忌為代價，把拖車搬到我們的地盤。當天下午，這座十乘四十平方英尺的建體被吊了起來，重新安置在一二一中隊機棚旁的空地上。我們利用週末為它鋪設新地板，重新漆上鮮紅色的外框，最後在門上掛起「海軍戰鬥機武器學校」的招牌。

在翻新拖車的同時，史蒂芬．史密斯又去搜刮物資，不知道從哪邊偷來一批辦公家具，和幾個機密文件用的保險櫃。傳聞有部分是從空軍那邊求來的。但無論它們的來源，我們很快就用這批東西把原先被棄置的拖車佈置成一間教室。到了週一早上，Topgun 終於開工了。

第九章
創校元老們

一九六九年
米拉瑪

那部借用了 Topgun 名稱的電影——但我們很喜歡——或許會讓你以為我們是一群自戀狂。無論是在偷來的拖車或是在米拉瑪的飛行訓練過程，學員之間乃至教官都時常為了小我而爭個你死我活。在當年《黑羊中隊》（Baa Baa Black Ship）的電視影集裡，格列格理・「派比」・波英頓少校（Gregory "Pappy" Boyington）以及陸戰隊第二一四戰鬥機中隊（VMF-214），也是被描寫成是一幫不合群的傢伙。

說到創校元老們，我認為一週有六天半的時間裡，我們就像是個學者甚或是僧侶。一九六九年初，在第一批學員報到之前，Topgun 教官致力於對現況作研究，就算是天體物理學博士也不見得做得到。我們的任務，是要全面掌握飛機與武器的戰鬥性能以及扭轉空戰的局勢。身為指揮官，在很多事情上必須定調甚至決策。眼下當我們決定重新定義 F－4 戰鬥機與其飛彈的飛行極限時，Topgun 的教官們反而成了這方面的推動者。這不僅是我們最重要的任務，更是 Topgun 傳統的根基。

飛行員因為飛彈在設計上沒有應對靈活、高G力與高角度環境而身亡。簡單講就是，空對空纏鬥的速度太快，戰鬥機飛行員不應該認為飛彈就能贏得勝利。顯然飛行員必須要比飛彈聰明，畢竟飛彈只是像飛刀一樣的殺人工具，但人必須知道該如何每次都能夠完善地利用它。

我們觀察到一件事，飛彈在艦上是日日夜夜地受到損害。航空母艦的彈藥人員每天處理這些沉重的武器，難免會有碰撞的時候。當飛行員載著飛彈落艦時，這些武器都會受到直接且讓它們弱化的衝撞。必須要瞭解你的武器和它的極限，就像你了解你的戰機一樣。所以我們對飛彈展開了仔細研究，好找出每一項缺點。結果不僅是找出許多缺點，也發現了部分技術上的解決方案。

即便是華府那些讚揚空中纏鬥的先驅者，也不會知道以大編隊形式去攻擊河內時會是什麼狀況。他們無法想像當海軍三十架飛機逼近，有時還有十五枚敵人地對空飛彈隨之升空時的情境。他們也沒經歷過當雷達甚至肉眼發現一群無法辨識的目標，最後卻化成一群爬升並朝向我們的米格機。或者在狀況白熱化之際，卻突然發現一個意料之外的飛機編隊出現在目標上空。還有當你以六百節的速度前進時，總會出現的防空火砲甚至小口徑武器射擊所造成的混亂。

我一再提到，接戰準則要求我們在對目標開火前，要先以肉眼辨識。而分辨敵我代表你必須要逼到夠近，要能從座艙罩看到對方。這時我真的祝你好運，當你和一架迎面飛來的米格機逼近到可以辨識的距離時，你掛載的先進雷達導引飛彈其實已經和圍籬的木板一樣沒用。越戰的前三年，我們的飛行員朝敵機發射的六百枚飛彈，只打下六十架。如果你會計算的話，代表擊落率只有十比一。而且很常發生的是，那些靈活的米格機，躲過我們的第一波攻擊後，在我們的僚機還來不及警告「敵機在你正後方，向右脫離！」之前，就飛到我們的後方，並以炸裂的機砲彈藥猛烈地射擊我們。顯然有些事情出了差錯，而我們有責任依照法蘭克．奧爾特上校的建議，從根本來解決這些問題。

在我的軍旅生涯中，部分最具建設性的時光都是在拖車裡度過的。踏上由煤渣磚製作的樓梯，再通過左邊的門以後，你就會進入我們的作戰中心。裡面是一張桌子和一把椅子、一些櫃子和史蒂芬．史密斯弄來讓我們可以存放機密文件的保險箱，以及海軍裡不可或缺的咖啡用品。我們為學員準備了分成兩排的六張桌子，中間是一條狹長的走道和十多把椅子。教室的另一端是一面黑板和講台，剩下的空間勉強足夠讓教官站在那裡。教室總共有三扇窗戶，一扇在末端，兩扇在側面。懷抱著要找出海軍內部問題的理想，我們開始重新擬定F－4幽靈戰機的戰術空戰教範。

梅爾負責替我們解構F－4戰鬥機的空氣動力學能耐，檢視並修正其性能極限。發現F－4在空中的真正性能，其實遠超過麥克唐納道格拉斯提供的參數。經由搜尋資料，激烈的對話，以及在黑板上塗鴉即席發揮，我們擬出了Topgun的課綱。在決定空對空戰術方面，你只要讓霍姆斯、奈許與史瓦斯基等人先開口，然後其他人就會加入，接著一切就會順利完成。在飛行的時候，你最好綁緊五點式安全帶，而且很快地記下重點，因為回到地面以後將會是另一次的開放性討論。

「響尾蛇」梅爾可能會先發難。指出某個戰術動作太困難，不適合在換裝大隊裡教導。在討論結束的時候，我們已經在過程中找到一些關鍵的重點，也就是為訓練的課程計劃擬定出大綱，然後再將它們分解，指派給那個專精於該技術領域的教官。當每位教官將內容在其他創校元老面前解說時，所有的內容也會一再地被審核。

「擊潰」奈許是我下面的空對地戰術專家，畢竟幽靈戰機是以「戰鬥轟炸機」的名義賣給美軍的。即便我們要鑽研空戰，也不能忽略其任務的另一部分。奈許在這方面是我們當中最優秀的，另外他也是空對空戰術方面的專家。

「眼鏡蛇」魯理福森則在米拉瑪以外的地方做了很多努力，他經常拜訪雷神公司在麻州的辦公室。與麻雀飛彈的設計師通力合作下，他分析這款有問題的武器的飛行動態。麻雀飛彈的感應與電子參數，似乎從未符合我們的戰術。要發射麻雀飛彈，有所謂的最佳時機與位置。如果你要選擇發射飛彈時，卻不知道飛彈在動力學、處理時間、G力的變化矩陣、角速率比與航向交叉角等方面的資訊，就什麼都無法命中。吉姆掌握了所有正確使用空對空飛彈的時間與空間要素。當他的研究結合了我們對幽靈戰機的性能參數和飛行包絡線的深層了解後，我們就能進一步發揮手上的武器。

要在六十天的期限內完成這一切，顯然我們要開始忙個不停了。

我們也要為體態優美的F-4想點辦法，尤其是那兩具讓該機能如火箭般加速的奇異J79渦輪噴射發動機。早期美國戰鬥機會運用發動機的優勢來對付靈活的米格機，也就是在空戰中先爬升到上方，等到有攻擊機會時再向下俯衝。如何為幽靈戰機開發這種被我們稱之為「垂直運用」（Using the Vertical），但未具體化的戰術，就成為我們必須優先解決的問題之一。

準備課程的同時，我還與「間諜」希爾德布蘭與JC史密斯，前往蘭利的中央情報局總部。我們發現只有到那裡，才能讀到一些來自越南外海各航空中隊的被列為高度機密的空戰報告。諷刺的是，我們原本所屬中隊所撰寫的這些報告，當事人竟然無權閱讀。由於沒有接觸高度機密的權限，我們需要中情局內的友人協助。有次我與ＪＣ一起從華府回米拉瑪的時候，就提著兩只裝滿機密任務報告的手提箱，這些都是以鮮血換來的寶貴教訓。

在能教導這些教材之前，必須先學習且掌握它。我們以瘋狂的速度、日以繼夜地撰寫、整合、修正教材。除了笨拙地使用著打字機，我們還要修正他人的草稿，彼此間試講試教各自負責的課程。最後的這個階段才是關鍵。當我們輪流站上講台時，就要面對教官同僚們的嚴格檢視。在軍中這被稱為「謀殺委員會」，簡報時不能卡住或舌頭打結，甚至連服裝儀容等小事也會被提出及要求立即改正。我們知道，如果沒有做好完整準備，面對那些頂尖的學員時，就無法有效地教導他們。如果我們無法完美地教導進階課程，那他們又怎可能信賴負責 Topgun 的我們？在此同時，我們開始和各個中隊聯繫，準備招募第一批學員。

首批學員是從四個幽靈戰機中隊裡各挑兩名代表，總共是四名飛行員與四名雷達攔截員。這部分是由我們最傑出的推銷員——「叛軍」史密斯，負責招募東、西兩岸的學員。即使面對的是毫無興趣的客戶，史蒂芬總是很有經驗。他會先找副中隊長[1]，請對方提名手下最棒的年輕軍官，也就是一名飛行員與一名雷達攔截員，好來接受為期五週的進階戰術課程。在史蒂芬提出他的請求後，通常他得到的回應是：

「不好意思，你他媽的是誰？」

此時史蒂芬就會開始解釋，並持續說明副中隊長的上級可能已經知道我們的存在：「長官，請問您

1 編註：XO，executive officer 的縮寫，通常指海軍單位內的副指揮官，是負責隊上的人事事務的軍官。

的聯隊長沒告訴您我們學校的事嗎？」而這時狀況往往會開始擴大，因為連中隊長都會出面，隨即便開始一番的盤問。

「年輕人，我不知道你們是誰，你真的以為我會把手下最好的人放走，然後交給你們？順帶一提，你憑哪一點認為你們比我更會教戰術？」

到了這個關頭，史蒂芬就會進一步指出，參與訓練的中隊不僅有義務派出兩名代表，還要提供一架幽靈戰機與維修人員，以維持其性能。有時候講到這裡，對方都已經是怒不可遏了。

史蒂芬並不是每次都能得手。通常那些被激怒的中隊長會打斷他，然後致電五角大廈，詢問史蒂芬所言是否屬實。這時支持我們的高層就會發揮效果。海軍主管航空作戰的海軍軍令部次長，或者代號OP-05的長官[2]，總會讓這些指揮官了解狀況。

史蒂芬的遊說天賦在面對東岸的單位時發揮了效果，Topgun可說是通往東南亞戰區的必經之處。他會從這句話開始切入：「你知道米拉瑪的近況嗎？我們正在考慮邀請你指揮的中隊加入我們，有實戰經驗的最好，請問他們有相關經驗嗎？」而東岸單位的答案幾乎總是：「沒有」。這其實是讓對方越來越想加入的手法。隨著時間過去，史蒂芬創造了刺激與「需求」。

在彙整第一期學員名單的同時，我們利用換裝大隊的學員來測試一些擬定好的課程計劃。反正我們總會固定與他們見面，畢竟Topgun所有的教官都還在指導一二一中隊的基本訓練。二月中旬，「響尾蛇」霍姆斯與我做了一次雙機訓練任務，各帶著一名雷達攔截員，看看他們在長距離雷達攔截時的表現。我在加州外海約一百浬，後燃器全開，要接近聖克里門提島時，突然感到一聲巨響，隨後警告燈亮起，我的右發動機失火了。

在關閉它的同時，後座的吉爾・史蘭尼中尉（Gil Sliney）按規定做緊急檢查。梅爾慢慢地接近我們，試圖在濃煙中以肉眼辨識我們飛機的狀況。原來在距離米拉瑪三十英里外的拉霍亞外海飛行時，固定在幽靈戰機尾部的七公升液態氧氣罐爆炸，把尾翼全毀了。在翻滾著下墜之際，時間好像慢了下來。當我們往下栽的時候，我好像在耳機裡聽到傳來梅爾的聲音。

「丹，彈射，快彈射！」

吉爾拉起了手把，我倆衝出已經無望的飛機。被固定在彈射椅上的我們，從兩萬一千英尺處以拋物線的方式朝大海落下。

在危機發生時，時間感很奇特。由於體內大量的腎上腺素，我居然還俯瞰著拉霍亞，並留意到那條美麗的小海灣。我頭盔的面罩不見了，但雷朋太陽眼鏡卻還掛在臉上。我當時想的是，一定要保住這副眼鏡，因為它從彭薩科拉受訓時就和我在一起了，我完全不想失去它。我舉起手把它從臉上摘下，再放進飛行服上的拉鍊口袋裡。

這時才注意到，自己仍坐在彈射椅上下墜，這可是個大問題。在一萬兩千英尺時，氣壓計理應會啟動強力彈簧，讓厚重的椅子自動和我分離才對。

2 譯註：「OP」代表這是海軍軍令部長辦公室所屬的單位或人員的縮寫。05是航空作戰的代號。現在改稱航空作戰署長（Director, Air Warfare, Office of the Chief of Naval Operations (OPNAV N98)），少將職缺。

朝海面墜落的同時，我搜索著吉爾的降落傘。看到它隨著我從上方飄落後，才如釋重負。為了手動和彈射椅分離，我拉動D環企圖打開降落傘，沒有反應。我再加大力度拉了一次，結果傘繩卻被我戴著手套的手拉斷。這時我正以重力加速度，約每秒十四英尺的速度往下掉，就跟一塊石頭沒有兩樣。無論如何，我必須要碰到傘包。

沒剩下多少時間與高度了，我靠自己拉到了傘繩、碰到傘包，我想著太太，孩子與我的家，一定是上帝給了我力量，我非常確定。碰到傘包後，將其打開，降落傘飛了出去，如美麗的白花般在頭上張開，我被往上帶然後開始短暫、緩慢的降落：「謝謝祢，親愛的主。」

俯瞰著下方冰冷的海水，便看到有黑色的光滑影子正在水裡游動，我沒有時間去想那是什麼。我開傘的高度太低，據梅爾說只有兩千四百英尺。我只在傘具裡搖晃了兩次，就整個人落入水裡。幾乎就在同時，配備的小救生筏就完成了充氣。我很快爬了上去，以為那些是鯊魚。一會兒之後，兩隻大型的灰色海洋生物從我的救生筏旁露出水面，還把鼻子靠了上來，原來是海豚！牠們興奮地嬉鬧，還一直留在我旁邊，直到航艦好人理查號（USS Bonhomme Richard, CV-31）的救援直升機抵達為止。

螺旋槳的下洗氣流把海水灑到我身上，直升機組員開始把我向上拉。我還在想吉爾的下落，結果他就出現在眼前，躺在機艙裡還對著我笑，顯然搜救人員很快找到了他。他興高采烈地給了我一個男人式的擁抱，在我嚴厲警告他不許親我，否則我會殺了他之後，他當然沒那樣做。很明顯我倆當天都還命不該絕。

事故調查發現，幽靈戰機彈射椅內的老舊彈簧有瑕疵。海軍認為這個影響層面不小的瑕疵，是造成五名飛行員在夜間彈射時死亡的原因。如果我們的狀況發生在晚上，我懷疑自己與吉爾是否能夠活著回來。在好人理查號接受醫療檢查後，我們搭乘在夜間彈射的C-1「貿易者式」艦載運輸機回米拉瑪基地。

這只是人生中的某一天，雖充滿了可預料的危險，卻很少有能引以為榮的部分。到了晚上，我那些年輕的教官們都知道該如何解除壓力。從在米拉瑪的第一天起，Topgun 的社交範圍便已經圈定。從科羅納多海濱的軍官俱樂部「下風」（Downwinds）開始，經過聖地牙哥的布利酒吧（Bully's），一路延伸到拉霍亞那裡的布利酒吧分店。「鷹眼」拉艾與「禿鷹」蓋瑞在該處租了一棟後來十分有名的房子。它就在海灘上，地址是海岸大道二五九號。那是一棟有白色灰泥牆的小房子，我們稱其為「拉法葉中隊」（Lafayette Escadrille）。那裡永遠有個冷藏的酒桶，大門也從不上鎖。它和對街另外兩棟由其他米拉瑪年輕飛官承租的房子，吸引了來自聖地牙哥州立大學的男男女女，以及職業美式足球「聖地牙哥電光」（San Diego Chargers）[3]的隊員。德瑞爾每週五晚上從米拉瑪回到租屋處時，都無法預料要把哪個傢伙從自己的臥室給攆出去。我們全體都熱衷於自己在 Topgun 的工作。任何我們在基地外的行為，都只是為了讓自己在進行真正重要的工作時能維持最佳狀態而已。

在那場意料之外的海上冬泳之後幾天，我又回去工作了。在準備完 Topgun 的課程並通過了大多數的「謀殺委員會」考核後，我們已經準備好接收那些來自艦隊的年輕人。我們必須要很了解各自的專業，因為我們要讓這些年輕人成為全世界最頂尖的飛行員。

3 編註：美國 NFL 職業美式足球隊，二〇一七年搬回洛杉磯，改稱「洛杉磯電光」。

一九六九年三月三日，在偷來的拖車裡面，Topgun第一期到齊了。八名學員來自部署於太平洋的一四二（VF-142）與一四三中隊（VF-143）。他們剛完成星座號在越南的任務，是艦隊裡部分最優秀的年輕軍官。都畢業於海軍官校，具有實戰經驗、職業軍人。我們沒有收後備役進來。四名飛行員分別是傑瑞・博利爾（Jerry Beaulier）、朗・史都普（Ron Stoops）、克萊佛・馬丁（Cliff Martin）與約翰・佩吉德（John Padgett）。雷達攔截員吉姆・尼爾森（Jim Nelson）、傑克・哈夫爾（Jack Hawver）、鮑勃・克洛伊（Bob Cloyes）與艾德・史卡德（Ed Scudder）。教官們與我很快發現，那些中隊長真是挑對人了，他們都很敏銳且準備充分。

在海軍待了十五年後，我學到不少關於領導統御的事。如果你是從海軍官校或大學預備軍官訓練團（ROTC）出身，你就知道領導統御是從樹立典範學起，而不是靠發號施令。你也會在工作中學會這些，只是當中有些會是負面教材。例如「請不要像某某長官一樣」，但我多數的學習典範都是有益甚至啟發人心的，就像我提到的尤金・瓦倫西亞與沈克・倫森。還有很多優秀的飛行員都像是我的導師，他們的教導總會引發共鳴，並讓我知道自己必須成為什麼樣的領袖。

當傳奇的「瑞典人」維塔薩（"Swede" Vejtasa）在米拉瑪擔任聯隊長時，他多少都會以類似下面的話來歡迎換裝大隊的新學員：「好吧，孩子們，訓練司令部很好玩，因為你們都表現得不錯，否則你們就不會駕駛戰鬥機了。現在好玩的日子結束了。當你結訓後，就會前往戰場，也許是馬上就被派去。所以你要專心，學習與飛機、性能、戰術和標準作業程序相關的一切，它們可能會救你一命，完畢！」

「瑞典人」所講的話，正是那些新人該聽進去的。但依照這八位學員出眾的天賦，我不覺得需要給他們來個下馬威。我由衷地說了句：「歡迎」，然後告訴學員我們被賦予的重任，並向他們介紹我的教官團隊，包含每一位的來歷。我告訴他們，這段期間大家都會一起學習。所有指揮官都必須將一件重要的事牢記在心：你的手下必須知道你關心他們的福祉。無論領導者個人的溝通風格為何，這件事都是必要的，就算是硬漢也可以關心手下。有些領導者只在口頭上表達關心，但他們的作為會比說了些什麼更加重要。我要求教官去挑戰學員，但是以建設性的方式，畢竟 Topgun 是要建立學員的自信而不是摧毀。這些接受訓練的人不僅專業，更會成為未來的導師，所以我們要做給他們看。

最後我會以下面的話做結尾：「這裡有件事比我們以往其他的事都重要，就是別人的生命在我們的手裡。」這句話，直到今天仍然讓我充滿信念。

開始之前，學員只有很短的時間可以安頓下來。第一週以講習為主，在抵達第二天的〇四三〇時，天還沒亮我們就以每日簡報做為課程的開始。簡報先從洋基站令人扼腕的現況開始說起，以及我們打算如何改善它。經過對任務報告的研究，我們發現了一件大家老早就知道的事實——空戰是在很短時間內結束的。關鍵時刻是在兩機「交會」之時。兩架戰鬥機僅以間隔幾百碼的距離擦身而過的時候，敵人的下一個動作會透露出很多訊息給你。他是否具侵略性，是否迅速且自信地掉過頭來追擊你，對你施加壓力？還是他會在關鍵的瞬間遲疑，結果讓你捷足先登？聰明的戰機飛行員會利用自己的優勢，也是他最好的起步，因為這一切可能會在一分鐘內落幕。從「交會」到攻擊敵人，期間大約只有三十至四十五秒。

所有你精通的一切，都得在這決定生死的片刻展現出來。

我們先飛幾趟讓學員們重新掌握技巧，後來發現其實沒有必要。靠著雙座的TA-4天鷹式在空中扮演假想敵，我們很快發現這些人都不是新手。他們不僅學得很快，也讓我佩服他們的能力，就好像我佩服所有的對手一樣。

隨著飛行次數的頻繁，課程的步調也在加速。大約一週後，我們每天都會做兩到三趟的訓練架次。教官扮演假想敵，安排不同的想定，進行敵我之間一對一、二對一、一對二、二對二、四對二、四對四和二對四的基本排列組合演練。

每一次的空中纏鬥都是對生理狀態的嚴峻考驗。駕駛戰鬥機做劇烈動作，身體搖晃程度就和一輛快速俯衝、瀕臨解體的雲霄飛車沒有兩樣。戴著飛行頭盔的你不但會左右碰撞到座艙罩的強化玻璃，固定的安全帶也會勒緊你的肩膀與臀部，G力導致血液不斷灌入又離開你的肢體末梢及腦袋。我們的課程不但考驗學員的身體，還有他們的意志。

每趟飛行，我們會做四到五次的接戰模擬。數一數之後就可以想像，這為飛行員帶來多少的壓力。它會讓你很慘，在你覺得可以學習到更多的時候，你的體力也會徹底耗盡。航空作戰演練是一項全身投入且關乎生死的行動。快速的作戰節奏會讓狀況良好的學員都感到疲憊不堪。每天早上〇四三〇時的簡報之後，都覺得特別累，為了讓體力恢復，我們改變了時程。經過第一天的早起與飛行之後，隔日全體可以睡晚一點，只要〇六三〇時或〇七〇〇時在教室集合就好。我們幾乎是日以繼夜地工作，要利用空檔吃飯，通常是依靠開進一二一中隊停機坪的餐車。我們是餐車女主人最喜歡的客人，在搭配大量的芥末與洋蔥之後，狼吞虎嚥地享受著她的小漢堡與熱狗。

很快我們就為F－4戰鬥機開發出幾種對抗米格機的新戰術。基本上就是讓幽靈戰機能跟登月的神農五號火箭一樣做垂直飛行，有時我們稱之為「運用垂直包絡線」（Using the vertical envelope），或稱為「高強勢迴旋」（high yo-yo）。我們會選用後者來命名，是因為執行時畫過天空所呈現出來的樣子。JC史密斯叫它「雞蛋」，所以就這樣定了吧。那就是幽靈戰機奮力爬升，然後再俯衝下來所依循的路徑[4]。我必須說，這個動作不是Topgun發明出來的，F－8十字軍式的弟兄早就利用「垂直選擇」（vertical option）多年。我們的突破是將它應用在當代戰機，也就是F－4幽靈戰機上。F－4原先並不被認為能做出這個動作，但憑藉著動力強大的發動機，反而證明這項特技非常適合它。

這個動作還真的是帶來革新。原先在強調安全第一的換裝大隊，我們只能以水平飛行的狀態稍微做點空戰練習。至於垂直爬升或俯衝，只有那些有點皮的教官敢偶爾為之。你可能猜得出這些人的名字，像梅爾就是其中之一。十多年前在聖克里門提島的「飛行俱樂部」，我也用過這一招。我們在「下班後的激辯」當中接觸過的優秀飛行員，每位都總會使出這招。我是在那裡向這些最棒的人學來的，就如同在北島時的梅爾一樣。

4 編註：藉由飛機爬升後減速，然後滾轉切入敵機內側，以在此時咬住及瞄準敵機。

學員當中沒有人有將F－4幽靈戰機當成從卡納維爾角發射的太空船駕駛的經驗。沒有人會忘記第一次「純垂直」飛行時的感受。我們常讓學員坐在後座，載著他們飛到海上或者艾爾森特羅的沙漠上做示範。我打開後燃器，加速至五百節，然後把控制桿向後拉到貼近腹部為止。幽靈戰機如在平飛時，要達到兩馬赫是絕對沒有問題的，因此要垂直飛行也不難。戰機開始爬升時，我們的身體也隨之「陷入」座椅裡。憑藉著兩具J79發動機的推力，我們將機鼻朝天飛去。我維持著這個姿勢，維持住它，然後再繼續久一點，我們的機鼻依舊向上。雖然發動機有強大的推力，但最後還是慢慢減弱，這時後座的學員就會開始擔心。

當飛機速度減緩，以動能來換取潛在的高度能量時，基本空氣動力學當中的升力就會開始發揮影響。飛機在設計上就不適於緩慢爬升，機翼外形無法在這時發揮效果。因此這個動作在換裝大隊是絕對禁止的，在低速卻動力全開的情況下，即使不明顯，但這時機體會開始震動。

到了這個時候，大多數的飛行員會想將機頭改平，讓重力不再影響速度。他們想要藉著經過機翼的氣流重新取得升力。但這不是我們要做的，至少眼前不是。我雙手握住控制桿，手肘緊貼肋骨，保持機頭朝上，但完全沒操作副翼。

當幽靈機抵達拋物線頂端時，雖然發動機依舊以全力輸出，但我們的速度感覺起來卻趨近於零。當開始進入所謂的「擺尾」（Tail Slide）現象時——雖然這不是一架重型噴射機平常會做的動作，但如果正確操作還是安全的。發動機或許會打嗝，冒出黑煙與火焰，但不會停止運轉。

此刻，我通常會聽到從耳機裡傳來：「快做點什麼！」的叫聲，坐在後面的可憐學員感到非常無助。

但我不會管他，因為我要他體驗到這種特殊「飛行方式」的實際感覺，並知道自己可以活下來，這就是整件事的奇妙之處。如果你玩過那些小型的可調整機翼的木製滑翔機，把它們向前拋出後，三盎司重的小飛機，將優雅地在上升之後再下降。基本上這就是當時我們在做的事。

倘若這是一個作戰想定，我們在垂直爬升時，便會將敵機遠遠拋在後面。然後我們再從半空中調頭，雷達攔截員搜索著下方的天空，幫我找到敵機。如果他沒有仔細地追蹤，那就會很困難。這是需要一點技巧的，因為你一面頭下腳上地坐著，被重力拉扯，一面還要注意目標。但若你在這個動作的期間能全神貫注，就會知道目標的位置。而米格機就慘了，我們將會把他打成碎片。

通常幽靈戰機是兩機行動，並採用「分散並行」編隊（Loose Deuce），也就是兩架飛機以橫隊飛行[5]。在與敵機接觸後，其中一架F-4會轉向發起攻擊。另外一架則像我先前提過的，會垂直向上爬升。當敵機正忙著應付在水平位置突然轉向的僚機時，就不太可能看到另一架幽靈機已經飛到「雞蛋」的最頂端。我會利用這不被干擾的幾秒鐘，來選擇一條飛行路線，將敵機置於我飛彈的瞄準中心內。

關閉後燃器時，飛行技術就非常重要了。我踏著方向舵踏板，做些調整，隨著機鼻開始向下朝著地面。飛機開始俯衝並增加速度，再來選擇是要誘導敵方，或是咬住其尾部，並保持足夠距離以準備發射飛彈。

5 編註：兩機編成〇．七五至一．五英里間隔的橫向編隊，雙機交替充當攻擊和掩護的角色。因此，默契配合是極為重要的。當其中一機攻擊目標時，另一架就處於掩護位置，並隨時準備投入攻擊。兩架飛機交替攻擊，直到將目標擊落。如果敵方的增援飛機前來攔截，掩護機就對敵增援飛機實施攻擊，以保護同伴。

這是我們在Topgun發展出來的重要戰術革新。我會邊做邊以機內通話系統和後座的學員解釋過程，並在返航途中為他做任務報告，因為很快就要換他來駕駛了。

等我們回到米拉瑪朝向「八角樓」——設置在滑行道上的加油設施過去，學員了解到我們已經改寫了既定規則之後，都感到相當興奮。當我關閉左邊發動機準備熱機加油時，地勤人員彷彿是在賽車道邊的維修站般，朝著我們一擁而上。這時，學員都會迫不及待地想要親自飛一趟。加油完畢後，我們就會交換座位，滑行至跑道頭然後再度起飛。

等飛回沙漠或海洋上空後，我會指導他做垂直飛行，他作夢也沒想到F-4能做出這樣的動作。我們這架耐用的飛機每次都能完成這個動作。當學員們能信任這架飛機後，他就會樂於以這種方式來駕馭F-4。

回到地面，前座總會傳來很多笑聲甚至吼聲，學員準備好要來吹噓一番了。相信我，當四、五位才二十多歲的飛行員都有這樣的經驗後，當天晚上軍官俱樂部的興奮情況是夠你瞧的。假若你親自走進酒吧，那傳來並非源自粗魯和愚蠢的吵鬧聲。而是由一群相信自己，相信座機與武器，相信自己的長官並抱持必勝信念的人所發出來的聲音。

如果某個星期五晚上你走進軍官俱樂部，卻看到所有人都安靜地盯著酒杯看時，那才是你該擔心的時候。

大家都知道換裝單位強調的雷達攔截技術，在越南是派不上用場，因為接戰準則要求我們必須先以肉眼辨識目標。最讓人擔憂的是，大家依舊相信飛彈是不會出錯，即使實戰經驗告訴我們並非如此。有人還在告訴新手，說他們可以在敵機後方三十度的範圍內，發射響尾蛇飛彈並擊中目標——新人們還真的相信自己只需要知道這麼多就夠了。所以我們還有許多工作亟待完成。事實是，當你的目標為了存活，而不斷以銳角進行運動時，要以飛彈擊中它是相當困難的。「眼鏡蛇」魯理福森經由電路學角度說明，為什麼飛彈在發射後，必須先有些前置量，才能讓紅外線尋標頭有時間啟動並獲取目標。就是因為這個短暫地延遲，讓我們在東南亞上空發射的很多枚飛彈失了準頭。而航艦航空中隊裡那些忙碌的指揮官，並沒有時間或空間去找出問題及改進。

每天的飛行當中，我們都在努力地解決這些問題。例如為完美利用兩架飛機的橫隊而開發出拋物線（雞蛋）的飛行戰術：當一架幽靈機在低空與對手糾纏時，另外一架則飛到高空，準備在下一趟進行獵殺。兩名飛行員在合作對付敵機時，可以互換纏鬥與爬升的角色，以便於持續對米格機施壓，慢慢讓對方失去高度、速度、能量甚至燃料，直到能幹掉對方為止（這不是我習慣的用語。但戰爭並不美好，殺戮是其目的，我沒有理由美化這樣的現實）。

分散並行戰術反映了 Topgun 的文化，也就是鼓勵年輕軍官自由意志地行動與發言。在我們的戰術裡並沒有長機與僚機的分別，任何一架戰機都能自由發動攻擊，就看是誰先瞄準敵機而已。這種編隊不僅靈活，又具有侵略性，當然它與空軍的傳統戰術，也就是死板的流動隊型（Fluid Four）差距甚遠。後者將主動權與多數的機會都交給長機，顯得僵硬呆板。

我們適時為學員建立信心，他們持續快速學習。在經過三到四天垂直爬升練習之後，懷疑的態度就改變了。他們很快學會爬升到拋物線的頂點再俯衝而下，並準備好與扮演假想敵的教官，甚至來自其他中隊——駕駛F－8、空軍的F－4、F－86和F－100的飛行員較量。部族精神深刻影響了他們，使他們成為下一代的信徒。

學員都很優異，也越來越有信心。但這也會帶來危險。只是我們別無選擇，必須要在過著危險生活的同時，自然地去做這件事。一點傲氣是必要的，我認為我們與一二四中隊（VF-124），也就是在米拉瑪的F－8換裝大隊之間的競爭關係，在某種程度上來說是有益的。他們那款長機身、流線型外觀與大開口的戰機，真的是有點老了。我們時常和他們較量，他們當中的幾位也真是非常優秀，讓我想起摩斯·邁爾（Moose Myers）、博益·雷普夏爾（Boyd Repsher）與傑瑞·「惡魔」·休士頓（Jerry "Devil" Houston）。我從來不會錯過與他們較量的機會，那些在晴空中遇上他們的米格機駕駛，只能祈望有老天爺保佑了。

新飛機通常具有科技優勢。在一對一的較量中，一架操控良好的幽靈戰機是不會輸給F－8的。自一九六八年起，梅爾就從未在和F－8的一對一對戰中輸過，而他可是時常在和這些傢伙比高下的。我曾和某個F－8的中隊長及僚機進行過一對二的空戰。我單架A－4E對抗他們的F－8，雖然他們兩位都是好手，但在三場對抗後比數是我三他們零。當我聽到他們的無線電對話時，都覺得有些得意，他們的隊長說：「這他媽是怎麼一回事？天殺的，我們必須回去重新訓練。」我確定他們做了更多訓練，但那其實不是問題，真正的問題是他們的飛機已經老舊，即將被淘汰。所幸那些F－8飛行員仍保有他們的態度，隨著戰爭持續進行，他們當中很多人後來改去飛F－4。而我們當中的一些人，始終無法抗拒讓F－8飛行員自覺謙卑的衝動。

在他們位於米拉瑪的機棚裡，陳列了一個裝有漂亮長劍的玻璃櫃。雖然無法確定其來源，但F－8飛行員聲稱它曾是十二或十三世紀，某位十字軍騎士的佩劍。無論如何，他們將其視為某種神聖的吉祥物，並有專人把守。某晚我們找到機會，某些弟兄執行了一次秘密任務，把聖物給「解放」了。學員傑瑞．博利爾偷溜進去，把劍從陳列櫃裡拿走。隔天在軍官俱樂部喝酒時，他們把寶劍給秀了出來，剛好有F－8飛行員也在場，一場口角就隨之上演了。結果我們這些「捍衛戰士」，竟然還能帶著獵物全身而退。

最後我們大發慈悲，把十字軍長劍還回去，只是在上面做了些加工。當時擔任教官，之後的一二一中隊長的馬蘭．「博士」．湯森（Marland "Doc" Townsend）在上面加了張小卡，表示這把劍已經歷過了一次兩馬赫飛行，而這個痛處正是十字軍戰鬥機辦不到的。後來我才曉得雙方在酒吧裡大打出手的事，只是不打算為這件事寫一份報告就是了。

每天在Topgun的生活就好像鬥陣俱樂部一樣，教官會在空中與學員對戰，學員自然想要討回來。任何能擊敗「響尾蛇」、「擊潰」、「史基鳥」、「眼鏡蛇」或是我「洋基」的學員，就能建立起自己的名聲。他們很少能成功，但到了課程尾聲，也就是第二十六次對戰的時候，有人還真能贏過教官。這會讓人感到謙卑不少，我試著讓他們明白，告訴他們每個人都偶爾會被打敗的時候。如果你能打敗梅爾，而且真夠聰明的話，就該了解自我膨脹是危險的。

真正的教訓在於，如果連梅爾都會被打敗，那任何人也都會被打敗。我認為這種態度才是專業的核心。至於對我的教官們，偶爾我也必須警告他們：「不要自傲啊，夥伴們，我們是來這裡教課的。」

即使做了這些努力，我也沒辦法一直避免「響尾蛇」梅爾和「擊潰」奈許之間的對立。他們雖然親如兄弟，但也都有強烈的意志。「擊潰」很會激怒人，即使是教宗等級的聖人也會發火。他總是針對梅爾，可能他不能接受我們認為「響尾蛇」是最佳幽靈機飛行員的看法。我瞭解這一點，只好小心地盯住他們倆。

某天在一場有學員參與的二對一空戰中，兩人鬥得很兇。當時是梅爾和學員兩人對上駕駛敵機的奈許，最後卻變成兩人的對決秀、兩位強者間的競賽，而且這還發生不只一次。我們私底下進行了場嚴肅的討論，我必須再次重申規則：不許 Topgun 的教官之間對戰。我們是來教導學員，不是追求虛榮心的。這會有太多的風險，我心裡謹記著何里蘭的警告。這位指揮官說，一場意外就可以讓我們完蛋。如果奈許和霍姆斯再這樣繼續下去，很可能其中一人甚至兩人都會賠上飛機，搞到要在跳傘後慢慢走回基地。而損失一架飛機，就代表我們來日無多了。

不，我不希望自己的飛行員要靠擊敗對手換取自豪感。我們都屬於同一個社群。當傑瑞．博利爾從 Topgun 結業時，我想知道他要如何去對付米格機，而不是我會如何對抗傑瑞。如果我們有盡到責任，那他已經被訓練成一個有夠危險的角色，這才是會讓一位優秀教官感到自豪的事。

第十章
部族的秘密

一九六九年
米拉瑪

直到二〇一三年，美國政府才終於將一個國防情報局（Defense Intelligence Agency）測試米格機的秘密計劃報告給解密，這部分有些計劃是以「甜甜圈」（Have Doughnut）作為代號。這個計劃之所以會發生，是一名伊拉克飛行員在一九六六年投誠到以色列，並將他寶貴的米格21帶給西方陣營的結果。不久後，又有一名敘利亞飛行員誤將自己駕駛的米格17降落到以色列。因此第二個任務隨之誕生，國防情報局給了它起了「鑽頭」（Have Drill）的代號。

當時正在為Topgun第一期授課的我們，從第四航空測試與評估中隊（VX-4）[1]那裡，得悉美國手上

1 編註：外號「評估者」（The Evaluators），其著名的的黑色垂尾，模仿花花公子的兔寶寶塗裝是最為人知的標誌。最後在一九九一年的「尾鉤協會」事件之後而消失。

有米格機的秘密。他們的中隊長詹姆士・福斯特中校（James R. Foster），時常邀請我們造訪位在洛杉磯北方的穆古點基地，參加他們週五舉辦的「每週空中康樂活動」。他手下全都是有經驗的試飛員，隨時準備用新飛機來測試新戰術，我們儘可能不錯過這一類的機會。

某個週末，福斯特邀請ＪＣ史密斯與我去他的待命室，讓我們看了一段美軍戰機與米格21纏鬥的影片，這引起了我們的注意。這部影片是在美國的測試場拍攝的，吉姆說他與此計劃負責人——陸戰隊少校唐・凱斯特（Don Keast）曾造訪過位於內華達沙漠某處的一座禁區，那裡專門研究這些外來武器。這塊受到嚴格限制的空域有許多名稱，天堂農場（Paradise Ranch）、馬伕湖（Groom Lake）、夢想之境（Dreamland），還有五十一區。

很自然地，我們對於這樣的發展表達興趣。一九六九年春天，福斯特動用關係，讓Topgun的幹部們獲准前往夢想之境，接受為期一週的親身體驗。這計劃是如此機密，因此當我們從聖地牙哥起飛，前往拉斯維加斯附近的奈利斯空軍基地（Nellis Air Force Base）時，都不能告訴家人此行的目的地，更別說去做什麼了。

到奈利斯以後，我們搭乘計程車進入市區，在拉斯維加斯希爾頓飯店對面，有一家由中央情報局經營的小旅館。酒吧那位名叫歐布萊恩（O'Brien）的老闆，一定是有機密等級查核許可的角色。他不僅態度專業，且從不過問。隔日天還沒亮，我們再乘計程車前往空軍基地，好搭上前往夢想之境的飛機，去看看在那裡的米格機。

也許我不該說太多在五十一區的所見所聞。但以該基地的設計格局，你也很難看到太多東西。當你在機棚裡坐上飛機後，他們會把飛機從機棚裡拖出來。機庫與滑行道的設計，會阻擋你多個方向的視線，我對這樣的安排沒有意見。我知道該處有高度機密的計劃在進行，但大眾沒有立刻知道的必要性。其中之一，就是中情局的A-12「牛車計劃」（Oxcart program），或是更多人知道的另一個名稱，空軍的SR-71「黑鳥式」戰略偵察機（Blackbird）。晚上還有其他的秘密計劃在進行，這可能就是我們白天飛完了以後，絕對不能留下來的原因。我們會在關門前離開，在日落時回到歐布萊恩那裡。

但我們在白天學到的東西就已經是無價的了，雖然TA-4與F-86H能模擬米格17大部分的性能，F-5也可以用來充當米格21，但沒有什麼是能取代真正的蘇聯戰機。第一次近距離瞧見米格17的我，心中多少有些忐忑，尤其在這之後我就要上去飛它。坐在機頭透過玻璃罩向駕駛艙看去，內心的感受五味雜陳，這是一款老舊、粗糙、簡單、笨重卻又美麗的飛機。其航電系統簡陋，不像美國戰機有全動力式飛行操縱系統。我還看了油量表兩眼，該機只能注入一千八百磅的燃料，連幽靈戰機八分之一都不到。

我飛了這架敵機六到七次，它確實是很靈活沒有錯，但覺得自己在飛一個速度很快的鐵砧。我在夢想之境裡所最常遇到的對手，是福斯特手下第四測評中隊的強棒，外號「拳師」的朗・麥克農（Ron "Mugs" McKeown）。他是名傑出的飛行員，在極度自信又愛惡作劇的外貌下隱藏著驚人的智慧。他很強悍，才能連續三年在海軍官校的拳擊比賽保持不敗之地。「拳師」與我會花上幾乎一整天，各自駕駛幽靈戰機與米格機作對抗，然後互換角色。進過空軍試飛員學校的「拳師」習慣飛各種不同的飛機，他把米格機飛得很棒。這架飛機會很快耗盡燃料，即使沒有啟動後燃器也一樣，所以必須要迅速採取行動、擊落對方。你必須要學會如何與它對抗的節奏，如果做到這點，你就會是狠角色。

另外一個第四測評中隊的試飛員是外號「圖特」（Tooter）的福斯特．迪格少校（Foster Teague）。他聲稱全海軍沒有人能在第一次的一對一空戰中打敗米格17。這話也許言過其實，但無論如何，空軍的約翰．博伊德少校（John Boyd）認為米格機有其優勢的觀點是正確的，當然我們也早就知道了。在漢克．何里蘭之前擔任幽靈戰機換裝大隊指揮官，外號「博士」的湯森，在我不知情的情況下——Topgun成立之前好幾年——在這裡跟米格21對幹過。湯森的工作雖然是屬高度機密，但是F－4飛行員當中，最早挑戰空戰纏鬥極限的人物。他似乎將許多經驗，傳授給了換裝大隊的山姆．里茲。

要驗證我們的戰術，直接到夢想之境來測試是最有效的。當空軍的人習以為常我們的存在之後，就獲准直接從米拉瑪飛到這座不存在的基地。我們會在日出前抵達，把飛機停好，然後進入機庫，偶爾趁機補個眠。在破曉時我們就已升空，但從來不用呈報飛行計劃。某天我飛全新的F－4J來評估它對抗米格機的能力。這架剛從聖路易斯工廠出來的飛機，跟新車差不多，最重要的是它有改良的雷達與射控系統，讓我們都急著想要試試看。

我要在此說明，俘獲的米格機本來不該用於模擬空戰的，它們在內華達州也不是為了做空戰演練評估。空軍取得它們是為了「技術研究」。技術人員會測量米格機的發動機溫度，最高與最低的飛行速度，就像他們在愛德華空軍基地（Edward Air Force Base）做的一模一樣。據說馬伕湖基地的空軍三星司令禁止空中纏鬥，不允許手下做出如此冒險的行為。但我們的出發點不同，戰術必須要驗證，我們因此打破了不少規定。如果空軍都已經略過我們的任務前、後簡報，而事實上他們也確實如此，那我們又何必堅持浪費對方的時間，我們只要被排進時程表，然後把自己的事做完就好。我覺得這時我們最像電視劇「黑羊中隊」裡的角色，凡事都先斬後奏再說。

有次「拳師」在機庫遇到我，一如以往熱心地說，他要對抗一架米格17，所以要和我借飛機。雖然我才剛把它飛過來不久，但沒有理由拒絕他。他說要在下午跟第四測評中隊的高手——「圖特」迪格，一起測試新的迴避動作。迪格就是跟他們的中隊長福斯特，替海軍飛行員爭取機會見識米格機的那位。他說那個動作是很簡單的，只是從來沒人用F-4去做而已。在說服我把飛機借給他後，「拳師」說這會有點瘋狂。當他把飛機開到加油區，裝滿燃料，沿著跑道加速起飛的時候，我懷疑自己被誆了。

即使他騙了我，我還是不想錯過好戲。畢竟「拳師」麥克農與「圖特」迪格之間一對一的戰鬥，絕對是值得一看。他們倆都是頂尖的試飛員，你永遠無法想像會看到什麼。我借了另一架第四測評中隊的幽靈機，往五十一區的空中觀戰去了。

我與後座的JC史密斯在安全距離外盤旋，看著他們在「交會」後展開纏鬥。結果雙方都無法取得優勢，但高度卻越降越低。然後「拳師」嘗試了那個動作，他急著轉向，然後讓飛機向一側傾斜，並暫時陷入我們所說的「失控飛行」（Departed Controlled Flight）狀態。在重獲控制後，他翻轉機身，然後又頭下腳上地再度失速。這是很進階的飛行技巧，好比博士等級！給我的話，要用上許多的手勢和專業術語，才有辦法形容這項在空氣動力學上的冒險之舉。

但在失速之後，「拳師」無法再度恢復對飛機的控制，「圖特」放棄了假想敵的身分，試圖透過無線電幫「拳師」一把。「拳師」雖然回答：「我知道了」，卻始終無法將朝著沙漠翻轉下墜的飛機拉回來。

當F-4J的高度已經不到五千英尺，低於我們不應該超過的最低高度時，我與「圖特」都大叫：「拳師，快跳傘！」

像一位試飛員般地冷靜，他回答：「我要離開飛機了。」

就像慢動作般，這架幽靈機做了最後一次朝向地面的弧形動作後，「拳師」與他的後座彼德．葛萊斯（Pete Gilleece）拉動了彈射把手。

碰！碰！碰！隨著兩枚小型火箭的發動，兩具彈射座椅飛了出來。感謝老天，兩人的降落傘在空中順利張開。但那架耗資兩百萬美金，才剛出廠的海軍戰鬥機，卻在沙漠中化為一團火球。

「拳師」與彼德正隨著尼龍傘下降，正好要直接往那團火球漂過去。所幸沙漠裡颳起一陣風，讓他們降落在距離火球約兩百英尺外的位置。他們雖然體會到灼人般的熱浪，但還是毫髮無傷地安全脫身。

我不確定這樣的結果，是否能夠適用於 Topgun。

在一場涉及數百萬美金裝備的意外之後，政府勢必會來調查。而這令我擔憂，因為任何一架一二一中隊飛機的損失，都可能讓奮力茁壯中的 Topgun 胎死腹中。既然這架幽靈機是我從一號機庫飛出來的，那就是我們的責任，漢克．何里蘭的警告開始在我耳邊迴盪。

當我降落並回到機庫後，就打電話向漢克回報這件事。我很意外，福斯特已經先聯絡我的長官，並表示是他的飛行員在執行第四測評中隊的任務時把飛機給摔了。相信漢克應該是笑著對詹姆士說：「很好，如果真是如此，你們剛剛買了一架飛機。」這幾句話之後，測評中隊要擔下責任，而 Topgun 就能全身而退。

讓人由衷感謝的是，詹姆士還另外費工夫，直接向華府而非太平洋海軍航空司令部報告這起意外。

藉由向負責海軍戰機研究的艾德華・「懷迪」・費納少將（Edward L. "Whitey" Feightner）報告，就讓太平洋海軍航空司令威廉・布林格（William F. Bringle）中將不必面對此事（我保證，布林格將軍在事發後十五分鐘就知道了）。這兩招不僅讓第四測評中隊承擔我們的墜機損失，也讓大家不必面對來自西岸司令部的嚴刑拷問。在短時間內就取得如此成就的 Topgun，沒有人想看到它關門大吉。

那天我與ＪＣ是開了第四測評中隊的飛機回到米拉瑪的，我們後來到軍官俱樂部好好喝了一輪。Topgun 得以延續，但我們要如何招募那些像詹姆士・福斯特與漢克・何里蘭的勇者？他們似乎從未遺忘我們仍在作戰。

空軍後來才得知，我們是如何在五十一區運用他們擄獲的珍貴玩具。空中纏鬥沒有留下書面紀錄，我們唯一留下的文件紀錄就是例行維修報告。所有的飛行後任務報告與歸詢，都是在安全地回到米拉瑪後，在我們的拖車或軍官俱樂部裡喝酒時以口頭方式進行的。

「響尾蛇」霍姆斯與我也被邀請到奈利斯的空軍戰機武器學校，和他們提報我們在米拉瑪的任務。我因為好奇而參訪他們的武器庫，了解他們裝在幽靈式戰鬥機上的奇異 M61火神機砲（海軍沒有採用）。

最後 Topgun 並未參考空軍的教材。我們的文化差距太大，同時也反映在雙方的戰術上。我們確實知道空軍有位勞伊德・布斯比上校（Lloyd Boothby）。這位在奈利斯的飛行員和我們一樣具侵略性，卻必須低調。他和一些其他的好手，包括一位高級試飛員溫迪・沙勒（Windy Schaller），都因空軍體系的不知變通而深感沮喪。

Topgun 無法避免與空軍之間的競爭，這和政治無關，而是基於飛行和理念。當然，在聽到空軍聲稱自己創建了第一所戰機武器學校時，都會很不悅（即使在名稱上如此，但本質及成果就不是那麼回事）。真正糟糕的是，我們不僅輸了戰爭，而且還有人員陣亡。

當時空軍觀點最有力的代言人，是約翰．博伊德少校。他在一九六九年就發表了許多關於空戰中「動能運動理論」（Energy-maneuverability theory）的演說。簡言之，那就是一套數學公式，將戰機的速度、推力、氣動阻力與重量列入計算後，簡化為單一數字，並判斷其性能優劣。這種作法在一九六四年首次提出，據說後來空軍在設計F-15鷹式與F-16戰隼式等新型戰機時（它們日後也成為眾所皆知的優異戰機），都使用過這種作法。Topgun開訓後，「響尾蛇」霍姆斯、「史基鳥」史瓦斯基和我都有參加那些機密會議，以便持續掌握現況，期間也和博伊德數次會面。終於在雙方建立關係後，我們應邀提出自己的簡報。

一九六九年，「響尾蛇」與「史基鳥」在佛州的廷德爾空軍基地（Tyndall Air Force Base）演講，博伊德也到場，並提出自己的理論，那可是場精采的辯論。「響尾蛇」記得，連空軍軍官們都開始挑戰他們自己的教條。一名格外勇敢的空軍上尉甚至質問起流動隊型的戰術，懷疑僚機如果比長機更具有戰術經驗，而且已經捕獲目標的話，為什麼不能開火？此舉可激怒了一些人。到了提問時間，博伊德少校提出了一個不光彩的觀點。他認為美軍飛行員根本不該和米格機陷入纏鬥。他的理論已經在數學上證明，敵機在氣動包絡線的性能比F-4戰鬥機更好。如果和米格機纏鬥，就會衍生出跳傘逃生甚至更壞的下場。

任何理論的問題在於其各項假設，而我們認為博伊德少校已經作出了太大的假設，他的分析並不足以作為定論。就在基地的講堂裡，「史基鳥」戳了戳梅爾的腰。

「響尾蛇，你說說看啊？」

「響尾蛇」站了起來，和博伊德說他忽略了幾件事——人。「響尾蛇」認為即便武器有參數，且飛機可化為理論上的數值，但如果排除了當中最重要的因素，也就是座艙內飛行員的技巧、決心和動力，任何演算法都無法有效的預測。雙方「交會」之際就是見真章的時候，那時你才能去評估自己的對手。

「長官，」梅爾強調：「我覺得在第一回合前你不可能了解對手。在你了解對手之前，就不能說米格17會在每一場纏鬥中都獲勝。」

這些話必須要說出來才行。

我印象中，博伊德少校並未有真正反駁，而是重申自己的觀點：「謝謝您的觀點，上尉，但你不能駕駛F-4與米格機在空中纏鬥，這會讓我們輸掉戰爭。」

我們等著看吧！

約翰·博伊德不僅聰明、愛國，而且具有多方面的專長。在這次交流中，我們認為他的一項優點是在尋求普遍性的過程中，提出很棒的想法，卻從不考慮人心的部分。空戰中，技術因素是重要的，而某些因素還可以建立起模型。但沒有一個模型可以完整囊括空戰的全部。博伊德少校並沒有錯，他的理論只是不完整而已。另外他也完全誤判了F-4，當然我們無意低估科學，像我們就仰賴「眼鏡蛇」魯理福森在技術方面的敏銳與勤奮，以實際經驗換來了真實資料。結果顯示幽靈戰機是有辦法擊敗米格機，而且幾乎每次都如此。

「能量運動理論」幾乎沒有觸及戰術和運用戰術的人，雖然飛行員在這方面是無法量化的變數，卻是整件事情的關鍵。在米拉瑪，我們教官與學員駕駛噴射戰機挑戰極限，試著將駕駛艙裡面的人也變成武器。「響尾蛇」、「史基鳥」、「眼鏡蛇」、「擊潰」與我都很樂於扮演假想敵，從對方的觀點出發，來飛行、檢討與調整。日復一日的飛行之後，我們協助學員迎向挑戰，讓他們也成為空戰中的關鍵一員。

人確實是武器，而且就像我說過，觀念是最重要的。我甚至敢大膽地說，若博伊德少校與他挑選的任何三位飛行員對上「響尾蛇」、「眼鏡蛇」、「擊潰」和「史基鳥」，最終都會出現一個深具教育意義的結果（好吧，我想我也得說，如果把「響尾蛇」或任何一人換成我，結果也是一樣的）。謹守嚴格規定與限制的飛行員，幾乎鐵定會被那些訓練良好，在戰鬥中又不受限的飛行員打敗。這就是為什麼我們會說，在海軍讓我們於米拉瑪成軍之前，頂尖好手並不存在。在我們的觀念裡，那些謹守固定看法的學校，把飛機簡化為數字，甚至把教官當成「神父」的作法，是不能被稱為頂尖好手的。在越南的最終戰果，就凸顯了這項事實。

雖然 Topgun 闖入五十一區的事從來沒在米拉瑪被討論過（我們少數獲准前往的人都有嚴守秘密），但在那裡的飛行經驗是極為寶貴的。我們的經驗被直接納入早晨〇四三〇時的簡報裡，用於改進 Topgun 的課程。我們學到了一些關於米格機的重要情報。關於這點，由衷地感謝我們在第四測評中隊的朋友。

緩慢但穩定地，隨著我們的年輕軍官重返戰場，相信他們將會成為空戰高手與導師，而這兩者都是國家在絕望之際所不可或缺的。

第十一章
觀念得以驗證

一九六九年
米拉瑪

Topgun 學員們變得越來越明確、聰明、迅速、致命且自信。他們了解自己的飛機與飛彈在性能方面的界限，能快速地採取行動來利用它們，並且有效率地操作所有座艙內的所有介面。他們完美地展現運用拋物線（雞蛋）戰術的能力，並且在「分散並行」雙機編隊時，幾乎每次都能利用「高強勢迴旋」動作，狠狠地修理假想敵。至於他們的期末測評則是特別禮遇：不受限制地以麻雀飛彈與響尾蛇飛彈，射擊機動目標。

穆古點的福斯特中隊，大方提供我們一批「火蜂式」BQM-34靶機（Firebee）。「叛軍」史密斯負責主持這次實彈演習。這些以遙控操作，採用噴射動力的射擊標靶，是由瑞安航太公司（Ryan Aeronautical Company）製造，自五〇年代就開始使用。跟拖曳式以及其他較為常見的靶機不同，這是有人操作，速度能超過六百節，最高能飛到六千英尺的遙控靶機。縱使是在「叛軍」手中這樣的幽靈戰機教官[1]操作，這架二十英尺長的無人載具的表現還是可圈可點。它無法垂直爬升，卻有不錯的機動性，能夠急遽翻滾和轉向脫離。雖然有點擔心在實彈演習過程從地面上操作它可能會有什麼意外，但這樣的風險是值得的。在把Topgun的學員們送回戰場前，他們需要與會動腦筋的對手對戰的經驗。在太平洋區飛彈射擊靶區（Pacific Missile Range）上，某些年輕學員是如此地優秀，在摧毀了能夠瘋狂閃避的無人機以後，還能以剩下的飛彈對付那些四散的殘骸。在取得這樣的成功之後，他們信心大增。學員已經來到四月上旬結訓日之前的最後階段。隨著日子接近，我們為學員準備了另一項驚喜，如同我在前一章提到的——飛往五十一區輪流對抗貨真價實的米格機。對學員來說，這如同是他們年輕生涯中的加冠儀式。

有一晚在米拉瑪的軍官俱樂部，Topgun第一期已經來到尾聲，我們正在設計後來作為Topgun認證、繡在飛行服上的官方臂章。「叛軍」與「響尾蛇」在餐巾紙上畫出雛形：一架從幽靈戰機瞄準十字線看過去的米格21。某些華府的人閒到擔心此舉會冒犯俄國人。我打了一通電話到布林格中將的辦公室，這些抱怨就不再出現了。這個臂章的設計，完美地呈現了Topgun的創始故事。即使經過五十年後，它基本上都沒有什麼改變，每個從海軍戰鬥機武器學校畢業的學員，都自豪地配戴著它。

隨著這個小小的徽章在艦隊裡傳開，人們也開始注意到它的存在。隨著Topgun的名聲遠播，各航空中隊開始主動聯絡我們。很快的，史蒂芬不斷向對方解釋，即使我們的名額已滿，但他仍很樂意將他們的名字記錄在檔案上。

有關這枚臂章，就如同許多其他關於Topgun的故事，都顯示了讓初階軍官掌握主導是明智的決定。

若一開始海軍決定讓一名新任少校負責此事只是為了避免風險的話，我想現在除了違反傳統以外，別無其它能夠取得成功的方法了。沒有年輕人十足的創意、專注與步調，這項使命是不可能完成的。我們向來無意公開引起不必要的爭議，但這個體制必須要被撼動。你是可以擺脫這一切的，只要你有實力且知道自己的目標。我們當年就是如此。

第一期結訓學員帶著新的思維、臂章，以及一本 Topgun 訓練指南回到艦隊。這是一本囊括學校交給他們的教材，以及讓他們散播的聖典。身為訓練官的他們，就是拋物線（雞蛋）戰術的信徒，以及「分散並行」編隊的代言人。他們開始著手以我們的方式，來重塑每支航空中隊。在第二期學員結訓後，整個循環重新開始。學校努力地更新課程內容與計劃文件，沒有什麼時間可以鬆口氣。

你可以想像，這一切不僅在大約九十天內完成，而且還是在那輛偷來的拖車上紮下根基。在史蒂芬用一箱威士忌，讓起重機操作員為我們偷來拖車的那一天開始，大伙從未想到，這裡不僅會成為海軍持續改進戰機戰術與教範的核心，還一做就持續了五十年，事實就是這樣。從來沒人能有這等幸運，讓上帝當上他的副駕駛。

---

1 編註：「叛軍」史密斯是後座雷達攔截官。

在第二期學員剛結訓，太平洋航空指揮部司令布林格中將向他的上級，也就是太平洋艦隊司令郝蘭德上將（John J. Hyland）[2]提出正式要求，讓海軍戰機武器學校能在一九六九年七月一日於米拉瑪正式成立。這不僅代表我們得以擴展，同時也是第一次由年輕軍官主導的計劃能獲得指揮體系內高層的認可。在此同時，那位極為優秀的雷達攔截官JC史密斯，接替我成為了Topgun的主官。交接是很簡單的，從創校開始他一直都在這裡。如此的持續性讓Topgun得以生根茁壯，就如同山姆・里茲中校在一開始就讓我主導這項任務一樣。

十月，我前往華盛頓向五角大廈提報Topgun的經驗。課程大綱獲得海軍軍令部長本人的批准。那年稍後，李察・舒爾特中校（Richard Schulte）成為我們的上級，接替何里蘭的一二一中隊長職務。在迪克（Dick）[3]舒爾特任內，Topgun持續受到善待。舒爾特親自出馬，讓學校獲得四架全新的假想敵用飛機。A-4E貓鼬式（Mongoose）的性能，比原先雙座的TA-4教練機型在異機種空戰運動演練上更為稱職。

前面那幾年在軍官俱樂部的某個週五，「圖特」迪格想說要我用空軍的F-86H軍刀機作為主要假想敵機。這場辯論持續到深夜，最後決定在隔天早上以F-86對抗A-4E的方式來見分曉。兩架噴射機都被操到了極限，圖特想要用垂直爬升分勝負。但他完全不是我的對手，即使打開了後燃器也一樣。最後，他失速，飛機頭下腳上旋轉，如一片墜落的楓葉般失控。此時他同意了我要以貓鼬式戰機作為假想敵的看法。換句話說，我們不用再向換裝大隊借飛機了。飛機可以按照我們的想法改裝升級、減輕重量。貓鼬式的優越性能再加上可以隨時運用的緣故，使得我們能擴展異機種航空作戰演練課程的內容。幾個月後，Topgun終於要首度接受實戰的洗禮了。

結業學員傑瑞・博利爾於一九七〇年三月，被派往暱稱「幽靈騎士」（Ghostriders）的一四二戰鬥機中隊（VF-142）隨星座號航空母艦出任務時，「洋基站」依然處於昏暗不明的時期。空戰因為詹森行政團隊正與北越舉行和平談判而停擺。航艦依舊可以打擊敵軍從寮國和柬埔寨通往南越的補給線，但北越境內的目標不在範圍內。這意味著美軍飛機不能飛到敵機所在位置。一如往常，敵機無法對航空母艦造成多少的威脅。至少在我方於一九六八年九月擊落一架米格機之後就沒有了。

取得Topgun臂章並返回中隊的十二個月內，傑瑞擔任一四二中隊的武器及戰術官。在傳授所學的同時，也樂於見到弟兄們不太需要運用到它們。但情況在三月有了變化，米格機的活動範圍，比以往更接近南方。

三月二十八日，星期六，在彈射器上執行五分鐘待命，準備快速起飛的傑瑞，與他雷達攔截員史蒂芬・巴克利（Steve Barkley），正悠閒地坐在他們的F-4J戰機上。當天下午雷達哨護艦回報，四架敵機正朝著航艦飛來。博利爾與聯隊長保羅・史畢爾（Paul Speer），從星座號甲板上彈射，向西朝八十七英里外的敵機飛去。當時他們獲准可以立即開火（已經不再有肉眼辨識目標的接戰準則）。

隨著雷達人員的持續聯絡與距離的不斷逼近，他們卻連一架米格都沒看到。兩架幽靈戰機持續飛行，是博利爾先看到前方的敵機，高度約兩萬五千英尺。依照「分散並行」編隊的準則，傑瑞在警告史畢爾

---

2 編註：郝蘭德於一九六六年三月十四日擔任第七艦隊司令期間，在台灣周邊海域的企業號航空母艦上，接待蔣中正總統登艦參訪。

3 編註：李察（Richard）的小名。

後便領頭向前，打開後燃器加速爬升準備攔截。兩架米格機發現美國戰機後也分散開來，長機向上爬升，僚機則開始右轉。博利爾盯住了敵方的僚機，史畢爾則追擊長機。

我猜博利爾在逼近敵方僚機時，就知道自己前二十秒的情緒過於激動，以至於未採取適當的戰法。他想在水平接戰。在爬升準備接敵時，為了有效接戰而失去了速度，他只好再度俯衝增加速度，承受了多達七個G的重力。結果那架米格機跟著他一起下降，為了避免在轉彎時與敵方纏鬥，他重新回到Topgun教他的方法，急劇地拉高機頭開始拋物線動作、垂直飛行。米格機根本無法追上他。

同時間，下方的史畢爾似乎嚇跑了他的對手。米格長機轉了個大圈、脫離戰鬥。史畢爾回頭朝博利爾飛去，想將傑瑞後方的米格機趕走。這時，對方發現了史畢爾。北越飛行員在逼近幽靈機時，發射了一枚追熱的環礁飛彈，但這次的迎面射擊並未打中目標。

博利爾越飛越高，後座的巴克利幫他掌握狀況，告知博利爾攻擊史畢爾的那架米格機已無法對他們造成威脅。傑瑞集中精神準備攻擊，在劃過拋物線的頂點時，他發現正是攻擊對手的時機。米格機沒有看到他，敵人先往右轉，再急向左，似乎還在尋找著自己的對手。

這最後動作是個致命錯誤。傑瑞一覽無遺地瞄準敵機機尾。響尾蛇鎖定目標聲響在耳機翁翁響起，他扣下扳機，飛彈離開派龍射出。飛彈準確地追蹤到目標，然後在米格機下方爆炸，一陣破片貫穿敵機並讓它起火。

尾部已經著火的敵機一面晃動機翼，一面繼續飛行。博利爾很快拉高機身，以免自己飛到米格機的前頭，接著再回到敵機後方，再發射一枚飛彈。這一枚確實把它給解決了，就跟他在Topgun擊落無人機時沒有兩樣。

回到星座號，大夥立刻開始慶祝。大塊頭的史畢爾，先擁抱了比他個子小的傑瑞，然後將他舉起。艦上嚴格禁止飲用的香檳，在人群中傳了開來。那天稍晚，來自河內的新聞廣播證實了米格機被擊落的消息。華府因為主張和平談判的政治氛圍，迫使五角大廈對此事支吾其詞。除了簡單宣佈一架米格機被擊落以外，只說幽靈戰機是在替偵照機護航時擊落對方，海軍對整件事刻意隱瞞。

在米拉瑪，大伙猜測究竟誰是米格殺手。我們用儘私人管道打聽，當消息指出是星座號上一名不知名的飛行員擊落敵機時，我們都感到無比激動。第一期學員當中就有人是來自星座號當中的兩個中隊。原先以為越南上空再也不會有另一次的空戰發生。我們還因為有案例可以驗證學校的戰術而感到興奮。最後確定米格殺手是博利爾與巴克利之後，我們更陷入瘋狂。不光驗證了教學成果，更肯定了Topgun的存在。

他們列為高度機密的任務報告，被一路送到五角大廈，並由航空與情報處作深入研究。最後我們聽到傑瑞、巴克利、史畢爾與他的雷達攔截員的空戰紀錄錄音帶。正如所預料的，他們聽起來並不顯得興奮，反而像是在討論不怎麼重要的購物清單。傑瑞後來又在F-4飛了二二〇次任務，Topgun沒有學員比他更優秀的了。有人認為他的成功當下造成一股動力，開啟了Topgun成為固定編制的歷史。

隨著我們這個在一二一中隊裡的小團體越來越有影響力，也引來了一些引人關注的訪客，包括到換裝大隊做交換的優秀外籍飛行員。其中最具天賦與經驗的，是來自英國的代表。他們的海軍航空隊正在換裝F－4，英軍派出一批能幹的飛行員與雷達攔截員來和我們一起訓練。他們與來自其他國家的交換飛行員一樣，完成了一二一中隊的訓練。我們建立Topgun的同時間，他們也在換裝大隊的戰術小組服務。當中最資深的是迪克．羅德（Dick Lord）中校，在飛行方面格外傑出。包括迪克．穆迪（Dick Moody）、彼德．加哥（Peter Jago）與柯林．格里芬（Colin Griffin）在內的所有英軍飛行員也都非常專業。雖然我不能正式讓把他們加入Topgun——迪克在我展開計劃時，已經回英國去了——但皇家海軍的交換飛行員為換裝大隊盡了很重要的一份力，尤其是在扮演假想敵方面。

他們在地面上也很風趣，正如「禿鷹」蓋瑞的結論：「我們從他們身上學到，如何穿著白色夏季制服在聖地牙哥的基德將軍軍官俱樂部（Admiral Kidd O Club）打橄欖球。如何在軍中聚餐時醉倒，把臉埋進盤子裡，以及如何將早餐留在停機坪還能準時起飛。」和幾年前英國媒體的頭條報導相反，英國飛行員與Topgun的成立毫無關係。竄改歷史雖然令人失望，但不會影響英美飛行員的情感，無論是在酒館還是在空中。

一九七〇年，真正的好手親自來造訪我們的拖車，他是羅賓沃茲（Robin Olds）准將。他已經卸下戰袍，但那可真是光榮的日子。他在二戰時，分別成為P－38閃電式戰鬥機與P－51野馬式戰鬥機的王牌飛行員，這是無人能及的成就。戰爭結束時，他以二十二歲的年紀擔任中隊長。一九六六年和一九六七年，他的戰機大隊締造了驚人的戰果，就連喜劇演員鮑伯．霍伯（Bob Hope）都稱他是：「全球首屈一指的米格機零件發行商」。他在越戰中率先取得擊落四架敵機的紀錄。這個紀錄直到一九七二年才被打破。對我而言，他就像是神明一樣。

舒爾特與我一起邀請羅賓來「米拉瑪每月超級狂歡時光」的座上賓時，他正在克羅拉多泉的美國空軍官校擔任學指部指揮官。他很快答應了，但有一個條件——必須要讓他開飛機。儘管是家族裡第二代的西點官校生，但你不會在他身上看到官校生慣有的高傲態度。羅賓只在意結果，從不管你是哪個軍種。我們很樂意給他一些小小的禮遇，讓他跳上F-4戰機參加演練。

我不確定他有沒有駕駛過這一代F-4，但猜想他至少沒飛過海軍版的幽靈戰機。他帶著飛行裝備前來，很明顯已經準備出發。很快地做了座艙說明後，他就起飛了。JC史密斯是他的後座，「響尾蛇」霍姆斯擔任僚機。

第一場是二對一對戰，羅賓與「響尾蛇」這組優秀搭檔，很快就把對手給解決掉。「響尾蛇」降低高度，逼迫敵機轉向，讓羅賓能自由發揮並擊落對方。目前一切都很順利，下一場二對二接戰，羅賓和「響尾蛇」對上了駕駛A-4E的舒爾特及TR史瓦茲（T.R. Swartz），對方可是A-4飛行員當中的米格殺手（他原先是飛F-8，是天鷹式戰機締造唯一空戰勝利的飛行員）[4]。

「響尾蛇」先發現「敵機」，梅爾和羅賓在事前就已溝通過，他們將採用「分散並行」編隊，並由

4 編註：一九六七年五月一日，來自第七六攻擊機中隊（VA-76）的史瓦茲少校，用他駕駛的A-4C上的無導引的祖尼火箭，擊落北越空軍一架米格17。堪稱史上不尋常的空戰勝利之一。

梅爾擔任長機。在朝向對方交會後，開始往最近的敵機展開一場轉彎中的水平纏鬥。當時另一架A－4還沒出現，作為「誘餌」的梅爾，要勾到敵方的A－4，好讓羅賓把對方收拾掉，但這時狀況出現了。

這位空軍傳奇人物並沒有如預期般出現。這時羅賓看到另一架貓鼬戰機，他很快就朝它追去。梅爾在無線電上說：「嗨，我被纏住了」的時候，羅賓卻在追擊敵機，為了試圖獵殺第二架目標而棄梅爾於不顧。同時史瓦茲佔了「響尾蛇」的上風，專業地利用了更輕盈的貓鼬戰機機身快速翻滾、以較小的角度轉彎與即刻加速方面的能力，在低空纏鬥。最後他真的收拾了梅爾。相信我，這種事可不常發生，只會在他的搭檔放棄戰術計劃時才會出現。

回到地面，羅賓很高興地爬出座艙。他把握住駕駛戰機的機會，還擊落了目標。他把我拉到一旁告訴我：「你後座的傢伙一直在講話，從沒閉上嘴巴。」他講的沒錯，ＪＣ通常都不會停止說話，尤其有嚴重錯誤必須修正的時候。我至今還是很想笑，即便是一名擊落過十五架敵機，肩上又有一顆星的三重王牌飛行員犯了錯誤，史密斯少校還是會敢於告訴他，這也就是他能在當時成為頂尖雷達攔截員的原因之一。

任務歸詢時，ＪＣ史密斯依舊在和羅賓說話，就像平時Topgun資淺軍官的態度一樣。他不斷提及我們的規則，批評自己的飛行員沒有掩護好梅爾。我們不認為身掛飛行胸章的羅賓，會犯下這種戰術錯誤。即便他對戰機戰術有自己的想法，且堅持採用空軍的流動隊型。但他最終還是認可了我們戰術的長處：「在這件事情上你們是對的。」我懷疑空軍後來曾採用過我們的戰術，光是羅賓．歐德斯看似信服我們的做法，就已經讓我夠高興了。他最終還是因其直言不諱，指出自己軍種在越南犯下的錯誤而開罪上級。如果可以，我會竭盡所能爭取這位集結了精明戰術家、戰士還有破壞王於一身的人來米拉瑪。他是應該在重要單位擔任主官的人選。

帥氣健談又迷人的他，在當晚如同巨星般吸引眾人聚集，他的卓越演說也取得極佳的迴響。

一九七一年五月，羅傑・帕克斯（Roger Box）接替ＪＣ史密斯，成為 Topgun 的主官。他擔任過海軍試飛員，兩度參與作戰部署任務，對事情有自己的一套看法。他認為現在應該讓 Topgun 成為一個獨立自主的單位。此時的 Topgun，仍舊是幽靈戰機換裝大隊底下的一個部門而已。換裝大隊有權利調動學校裡的任何人、機，在無法控制自身資產的情況下，只要換裝大隊覺得自己的需求比戰鬥機武器學校更為優先的話，理論上學校就可能在一夜之間關門大吉。

但是羅傑手裡握有一張王牌——米拉瑪艦隊航空指揮官，阿米斯德・「切克」・史密斯上校（Armistead "Chick" Smith）的同情。羅傑曾在史密斯上校的戰機大隊擔任參謀，雙方關係良好。在打算讓 Topgun 脫離換裝大隊時，羅傑向指揮官尋求協助。當時是有些困難。換裝大隊的大隊長唐・「泥巴」・普林格（Don "Dirt" Pringle）是位極具能力，且普遍受手下尊重的軍官，往往只要現身就能夠威壓全場。在換裝大隊必須維持績效的壓力下，普林格可不希望把任何的寶貴飛機，分配給分割出去的 Topgun。他尤其想把 A-4E 留下來給自己的戰術部門。普林格也希望能同步做那些 Topgun 已經啟動的工作。

結果爭取 Topgun 成為獨立單位的關鍵人物，是大衛・「酷寒」・佛雷斯少校（Dave "Frosty" Frost）[5]。他是羅傑・伯斯手下的教官與精明的戰術專家，繼承「眼鏡蛇」魯理福森，成為校內的麻雀飛彈專家。一九六三年畢業於海軍官校，是 Topgun 第二期學員。

大衛和他的同僚教官們希望以第一代 Topgun 的成果為基礎繼續發揚光大。艦隊航空隊開始擊落米格機，並傳回真實的數據，必須就此修正教育指南。隨著 Topgun 在北越上空取得成果，需求也隨之增加。我們比以往更需要假想敵飛機與熟練的飛行員。但那些資源被分散用在三個地方：訓練換裝大隊的學員、支援 Topgun 的課程、以及艦隊的假想敵訓練計劃，以協助那些被部署的中隊準備投入戰鬥。我們總是得做些妥協。

在一次與第四測評中隊開完戰術會議返回米拉瑪途中，佛雷斯與大衛・別耶克（Dave Bjerke）、古斯・羅切（Goose Lorcher）、彼德・佩迪魯（Pete Pettigrew）等教官在馬里布（Malibu）吃晚餐。他們彙整彼此的筆記，在餐巾紙上畫圖解。那些源自於這次「馬里布會議」的改變，都被用在更新F-4的戰術手冊與維修計劃上。

他們認為，隨著學校的推進發展，如果能成為一個獨立的單位，顯然會形成更大的影響。「泥巴」普林格表示反對。缺乏資源並不是唯一的原因，單位的威望也是問題。雖然大眾對 Topgun 仍一無所知，但海軍裡有越來越多人知曉，甚至連空軍都注意到了。無論誰「擁有」了海軍戰鬥機武器學校，便能在戰術與訓練方面擁有更大的影響力。所屬軍官也會擁有更好的前程。

羅傑·伯斯影響「切克」史密斯起心動念的那個春天，開始有了些眉目。就和所有優秀的領袖一樣，「切克」通常能讓各人攜手合作。他下令進行為期九十天的測試，讓 Topgun 以半獨立的方式運作。測試期結束時，「切克」會召開會議，評估成敗。他們把部分飛機與人員挪為己用，開始獨立運作。羅傑小心翼翼地度過這九十天。在評估會議開始之前，「切克」被選派去指揮艦載機中隊。眼前只剩下大衛·佛雷斯代表 Topgun 去面對米拉瑪的官僚。羅傑的缺席顯然對學校是不利的，勢必會引發爭論。

在這場決定性會議的前一晚，普林格中校將大衛叫到了一二一中隊隊部。普林格和副中隊長一起逼迫他宣布過去三個月來的試驗是失敗的，如此才能讓大家回到過往的日子。佛雷斯有備而來，他備妥資料證明 Topgun 在獨立運作期間績效進步了多少。他明知此舉可能會危害前途，卻堅持不肯退讓，就像有能力的辯護律師面對案件一般，努力地為團隊辯護。會議直到晚上九點不歡而散。大家知道大家會在次日早上再度集合直到爭議結束，甚至最後由史密斯上校作出仲裁為止。

第二天早上，雙方仍僵持不下，氣氛變得更加緊張。已經受夠了爭論的史密斯，一拳打在桌上，震驚了在場從來沒有看過米拉瑪艦隊航空指揮官生氣的人。史密斯和他的參謀離開會場，在經過如同幾個小時般漫長以後再回來，現場氣氛為之凝結。他最後的決定：Topgun 將成為獨立的指揮部。

5 編註：一九九六年退伍的佛雷斯，最後官拜海軍中將，曾擔任美國太空司令部副司令、北美防空司令部副司令等高司領導幹部，以及薩拉托加號航艦在內的艦長職，兩個戰鬥機中隊的中隊長以及 Topgun 指揮官。

米拉瑪並沒有因此盛大慶祝，除了我當時隨艦隊出海部署，多數的創校元老也調派至其他單位履新。在這個決定正式實施之前，Topgun 的教官們還是要承擔換裝大隊內的職務。如今學校能公開地爭取運作所需的資源、人力、飛機與經費。這都有賴於強悍的團隊讓這一切可以成真。

一九七二年一月，史密斯上校正式下令，海軍戰鬥機武器學校成為永久性的分支部門，以一條實線（而非虛線）連接至史密斯的總部，出現在換裝大隊的組織架構上。這個在組織表上的小小改變，卻有著極大的差異。突然間我們能得到足夠的參謀、裝備、燃料與運作經費，我們的課程將不再受到過去的上級單位節制。

伯斯成為 Topgun 的首任指揮官，而不再像過去被稱為主官。伯斯突然被派往艦隊任職，所以任期很短。「拳師」麥克農從他手中接下重責大任。「拳師」具有接手這項工作所需的資歷、人望與能力，但他後來也被派前往東京灣。「拳師」之後，羅傑的得力助手大衛．佛雷斯繼任指揮官，直到「拳師」從艦隊回來接替他為止。

一九七二年春天，尼克森總統重啟對北越的轟炸行動，Topgun 校友開始在空戰中累積勝利。「後衛行動」（Operation Linebacker）發起時，我們已經有好幾期飛行員從這裡結訓。他們在空戰再度頻繁發生前，就已先做好準備了。

某天下午，佛雷斯接到一通來自華府的電話，那是他過去的死對頭「泥巴」普林格。這位前換裝大隊長已經晉升到具有影響力的職位，成為海軍軍令部長朱瓦特上將（Elmo Zumwalt）的執行助理。為了下一場即將舉行的參謀長聯席會議，海軍軍令部長想要對空戰的結果提出簡報。佛雷斯不僅要對一群來自奈利斯空軍基地的人員演講、討論相關的戰術與編組，還要展示學校如何運用假想敵計劃。就如他所言：「海軍想要給空軍好好見識一下。」大衛不久前才為海軍的新戰術準備了一份簡報。他跟團隊才剛修訂完 Topgun 的指南時，前者相對而言還算是簡單的任務。

當天房間裡擠滿了人，顯然大家都收到了風聲。大衛解釋了 Topgun 的運作方式，並指出空軍在空戰訓練上的步步為營。空軍所有的空中纏鬥都是以F-4對上F-4的方式進行。沒有一個美國空軍飛行員，見識過模擬成米格機的假想敵飛機。

他在 Q&A 時間遭受到許多質疑，教室後方更是傳來激烈的質問。原來是幾位來自以色列、在奈利斯空軍戰鬥機武器學校交換的外籍飛行員。其中一位是我的朋友，艾登·班·艾利亞胡中校。他與那位取得十二·五架擊落紀錄的搭檔阿舍·斯列（Asher Snir），都因此而名聲遠播。我猜他們是對那些既成事實的項目還在被持續討論而感到不耐，其中一人竟站起來說：「我們同意海軍的看法」。此舉多少讓爭議在當下結束。

某些空軍飛行員開始理解，年輕軍官對海軍的「分散並行」編隊，以及拋物線攻擊的潛能進行了熱烈討論。空軍也開始理解異機種模擬戰鬥訓練的價值，以及其背後的戰術與文化。這些人學得很快，整個訓練群體正以對彼此尊重的情況下，作正面的意見交流。

空軍派兩名來自奈利斯的教官與 Topgun 教官飛一個星期。理查·「穆迪」·蘇特少校（Richard"Moody" Suter）——跟我們在五十一區飛過——，以及羅傑·威爾斯上尉（Roger Wells），都是有經驗的戰術專家。他們在兩架 TA-4 前座花了一週時間，體驗了我們從一對一到四對四的空戰演練。他們很快就吸收了

Topgun的課程內容。回到奈利斯後，兩人開始催促空軍高層改用海軍的方法。穆迪就像優秀的「叛軍」史密斯那樣，具有能向阿拉伯人推銷沙子的三寸不爛之舌。一九七二年底，就在他們造訪米拉瑪的幾個月後，這個相對資淺的軍種就成立了第一個專門的假想敵中隊，擁有二十餘架T－38鷹爪式與F－5虎式戰機，可以用來模擬敵機與其戰術。Topgun與空軍戰術訓練之間的相互影響，無法及時產生足以逆轉越南空戰的成果，但兩者已經打下了長期的基礎以及整體互利的關係。

Topgun還可以影響的，是次世代戰鬥機，也就是F－14雄貓的研發。我們也為新戰機的需求與武器獲取提供諮詢。但在一九七二年越南的陸戰開始每況愈下之際，關注未來戰機的發展似乎為時過早。

第十二章

捍衛戰士旗開得勝

一九七二年春
洋基站

一九六八年初的春節攻勢與溪山包圍戰結束後，美軍在越南的規模開始縮減，無論在地面還是空中都是如此。一九七二年春，尼克森總統宣佈「越戰越南化」，要求南越軍隊自行承擔防務，只留下一萬名美軍以及加上境內約一百多架飛機支援他們。另外還有一百架飛機在泰國。洋基站的兩艘航空母艦還能再額外提供一四〇架飛機。看到美軍兵力減少，敵人準備對南方發起一次大規模的地面攻擊。

三月三十日，三萬名北越正規軍在共產中國提供的一百輛戰車掩護下，開始侵略南越。幾天後，又有兩萬名北越軍，同樣在戰車的支援下，從寮國攻擊南越，這還只是三十萬共黨部隊與六百輛裝甲車的前鋒而已。

遭到奇襲的南越陸軍節節敗退。受困的聯軍部隊要求空中支援時，空軍與陸戰隊戰機都受到季風的影響。那些能通過惡劣天氣的飛機，還要面臨北越SA-7肩射防空飛彈的攻擊而蒙受慘重損失。不到一個星期，局勢便顯得岌岌可危。

為了遏制這股洪流，尼克森總統投入了美國全部的空中武力。除了調來空軍在全球各地的F-4中隊，更投入了大批航艦，改變以往僅在洋基站保留兩艘航艦的輪調計劃。很快的，珊瑚海號、漢考克號、小鷹號與星座號等航空母艦都抵達了東京灣。美利堅號、中途島號與薩拉托加號（USS Saratoga, CV-60）也就近待命。這是二戰以來，美國海軍航空兵力最大規模的集結。那些限制性接戰準則，不是取消就是調整，這是一場截然不同的戰局。

五月十日，尼克森總統下令對海防與其他北越港口佈雷，止住蘇聯運送米格機與地對空飛彈進入北越的行動。與此同時，空軍、陸戰隊與海軍，猛烈地攻擊北越的補給線。海軍A-6入侵者式與A-7海盜II式攻擊機，大量投擲的初代智慧型武器，包括雷射導引炸彈，橋樑紛紛隨之倒塌。B-52同溫層堡壘戰略轟炸機，摧毀了河內周圍供米格機起降的機場。

敵人試圖保護這些重要設施。北越的米格19與米格21攔截機，和美國空軍的F-4幽靈機，展開了激烈的空中纏鬥。五月十日，有三架米格機被空對空飛彈擊落，但對方也擊落了我方兩架戰機。空軍仍在沿用過氣的二戰戰術，效果實在有限。在日間空戰的高峰期，創下擊墜三架米格機紀錄的羅伯特・洛奇空軍少校（Robert Lodge），還有他的後座羅傑・洛哈上尉（Roger Locher）才剛朝一架米格機發射飛彈，就有另一架米格飛到他們背後。洛奇的僚機雖然提出了警告，但一切都已經太晚了。米格機的機砲開火，重創了幽靈。為了讓後座人員能夠逃生，洛奇少校留在座艙內沒有跳傘。彈射的洛哈在經歷了一場驚心動魄的脫逃過程後獲救，洛奇卻不幸陣亡。雖然空軍飛行員既勇敢又傑出，但他們沒有從「滾雷行動」

中的空戰裡學到教訓，因此付出代價。「後衛行動」發起的第一天，空軍與敵人的空戰交換比是一比一。

海軍則採用了不同的方式，因此北越遭遇的是一支全然不同的海軍航空隊。這次的全體出動攻擊行動中，還包括了能夠干擾北越飛行員通訊頻率的電戰機。當敵軍碰上Topgun校友以及我們在米拉瑪發展出來的戰術時，格局是完全地改觀了。

星座號航空聯隊於五月十日空襲海防，三十架噴射機加速飛入海岸，飛行員決心要對這個幾乎在整個越戰中被禁止攻擊的重要目標區，施以最重大的攻擊。其中一架執行護航任務的F－4J飛行員寇特・杜塞上尉（Curt Dosé），一九七一年在Topgun以第二名結訓，來自於我原本所在的九二戰鬥機中隊。杜塞結訓回到部隊後擔任武器訓練官，將他學到的知識與經驗傳授給整個中隊，改變了大家的作戰模式。

正當杜塞與外號「獵鷹」的分隊長奧斯丁・霍金斯（Austin "Hawk" Hawkins）在敵軍機場與目標區之間盤旋時，米格21開始升空。雷達哨護艦芝加哥號巡洋艦（USS Chicago, CG-11）偵測到敵方在克夫機場的動態。過去要等待米格機飛過來且構成威脅後才能開火。如今限制解除，美軍飛行員可以直撲克夫機場。海軍飛機不消幾分鐘就抵達目標上空。

在五千英尺高度，杜塞瞧見兩架米格機正準備從跑道的北邊起飛。還有另外幾架是在疏散區的護牆內。杜塞立即呼叫霍金斯：「銀風箏，準備左轉，起！」兩架幽靈打開後燃器，以超音速向下俯衝。察覺苗頭不對的米格21趕緊從跑道起飛後，馬上拋掉外掛的副油箱準備應戰。

杜塞領頭，兩架幽靈以一馬赫的速度朝著克夫機場由瀝青與水泥混合而成的跑道衝過去。由於從冷空氣的高空直飛入潮濕空氣的低空，杜塞的座艙頓時起霧，妨礙了目獲逃竄中的米格21。杜塞開了空調，霧氣馬上消失，又捕捉到那兩架米格21了。

這場追逐讓幽靈戰機飛在幾乎比樹梢還低的高度。杜塞不只一次必須要抬起機身，免得翼尖撞上樹頂。雙方繞著周圍的山丘飛行，米格機為爭取時間，邊增加速度，邊等待克夫機場起飛的友軍趕來解圍。

在米格機後方的杜塞與分隊長，因有更高的速度與動能，主導了整場空戰。待雙方距離拉近、米格機從美機三十度角切去左邊時，杜塞將控制桿向後拉加速，從原本的「延遲追擊」（Lag Pursuit）狀態，變成進入米格機後方的完美射擊位置。響尾蛇飛彈的訊號聲在耳邊響起，杜塞在距離一千五百英尺處發射飛彈。沒有擊中，遠在米格機後方引爆。杜塞再發射第二枚。這次直接擊中機尾爆炸，敵軍飛行員難逃死劫。

米格長機仍在，霍金斯朝對方發射了幾枚響尾蛇，不是失準就是故障。到了這時，跟著米格機一起左轉追擊的F-4飛行員又飛回到克夫機場附近。只剩下麻雀飛彈的杜塞，問後座的吉姆・麥克德維特（Jim McDevitt）是否能鎖定前方敵機。他們的飛行高度過低，地面的雜波不斷干擾著飛彈對敵機的追蹤。

短短幾秒鐘，美越雙方陷入僵局。沒有機砲的F-4無法擊落米格，剩下的飛彈，性能又無法達標。當下要嘛放棄，或是想出其他方法。這一切，都必須在以五百五十節的速度飛越樹梢的同時做出抉擇。

作為積極進取又有自覺性的飛行員，杜塞當然不會放棄攻擊。他拉起機頭、側滾後拉進逃亡中的米格機後方，意圖在敵機前方發射一枚麻雀飛彈。他知道這樣不會擊中目標，卻想把北越飛行員嚇到放棄轉彎，給霍金斯一個擊落對方的機會。

在側滾中頭下腳上的杜塞，很自然地瞄一下自己的六點鐘方向。發現那兩架原本在跑道上的米格

21，正從他們的五點鐘方向逼近中。

杜塞向僚機指出這些威脅。兩架幽靈機先做了個右急轉，對正追擊而來的敵機，再打開後燃器。途中他們不僅突破了音障，時速更將近一千英里。這樣的動作當然能將米格17抛在後頭，但今天是米格21。此款蘇聯製戰鬥機擁有絕佳的動力、速度，還有更致命的機砲。一架米格21來到了霍金斯的六點鐘方向。敵機飛行員打算壓制住霍金斯。

Topgun 有一招秘笈。那個在五十一區機密的「甜甜圈」計劃，讓我們知道在這種速度下，米格21無法像F-4那樣作動。於是兩架美國戰機急速朝彼此交錯橫飛，在空中水平劃出一個X字。這個動作，證明「分散並行」編隊的戰術效果是可行的。

隨即米格機朝美機發射了根據響尾蛇飛彈仿製的AA-2環礁飛彈。霍金斯一個急轉彎閃過了攻擊，飛彈在他的後方引爆。這個失誤外加F-4的交錯橫飛動作，使得米格機飛行員相信再打下去是不利的。杜塞轉向越機追擊，對方立即掉頭朝克夫機場逃逸。Topgun 校友再也沒有追過去，與霍金斯會合後返回星座號。

第二天，杜塞父母在拉霍亞住處接到一通電話。杜塞的父親羅伯特·杜塞上尉（Robert Dosé）在二戰時也是海軍飛行員，曾在西太平洋打過空戰。打電話來的海軍內部知情人士，顯然知道此事意義非凡。他告訴杜塞爸爸：「鮑伯，你兒子昨天打下了一架米格機。」

鮑伯與寇特·杜塞成為歷史上唯一擊落敵機的海軍父子檔。

克夫機場的戰鬥，對五月十日當天其他在北越上空的海軍飛行員而言，只能算是暖場而已。星座號航空聯隊在重新加油掛彈後，當天下午又發起第二波總攻擊。這次的目標是海陽港旁邊的鐵路調車場。當時整個聯隊的飛機碰上了米格機的攔截網，爆發了自越戰以來最大規模的空中纏鬥。

米格機加速飛入美軍編隊，越過護航的F-4機群。其中兩架米格17盯上了一架A-7攻擊機展開追擊。那位驚慌的飛行員立即呼叫：「米格機在我後方，我被米格機盯上了。」

在他上方，Topgun校友麥特・康納萊上尉（Matt Connelly）與他的後座湯姆・布隆斯基上尉（Tom Blonski），正在目標區北方掩護攻擊行動。他們聽到了呼叫，因沒有明確的訊息，無法趕去救援。

麥特問對方：「你在哪裡？」然後將機身側翻查看下方狀況。很快的，他和布隆斯基看到兩架米格17正緊追一架落單的A-7。海盜機飛行員想靠一個左急轉彎擺脫對方，但米格17仍緊跟在後。

這已經成為一場誰能先進入射擊位置開火的競賽。A-7在前方逃竄，米格17緊跟在後。麥特立即向右翻滾，以幾乎顛倒的姿勢俯衝至米格機後方，持續盯住敵機。等到接近對方的高度後，他再向左翻滾到了敵機正後方。這是一個很棒的空戰動作，但他和米格機長機的尾部，仍有六十度角的偏差，響尾蛇飛彈無法在這種狀況鎖定目標。

他還是發射了，米格機駕駛立即反應。他們開始垂直爬升，然後倒翻作出英麥曼迴旋動作。兩架米格17在麥特與湯姆的座艙罩上方一閃而過，消失在美軍眼前。

麥特將機身拉平、打開後燃器。他迅速脫離戰鬥，垂直爬升，試圖飛抵米格機上方，以鐵砧般的速度朝敵機第二次衝過去。

當幾乎呈垂直爬升姿態時，麥特跟湯姆發現上方有超過總共五十架友機與敵機正處在激烈的大亂鬥中。

一架米格機正加速從他們前方掠過、向右轉。麥特翻滾並盯上它、急轉，準備為發射飛彈取足夠的前置量。米格機緩慢地向左邊翻轉。麥特在Topgun學過，代號「壁畫」（Fresco）的米格17有兩大弱點：一是高速時的滾轉率，二是彈射椅體積過大，會在飛行員後方形成死角。他決定善用這個缺陷。米格機在轉彎後拉平，麥特進入敵機後方約一英里位置。利用米格機飛行員無法看到他而開始向左翻轉的機會，麥特用一枚響尾蛇飛彈解決了對方。當F－4穿過米格機的爆炸火球時，麥特還能感覺到一陣高溫呢。

又有一架米格17在右轉彎時掠過麥特的頭頂。他追了上去。突然，敵機又像麥特剛擊落的那架一樣開始朝左翻滾。

麥特再一次待在對方的死角，發射另一枚飛彈。這一次先是短暫脫鎖，然後重新獲取目標，將米格機尾整個炸掉。之後短暫接觸到另一架米格機，對方一度飛抵麥特與湯姆座機下方超近距離。脫離，麥特與湯姆飛回星座號。他們吊掛的飛彈已經用完，取得擊落兩架敵機的戰果。

同一天的空戰還有其他體驗過Topgun課程的學員參與，包括外號「公爵」的藍迪．康寧漢（Randy "Duke" Cunningham）。雖然「公爵」不是從海軍戰機武器學校結訓的，但已經參加過許多課程，在TA－4後座扮演過許多次的假想敵，基本上就和結訓學員沒什麼兩樣。所有在我們拖車裡學到的東西，都被他帶回第九航空聯隊（CVW-9）的九六「戰隼」戰鬥機中隊（Fighting Falcon, VF-96）。他甚至取了跟我同樣的呼號。我取名「公爵」是因為很多人認為我的聲音很像約翰韋恩。甚至有人覺得我長得像他。藍迪來了以後，就說他想要這個呼號，我覺得不是問題，所以就改用「洋基」，或簡稱「洋克」（Yank），對我而言一樣很好。

那天在海陽上空，藍迪與他後座的威廉・「愛爾蘭人」・德里斯科爾（William "Irish" Driscoll），運用我們的垂直戰術打下三架米格機。在他們試圖離開戰場時，被一枚地對空飛彈擊落。所幸兩人都在離岸外不遠的水中被救起。「公爵」與威廉已在該年稍早擊落過兩架敵機，這讓他們成為越戰時期海軍的第一批王牌飛行員。

全部算起來，「後衛行動」第一天的空戰為我們自一九六八年以來的進展交出成績單。海軍的幽靈機隊在毫無損失的情況下打掉了八架米格機。空軍損失了兩架，只換得擊落三架敵機。洛奇的陣亡更帶給美國駐泰空軍極度沉重的打擊，他不僅是戰區內最優秀的飛官之一，也是該F－4聯隊裡的武器大師，有擊落三架敵機的紀錄。

Topgun 的訓練帶來了顯著的改變，從當天參與空戰的多數人員身上就得以驗證。海軍飛行員依舊面對著部份四年前「滾雷行動」就出現的缺失，尤其以飛彈失效和缺乏機砲這兩點最為顯著。但憑藉著正確的戰術與訓練，F－4成為了真正的米格殺手。

八天後，Topgun 校友亨利・「黑巴特」・巴索洛梅（Henry "Black Bart" Bartholomay），和後座奧蘭・布朗（Oran Brown），在中途島號航空聯隊的任務中打下了一架米格19。這架敵機並不是我們在夢幻之境的訓練裡對抗過的假想敵，但是許多同樣的原則仍適用於它甚至其他的米格機。

下一個月，輪到來自第四測評中隊的「圖特」迪格大顯身手。儘管他不是 Topgun 教官或學員，但與我們緊密合作建起了這所學校。他還曾在五十一區飛過米格機，對敵機非常了解。

六月十一日，迪格率領他的第五一戰鬥機中隊（VF-51），由珊瑚海號航艦起飛，為聯隊轟炸南定提供掩護。防衛該區的米格機，通常會利用稜線掩護，避免在攔截時被美軍雷達發現。珊瑚海號上的情報人員發現了這點，雷達管制員提醒迪格，應在敵機重施故技時採取行動。

不出所料，美軍發現了沿著山脊遠處飛行的四架米格機。迪格與僚機突襲了他們、擊落其中兩架。兩機組像一個個體般行動，一機發動攻擊，另一機提供掩護。然後交換角色，再對付第二架敵機。

到了六月中，海軍在「後衛行動」的交換比幾達十二比一，較「滾雷行動」時成長了百分之六百。高層為之欣喜若狂，北越空軍的士氣明顯受到了打擊。那年春天，一架米格17碰上一架海軍F-4，居然在交火之前就先行彈射跳傘。北越顯然無法因應我們引入的新戰術與團隊合作。到了一九七二年夏天，米格機集中火力攻擊空軍，卻迴避自洋基站起飛的海軍戰機。那些急於擊落米格機的 Topgun 校友不喜歡這情況，但敵方戰術上的變化，證實了他們覺得自己可以對抗的是那個軍種。不幸的是，空軍繼續以他們在「滾雷行動」的戰法來因應一九七二年的空戰。延續流動隊型的做法，讓他們損失飛行員。空軍在「後衛行動」損失的五十一架飛機裡，有二十二架是被米格機的機砲與飛彈擊落。與此同時，海軍只被米格機擊落了四架。陸戰隊雖然有一架F-4被擊落，但也打下一架米格機作為回報。從 Topgun 計劃開始到戰爭結束，海軍的交換比是二十四比一，而縱貫整個越戰，交換比則為十二比一。

空軍基層飛行員提出了他們對編隊和戰術上的意見，並希望有所改變。但是指揮體系卻不知變通，造成了六月的慘重損失。米格機在一場空戰中擊落三架空軍的F－4，自身卻毫髮無傷，這是美國在越戰當中單日最慘烈的一場空對空作戰。六月底之前，米格機又再打下兩架空軍戰機，空軍卻無法還以顏色。到七月上旬，空軍聲稱F－4在一九七二年共擊落十七架米格機，但本身在纏鬥中也損失了十架飛機。這可是部分非常勇敢的飛行員所獲得的戰果。但是交換比卻是慘淡的一．七比一。這都要歸咎於不適當的訓練與呆板的戰術所致。

當空軍在戰場拼命之際，我在華府聽到許多有關 Topgun 以及關於它成功的訊息。我們那輛用偷來的家具運作的小拖車，在一九六九年開辦第一期後，居然真的成為了在整個戰鬥機部隊裡推動革命的核心。在「後衛行動」於十月結束之前，被洋基站弟兄擊落的敵機中，有百分之六十是出自 Topgun 校友之手，或者說是出自曾接受過海軍戰鬥機武器學校第一期學員訓練的飛行員之手。這樣的戰果瓦解了所有官僚體系對 Topgun 的反對，但也無可避免地引發海軍內其他派系，包括海軍攻擊機飛行員在內私底下的憎恨與忌妒（電影《捍衛戰士》十年後的加持，使得狀況變本加厲）。好幾年下來，海軍飛行員的大家庭並不如我原先想的那樣團結，個別人士關心個人前程似乎比打造出一個可以獲勝的團隊的滿足感更為重要。

那年六月，我打電話給米拉瑪基地的 Topgun 教官傑瑞．康恩（Jerry Kane），告訴他華府有人在密切注意他們。高層終於認知到 Topgun 的價值，更棒的是有人在談論要讓 Topgun 成為獨立自主的單位。

一九七二年七月七日，這事總算成真，我與大多數的創校元老錯過了米拉瑪舉行的典禮，但是我們的精神與他們同在。彼此之間的關係早在一九六八年與一九六九年時，就已經在米拉瑪形成，而在這兩年內為國家做到的，其實是我們能力範圍內最重要的事。只要看到空軍在一九七二年的表現，我就相信 Topgun 拯救了不少性命。當我想起那些遺眷，那些先生在海外作戰陣亡留下來的「部署行動寡婦」，以及北島那些失去父親的孩子，我就覺得自己曾為確保弟兄平安歸來盡過一份力。

北越上空的成功，卻因為那些損失而被抵銷掉。其中小鷹號A-7攻擊機中隊長唐·霍爾的陣亡就是其中之一。這位曾在第三（全天候）戰鬥機中隊和我共事的熟人，由於夜間降落時發動機失靈而在西太平洋墜機身亡。他的遺孀蘇西（Suzy）獨力撫養兩名兒子，始終沒有再婚。這位美麗的小姐，在兩個兒子大學畢業後不久也離世。如果我們延續運用錯誤的戰術，還會有多少人像她一樣受苦？

「後衛行動」的成功，讓南越的局勢穩定下來。對北方的攻擊，阻斷了敵軍百分之六十到百分之七十的物資南下，而這是他們持續攻擊友軍所不可或缺的。河內同意於十月在巴黎開始和談，尼克森在談判進行時暫停了空中作戰。這不禁讓人好奇，如果「滾雷行動」從一開始就採取同樣做法，能挽救多少人命。如果在一九六四年就採取一九七二年的做法，整場戰爭應該會有截然不同的走向。

「後衛行動」展開時，我被迫待在美國本土，心中只想著參與戰鬥，親自擊落米格機。在多年空戰訓練後，看著朋友們出擊成功或拼命一試，讓我在某些晚上就寢時會懷念洋基站的時光。那時，負責監聽北越無線電對話的訊號情報官，認為辨識出了一名擊落超過十架美軍戰機的米格機飛行員，這被稱為

「墓碑上校」（Colonel Tomb）的傢伙，採用如同一戰時期紅男爵的戰術，在高空等待，然後逐一對那些想要飛往海上躲避的落單美軍戰機下手。戰爭結束幾年後才發現所謂「墓碑上校」並不存在，即使是北越的米格機王牌飛行員阮文谷，也才擊落九架飛機而已。

在當時戰況激烈的時候，我是很想在空中遇上這位「墓碑上校」，並讓他測試一下自己的彈射椅。這成了我個人的一個目標，因為我想要為那些被他殺死，或者關進戰俘營受虐待的朋友們報仇。但我更想要證明自己能贏過敵軍最優秀的人。

一九七二年十二月，和平談判破裂，河內代表離開巴黎，並拒絕設定復談的時間。被激怒的尼克森下令恢復空襲，並將戰略航空司令部龐大的B-52全面投入對付北越。當這場被稱為「後衛二號行動」或者「聖誕節轟炸」的行動展開時，我只差幾天就能被派往洋基站，並加入海軍最優秀戰鬥機中隊的新職務。或許我個人能有機會，替Topgun增加戰果也說不定。

第十三章
最後的失蹤者

一九七三年一月
洋基站，越南

難得與家人團聚的週五夜晚，我正在烤牛排，想著晚飯後還要和孩子們去游泳。突然間，電話聲響起。覺得有些不對勁的我接了起來，結果預感是對的。一四三「嘔吐犬」戰鬥機中隊（Pukin' Dogs, VF-143）副中隊長在南越上空失蹤了。哈雷・霍爾（Harley Hall）是我的朋友。

整個中隊感到震驚。他們需要一名新的副中隊長。我接到的緊急命令，要求必須在二十個小時內收好行裝，開始趕往企業號航艦的漫長路途。

哈雷出的這趟致命任務，我內心不禁希望是整個越戰的最後一個犧牲者了。巴黎和談出現進展，戰爭就快結束。哈雷確保自己親自上場率領海軍航空隊在北越所作的最後一擊。但他再也無法回家了。

我是在一九六六年認識哈雷，當時我們正在米拉瑪的換裝大隊。哈雷是他那個世代最具天賦的飛行員之一，曾指揮過海軍的藍天使特技表演隊（Blue Angels）。他不久前才在聖塔芭芭拉的一間小教堂，與女友瑪莉．羅．瑪莉諾（Mary Lou Marino）完成終身大事。婚禮有交叉的劍門，新郎新娘穿著白色制服與婚紗，戴著白色手套，還有煙火。他們郎才女貌，雙方對彼此都摯愛不渝。事發時他們已經有個五歲的女兒，第二個孩子也即將臨盆。我跟瑪莉．魯沒有很熟，但說到哈雷，我願意追隨他到任何地方去。多數和他一起飛過的人，都認為他早晚會成為海軍軍令部長。

至於哈雷下面的年輕軍官，簡單講就是很崇拜他。哈雷是魅力型領袖，總會承擔最困難的任務。哈雷引導他們，也照顧他們的福祉。他原本是要在中隊回到米拉瑪後升任中隊長，而我將成為他的副手。現在的改變只是將原先排定的計劃加快而已。

最後，我終於知道他的整個失蹤過程。那是在一月二十七日下午，從企業號航艦發起的攻擊行動。厄尼．克里斯汀生（Ernie Christensen）是最後一位與哈雷交談的人。厄尼在飛行甲板上見到哈雷，很快地打個招呼就爬上自己的飛機。這天「嘔吐狗」中隊的攻擊目標，是距離廣治十五英里外的一個河港。

在前進管制機的引導下，哈雷進場攻擊了一些駁船，然後再對成群的卡車轟了兩輪。完成第二次攻擊要拉高時，他駕駛的F-4J被連續性的彈片擊中而抖動。哈雷冷靜地通知僚機：「求救，求救。我中彈了，正朝向岸外。」他向海上飛去，希望自己和後座「艾爾」（Al）能在被迫跳傘前抵達海上。他們彈射的位置越遠離內陸，生還的機會就越高。

哈雷的幽靈機速度減緩，他拚了命想控制住飛機。僚機飛行員泰瑞．希斯（Terry Heath）從目標區幾英里外看到他在四千英尺高度掙扎。

僚機告訴哈雷：「我看到你，你著火了。」火焰從戰機左翼冒出，開始往機身蔓延。然而哈雷仍待在座艙裡，企圖多爭取一些時間，直到大火燒到了他的液壓系統。哈雷失去對飛機的控制，他和後座菲利浦・A「艾爾」・肯恩勒（Philip A. "Al" Kientzler）已經沒有時間了。他們彈射出來，僚機看著降落傘在擺盪，兩人落在一座位於兩條河流交匯的小島上，彼此相距大約半英里。

當地到處都是敵軍。當兩名海軍飛行員還掛在降落傘上搖晃時，地面上的敵人已經朝他們開火了。艾爾的腿在下降時受傷，哈雷落到地面後開始尋找掩護。

僚機飛越該處，希望能建立通訊。敵軍朝天發射了一枚SA－7肩射防空飛彈，差點要打中他。不久之後，第二枚飛彈又從叢林裡竄出，希斯是靠著劇烈的閃躲動作才保住了F－4。但是這位勇敢的飛行員，仍拒絕拋下他的副中隊長。

趕往現場協調搜救任務的，是美國空軍的前進管制官。駕駛著OV－10野馬式的他們就沒有那麼幸運了。一枚從樹林射出的SA－7擊中了OV－10，在下墜的同時兩人成功彈射，降落傘也有張開，即使地面敵軍朝他們射擊，兩人還是安全落地。隔了很長一段時間後，OV－10飛行員在無線電上說：「看來我要被俘虜了。」北越軍朝他射擊，他再次在無線電上說：「天啊，我中彈了，老天啊！」然後又恢復靜默。敵人最後把他們綁到幾棵大樹上，接著將其斬首。他們的遺體是在幾天後才被南越特種部隊尋獲。

哈雷・霍爾淪為戰俘。但跟「艾爾」肯恩勒不同的是，霍爾沒有被釋放。即使到了戰爭的最後期，一四三中隊的弟兄們仍再一次面臨椎心之痛。

自一九六四年以來的第一個和平之夜，就不是個值得慶祝的時機。在我告訴孩子們父親必須再次離開的同時，還要設法讓自己接受又損失一名朋友的殘酷現實。我在收始裝備時，又發現了那隻依舊以我的飛行袋為家的小老鼠。經過十五年數不盡的輪調，它都一直跟著我，我告訴它：「嗨，小傢伙，我們要回到企業號上了，這趟我需要你的全力加持。」我也找到了舊的雷朋太陽眼鏡，小心翼翼的把它放進眼鏡盒。在收拾其餘裝備時，突然想起這副墨鏡已陪伴了我整個軍旅生涯。不禁覺得：「誰還會留著戴了十五年的太陽眼鏡，或許該買一副新的了。」這樣的分心是好的，這會讓我忘掉其他更大的憂慮。我試過要做個好先生和好爸爸，但經常性的分離終究會有苦果的。

隔天早上，我再度跟家人道別。妻子與我都清楚，再遇上空戰的機會微乎其微。和平條約已經簽署，戰俘也即將返國。如果一切都按照計劃走，這次只會分開幾週，而非幾個月，但其實我們都已經相當習慣了。

大女兒達娜正就讀高一，多年來的分離已讓她學會忍耐與堅強。自從經歷我上次被臨時派去執行任務的震驚後，她把這種場面處裡得非常好。小兒子克里斯（Christ）就不同了，他這時才要滿五歲，在抬頭看我時無法克制的淚水已流至雙頰。趁著等待好友傑克．畢律（Jack Bewley）開著他那台老賓利送我到機場的空檔，我給了他一個長長的擁抱。

我在林白機場（Lindbergh Field）[1]，搭上了飛往舊金山機場的班機，再轉到西雅圖。從那裡我又搭上了一架幾乎沒有其他乘客，飛往馬尼拉的泛美航空七四七客機。大部分時間，我都蜷曲在三張座椅上睡覺。

二十四小時後，一架海軍的C－2運輸機從庫比角起飛，載著我飛到航艦上。中隊長高登．康乃爾（Gordon Cornell）在飛行甲板上與我會面，他是戰士中的戰士，駕駛過從F9F、F－8到F－4在內的所有戰機。一九六六年，曾在北越上空負過一次傷，獲有兩枚卓越飛行十字勳章（Distinguished Flying Cross）與十七枚飛行獎章（Air Medal）。

「很高興看到你，洋基。但很抱歉是在這樣的情況下。」

我和他握了握手，問起隊員們的狀況。

「他們是猛犬，丹。這些人總是ＯＫ的。他們是強悍的一群，關係緊密，就像哈雷期望的那樣。」

仍然沒有放開我的手，高登似乎在考慮什麼，又說：「他們內心鬱沉痛的，某些人已經等不及要回家去幫忙瑪莉．羅與她的孩子一把。」

他的眼裡流露出悲傷，交火的戰爭雖已結束，但我們每個人都有亟待復原的創傷。

---

1 編註：二〇〇三年後，改稱聖地牙哥國際機場。

第十四章
虛幻的和平

一九七三年
洋基站

當我走進待命室時，「嘔吐犬」們已經安靜地聚在一起。他們討論著如何能在北越軍將哈雷往北移去河內途中攔截到他。這些人內心的痛苦是很強烈的。如果能精確掌握到他的位置，說不定順道將一個打擊任務與戰鬥搜救結合一起，把他和「艾爾」救出來。但在理論上戰爭已經結束，無論是華府還是我們的將領，都不可能授權進行這樣的任務。

但是戰爭真的結束了嗎？我感覺可不是如此。如所預料的，脆弱的停火很快就破局，雙方都有責任。當時這起事件，已經嚴重到足以危害和平協議。不意外，北越還是經由寮國，對南越進行大規模的滲透，導致戰況越演越烈。共產黨叛軍也很有可能推翻當地的親美政府。當我們正如美國駐寮國大使所說的「倉皇逃走」之際，敵方則覺得時機已經成熟。

北越利用的是一條經過寮國通往南越的道路，這條被轟炸了好幾年的補給路線，被稱為胡志明小徑。

在「橫滾行動」（Operation Barrel Roll）的名義下，整個空襲行動從一九六四年延續到一九七三年，甚至在《巴黎和平協約》簽署後繼續進行。包括B－52在內的美軍戰機，為了支援潰敗中的寮國陸軍，飛了多達數百架次。

回到國內，《巴黎和平協約》被稱許是一次勝利。不僅戰俘可以回國，部隊也要撤出了，南越還會生存下來，還擁有決定其命運的權力。

結果只有美軍撤出，寮國的戰爭未了，而企業號的飛行聯隊重返戰場，轟炸共黨叛軍及其補給路線。不僅沒有慶祝戰爭的結束，我們又置身於另一場民眾根本不知情，卻已經持續了九年的秘密戰爭當中。

在越寮邊界以西，我們攻擊了一支在胡志明小徑上的卡車車隊。一架在低空緩慢飛行的空軍前進空中管制機，以冒煙的火箭標定目標，我們再進場以炸彈痛擊敵人。在第二輪攻擊時，前進空中管制官的飛機被地面火砲重創。當他迫降在一條狹窄的泥巴路上時，我們又要進行另一次救援任務。

由於離海岸線很遠，要把他救出來會有些困難，但我們還是停留在上空，並再次期望F－4有裝上機砲。如果有一挺二〇公厘「火神」蓋特林機砲，當天就能幹掉很多敵軍。最後另一架來自他單位的飛機終於抵達，並設法在一塊空地上降落。當他們接走了自己的弟兄時，幸運地避免了哈雷與艾爾在彈射後的慘劇重演。

幾個星期之後，中隊的心態從震驚與哀傷轉為堅定的決心。這些人每天執行任務，幾乎都要飛越那條經過廣治的空中走道。我為此感到自豪不已，高登與哈雷不僅選拔出正確的人才，而且給了他們精良的訓練。泰瑞・希斯上尉可說是其中的佼佼者。他透徹了解F－4，能在空戰中對上幾乎任何強敵。由於當天在越南上空擔任哈雷的僚機，他為這次事情受到的影響甚大，也因此一再地冒著生命危險，只為了找到哈雷與「艾爾」。他的沉穩與個性，是整個團隊能凝聚在一起的原因。

如果越戰能像他那樣就好了。在南越全境，美軍正準備撤離。最後一批戰俘的獲釋安排在三月。到了二十九日，美軍最後的戰鬥部隊在西貢登上運輸機，展開漫長的返鄉之旅。

在越過太平洋返回珍珠港前，我們在蘇比克灣暫停。在庫比角軍官俱樂部的那晚，是我看過最狂野的豪飲，大家真的完全地解放。就像幾十具綳得太緊的彈簧，突然將壓力釋放。回想起來，這或許是整個中隊第一次真正從創傷中走出來。

一九七三年六月七日，企業號抵達珍珠港。一九六八年前來向亞利桑那號致意時，滿腦子對作戰都充滿了想像，如今我們卻要為部分的弟兄默哀。我肅立並再次向亞利桑那號敬禮時，想到詹姆士·史托戴爾（Jim Stockdale）[1]、哈雷·霍爾、朗·波佛爾（Ron Polfer）、J B邵德（J. B. Souder）、爾文·昌西（Arvin Chauncey）、羅比·雷斯納（Robby Reisner）、克爾·布拉克（Coal Black）與戴特·登格勒（Dieter Dengler）等淪為戰俘的同袍。他們受到虐待、毆打與心理上的折磨。這些人不光被迫簽下悔過書，還得不到應有的食物與醫療。而更大的羞辱還在後面，當女星珍芳達（Jane Fonda）在河內現身時，他們在電視攝影機前成了宣傳工具，好讓她諂媚我們的敵人。部分的戰俘再也沒有回來。

1 編註：一九六五年九月九日被擊落，後關押在河內長達七年，釋放後獲得國會榮譽勳章。一九七七年十月接任海軍戰爭學院院長至一九七九年退役為止。一九九二年搭配羅斯·佩羅無黨籍身份競選副總統失敗。

三月，大多數戰俘終於返美，卻不見哈雷，關於他的命運始終是個謎。一名北越衛兵告訴艾爾，這位飛行員在降落時死亡，但希斯上尉卻親眼看到哈雷落地後，跑向附近的樹叢裡。我們接收到的情報是，他從一個部隊轉移到另一個部隊一直送到河內為止。

對我們而言，最大的恐懼並非死亡，而是像韓戰某些在敵區上空被擊落的飛行員，在雙方結束敵對狀態後卻沒有回來，從此人間蒸發。這些年來的謠言傳說，他們當中有些人被送往蘇聯西伯利亞的勞改營，除了家屬以外再也沒人想起。當聽聞哈雷並未獲釋時，那個讓大夥害怕的噩夢，在他身上成真了。

我們在春天抵達珍珠港，大家都有了改變。每個人都要花時間去釐清其背後的意義為何。這應該是從夏威夷開始的。中隊大多數人沒有把握機會上岸去休假。這是我唯一一次到珍珠港時，看到多數的隊員都留在船上。我們抓住機會補眠，考慮自己的未來。隨著戰爭的結束，還要留在海軍嗎？航空公司正在撒錢招攬好的飛行員。營門外有一個平和、薪水高，而且更適合陪伴家庭的人生在等待著。中隊長高登將被調差，那代表我要升正接管整個中隊。

就在抵達珍珠港前，接獲了優先文電，要求一四三中隊以及在企業號上的一四二中隊，要在五十一天內再度完成海外部署的準備。這消息讓我很難對部屬開口，而且可能會讓海軍流失一些人才。老實說，我不會責怪任何想要離開的人。我們已經有心理準備會有一次大規模的出走潮。在面臨其他威脅——除了蘇聯與中國，還有東南亞與中東更多的動亂——之際，勢必要保住人才。接下來的幾週對領導者而言，將會是個重大的挑戰。

幾天後駛離珍珠港，朝加州前進。回到船上後，隊員們開始跟我分享上次艦隊離開美國本土時的故事。當大E準備要從灣區的阿拉米達（Alameda）離開時，反戰人士企圖闖入基地，或是利用聚集的小船隊，阻撓航艦出航。最後海軍與海岸防衛隊擋下了這些人，企業號也如期出發。當航艦通過金門大橋時，大家的心裡都感到很不滿。這個國家被糟糕的人帶領，內部嚴重分歧。相當數量的民眾純粹就是痛恨軍人。我認為有這種心態的人只是基於無知。如果他們夠瞭解我們，或許想法就會改變。也許和平能帶來新的觀點與理解？對那些稱我們嬰兒殺手、在機場朝返鄉退伍軍人吐口水的人來說，這樣的要求會太過份？這種有害的仇恨觀點之所以在年輕的美國人當中傳播，和國內的大學脫離不了關係。

回程路上，高登與我把中隊很快將要再出海部署的消息告訴了大家。這次海軍要我們到東岸，與「美利堅號」航艦（USS America, CV-66）一起前往地中海。在該處巡弋通常代表會在中東附近執行任務。那可是冷戰時期另一個大衝突點。我們保證會盡全力，讓它看起來就像是一次「度假巡遊」。

距離加州海岸四百英里，企業號航空聯隊離艦。攻擊機中隊飛往華盛頓州惠德比島，以及位於加州中部的利摩爾海軍航空站（NAS Lemoore）。在阿拉米達進港時，部分中隊成員開飛機趕往米拉瑪，其他人則轉搭海軍 DC-9運輸機。

我們這群飛返米拉瑪的人很喜歡這種場面。降落、將幽靈機滑行至停機坪，在家人面前一字排開。那種大家揮舞著美國國旗，將孩子們高舉到肩膀上歡呼的景象，總會打動所有人。飛行員爬出座艙和孩子們會面，其中不少還戴上爸爸大大的飛行頭盔，被抬進座艙內，好聽聽老爸們解釋儀表與按鍵開關的作用。達娜與克里斯找到我的時候，他們的母親緊跟在後，一家人總算又再度團聚了。當天晚上，大家一起吃了牛排與烤洋芋。最後我還一定要帶著他們去游泳，好彌補六個月前出發那晚的約定。我們游了很久，而且開心地潑了很多水。

每一個戰鬥機飛行員都會想擁有自己的中隊。當我得知將成為「嘔吐犬」的中隊長時，開始徹底研究中隊的一切。一九五三年，也就是韓戰末期，一四三中隊原本的隊徽是一頭長了翅膀的獅鷲獸，是神話中的掠食者，牠雖然有著獅子般的身體，但頭部與翅膀卻像老鷹。在一次中隊聚會時，一位隊員想用混凝紙漿捏出一頭咆哮的獅鷲獸，結果卻搞成一隻長了翅膀的狗，看似痛苦地彎著腰，而且還吐出一些自己吃下去的東西。其中一名隊員的妻子看到後，就大聲說：「老天哪，看來就像是一條嘔吐的狗啊。」從此之後，一四三中隊就得到了這個令人驕傲的外號。面對所有即將到來的挑戰，我都樂於把握機會。

新舊任中隊長的交接典禮，是必須穿著白色軍禮服的正式場合，而且還有以貴賓身分蒞臨的上將們，以及精心排練的演說。就在我停好車下來時，卻聽到什麼東西撕裂的聲音，原來是褲子後方的接縫綳開了，還露出了白色的海軍內褲。現在可沒時間趕去基地的裁縫店，即將卸任的高登，已經準備和我一同進場，所有賓客與官兵都在等待。希望沒人會在我走上台時注意我的後背。

站上講台時，我特別注意別背對台下。就在我開始演講，聽到後方有陣騷動。雖然觀眾仍不明究裡，但那一小群貴賓們可清楚看到了我褲子上的破洞，我聽到不少人壓低了聲音在嘲笑。我忍辱說完講稿後，聯隊長接過麥克風便說：「各位小姐先生們，今天可真是有點清涼。」我只能一笑置之，快速拜訪過基地的裁縫師後，再趕往軍官俱樂部的酒會。

由於距離登艦部署剩下不到兩個月，中隊立刻開始工作。我在艦隊學到及後應用於Topgun的領導經驗，成為我日後應對所有事情時的基本原點。第一，照顧部屬重於一切，部下必需感受到有被重視。在一同經歷洋基站上的辛苦、一起為哈雷哀悼、一起面對國內街頭與基地門外出現的混亂後，我們團結在一起。即使面對外在的壓力，整個團隊變成直到今天關係依然最緊密的一群人。

再來，好好照顧你的飛機。我在米拉瑪首先做的幾件事之一，就是中隊保留上一次隨企業號部署所使用過的飛機。通常一支返國的中隊，會讓原先的戰機送去保養，然後使用庫存的新飛機。但是機工長、維修人員與飛機長（plane captain）[2]都痛恨這點。因為在企業號上，他們對現有的飛機都瞭如指掌。每架幽靈機都有些許不同，性能與其他同型機也會有些許差異。部分飛機有毛病，其他卻異常地可靠。當維修人員瞭解每架飛機的脾氣後，就知道該如何保養它們，部隊也就享有性能上的優勢。海外部署結束之後，我們的F-4機身塗裝都經過最棒的處理，不用擔心銹蝕。正當準備要前往地中海時，我動用了一些關係，確保能把這批飛機給留下來。

2 編註：飛機長並非維修人員，是負責特定飛機各個部件狀況的基層水兵。他們的工作有五大項，包括接收與放飛、清洗、加油、指揮起飛前的所有動作、檢查飛機。在航艦上他們身穿棕色上衣與背心。

八月底，我們去了趟拉斯維加斯，參加一場為參與越戰的各軍種飛行員所舉辦的聚會，非正式的方式歡迎一百六十六名從北越歸來的戰俘。三千多名飛行員與女眷齊聚希爾頓大飯店，許多數年沒見的老朋友聚首，當晚自然形成了許多的小型團圓會。所有人都沉浸在喜悅之中，戰爭終於結束了，多年來的辛苦終於過去。剛獲釋的戰俘們準備重拾生活與工作，卻面臨巨大的挑戰，他們沒聽說過「愛之夏」，更不知道「瓦茲城暴動」、「肯特州立大學槍擊事件」，以及金恩博士和甘迺迪總統暗殺等事件。他們對美國的記憶遠在搖滾樂與胡士托音樂節之前，要適應新環境且再度了解自己的家人，等於是要考驗這些戰俘能否從頭開始。

當晚我正與一些老友還有他們的妻子聊天，突然有人用雙臂環抱我的肩膀，並說：「好久不見，洋克！」我離開座位一看，原來是在一二一中隊時外號「油頭」（Pompadour）的朗．波佛爾。他駕駛的A-5民團式偵察機被擊落，在七百節的速度下跳傘導致他除了鼓膜受損、幾處骨折與全身瘀傷之外，還遭北越軍俘虜。他活著回來，成為蔡司國際公司（Zeiss International）的總裁與總經理。駕駛攻擊機的爾文．昌西，是我休假時的夥伴，也熱情地跟我打招呼。自他被擊落後就沒再見過。一整晚，鮑伯．霍伯和其他對軍方友善的藝人們不停表演，讓我們渡過一個難忘的夜晚。當晚壓軸的歌曲是《生而自由》（Born Free），大多數人在唱它時都流下熱淚。

拉斯維加斯活動結束後不久，「嘔吐犬」們再次向米拉瑪和我們的家人道別。克里斯這次又緊抱著我不放，每次他這麼做都讓我更不想離開。無論一個人有多強悍，多少實戰經驗，或多麼熱愛飛行，看到自己兒子在他離開時心碎的樣子，都會讓他痛苦萬分。

至少這次不是被派去洋基站了。

爬進幽靈機座艙，向東飛往諾福克（Norfolk），並與我們的新家，美利堅號航艦會合。

那年十月六日，美國海軍第六艦隊責任區的地中海，成為了一座火藥庫。就在那天，我們的盟友以色列面臨了建國以來最大的危機。阿拉伯聯軍的進攻迫在眉睫，以色列先發制人，應對這場成形中的風暴。

贖罪日戰爭爆發時，「嘔吐犬」們與我還在諾福克，而我唯一能做的事情就是祈禱艾登・班・艾利亞胡與丹尼・哈魯茲等以色列好友，能出馬擊落米格機並摧毀地面目標。我相信他們來自米拉瑪的美國好友在一九六九年飛往越南時，他們也有同樣的想法。大家都知道自己對抗的敵國，都是共同敵人蘇聯培養出來的代理人而已。

往地中海部署時，我們也抱持這樣的想法。一九七四年一月，美利堅號戰鬥群跨越大西洋加入第六艦隊，沿途停靠了從巴薩隆納到雅典的好幾個港口。此行的步調是緩慢輕鬆的，雖然要飛行，但不至於頻繁到耗盡體力。造訪的港口，就跟「度假巡遊」沒有兩樣。大夥參觀了經典的義大利古蹟，造訪了西西里島、希臘的科孚島與羅德島。在越南的壓力之後，這趟有療癒效果的航程，正是「嘔吐狗」們所需要的。

我們會定期在地中海東部巡航以展示美國的存在，然後回到雅典靠岸一陣子。中隊裡的弟兄們集資，在觀光小鎮吉利法達（Glyfada）海邊租了一棟房子，那裡成為我們在靠岸時的作戰基地，每天晚上都有飛行員到那裡找地方睡覺，搞到半夜起來上廁所時還會踩到彼此。就心理上來說，這次地中海部署，比任何事情都有助於適應承平生活。

我以沈克．倫森還有尤金．瓦倫西亞為標竿來帶領我的中隊。我做的其中一件事，就是弄來了一台電影院級的爆米花機。地勤人員在他們的艙間騰出空間，每一包爆米花會收十美分，這筆錢將成為中隊的文康與福利基金。部署期間，發生兩次弟兄們的親屬在國內去世。除了緊急安排喪假外，更以爆米花基金來支付他們的機票。這筆錢也用來為每名軍官，購買一件藍色或白色的高領毛衣、一件藍色運動上衣、一條灰色無摺長褲與軟皮休閒鞋，以便大家在登岸不穿制服時穿著（現在到了歐洲，不能像以前在庫比角軍官俱樂部時一樣放肆）。不僅看來帥氣，即使在人擠人的俱樂部裡，也能遠遠地認出彼此，更是提升人員士氣的好方法。

每一位我認識的偉大領導者，都格外善待他們的士官長。這件事的重要性在於，士官長們主導了中隊運作的例行性事務。士兵與士官，是直屬於士官長而非軍官，這點可是所有優秀的軍官都不會忘記的。我特別去了解所屬的士官長們，不時與他們喝咖啡，傾聽基層的觀點，他們的意見對於中隊的士氣與效率至關重要。有時候，士官長也會邀請我到他們的餐廳吃飯[3]，我很珍惜這些機會，並想辦法到地中海部署的時候回報他們。

有次我詢問太平洋航空司令羅伯特．伯德溫中將（Bob Baldwin），海軍會不會考慮為大家包下一架七四七客機，趁在希臘時，把全員的女眷都載送過來，一同享受部署期間的休假。我指出這樣有助於提高留營率。將軍也瞭解到在一九七三年如要訓練新人來接替本中隊的高手所花的高昂代價以後，就願意支持我們。任務期間，一架滿載隊員眷屬與未婚妻的聯合航空波音七四七客機，便在雅典降落。我們一起在吉利法達度過了十天，維繫了家庭間的向心力。在我海軍生涯的所有經驗當中，這一小段在希臘的時光可說是最棒的。感謝伯德溫將軍的幫忙，這趟任務後不會有人退伍去加入民航公司了。

有次艦隊停靠雅典時，我看著鮑伯・金恩准尉（Bob King）跳入水中，一路游到吉利法達，給海灘小屋裡的所有人一個驚喜。鮑伯越戰時是海豹隊員，對此他向來絕口不提。但有次鮑伯還是告訴我，在北越軍搜尋他的時候，趁夜爬入河裡，然後一路漂到下游的事。途中還有一條蛇纏住他，好替自己取暖，他只好在漂浮中拔出K-Bar戰鬥刀，把蛇的腦袋砍了下來。他不僅是個了不起的人，更贏得中隊全體（包括我在內）的敬重。你可以想像如果自己麾下有這種能力與經驗的人，每天會是什麼樣的情景。

本中隊的士官長都十分傑出，我座機的機工長東尼・貝克（Tony Baker），就憑藉其工作倫理與注意細節而成為每日的楷模。就因為他，我的飛機總是做好了隨時出發的完善準備。在這麼努力的結果，竟然沒有一位士官長曾經搭乘F-4飛上去過。在地中海的七個月部署期接近尾聲、大伙要準備返回諾福克時，我發現幾位住在東岸的軍官，沒必要搭機上岸。中隊的飛機將會有五到六個空位。為什麼不讓士官長跟我們一起飛回去呢？在我提議之後，士官長們都想抓住體驗被彈射器送上天及快速返回家的機會。

就在通過直布羅陀海峽，準備跨越大西洋的漫長航程時，本中隊達成七個月部署期間，沒有發生過任何意外的成就。去年還低落的士氣，如今卻如此高昂。隊員們非常自豪，準備執行海軍交付的一切任務。

3 編註：美軍制度，士兵、士官長與軍官是有個別分屬的餐廳。除非獲得相關餐廳所屬的負責人邀請，否則不得進入該餐廳用餐。

在距離諾福克還有數百英里時，我們的幽靈機準備橫跨美國飛回米拉瑪。這趟飛行在我F-4後座的，是J79發動機的技術人員吉姆．「法蘭奇」．愛爾蘭（Jim "Frenchie" Ireland）士官長，他可稱得上是個神童。吉姆比我遇到過的任何軍人都更了解發動機的內部結構。飛行中透過對講系統閒聊時，我可以從他的每句話裡聽得出興奮與快樂之感。我們在田納西州上空完成加油，再飛到新墨西哥州的羅斯威爾過夜。

第二天十六架幽靈機回到米拉瑪上空準備進場，整個戰鬥機城都沸騰了起來。人們都在揮舞國旗、高舉歡迎標語。降落，滑行到停機坪，關閉發動機、打開駕駛艙，家人都朝飛機一擁而上，對於那些從來沒有飛行過的士官長來說，這是個非常棒的時刻。出乎家人意料的是，士官長們竟穿著全套飛行服從座艙裡出來。腳才剛踏上地面，「法蘭奇」的太太就迎了上來，環抱住他並給了他一個長長的吻。她也抱了我，還充滿謝意地親了我一下。讓我臉上也出現了和吉姆一樣的笑容。

緊跟在她身後的，是兒子克里斯，他給了我一個小小的「熊抱」。女兒達娜則直接過來，抱了我好一會兒。我這有些矜持的女兒，已經讀到高二了，但我錯過了許多的時光，我是應該留在她身邊的。最後馬蒂終於到我身邊，這幾年來我們的關係時好時壞。在我出海之際，婚姻受到了巒大的衝擊。我是著眼在長期的關係，想維持下去，停機坪上的擁抱讓我誤以為兩人之間還是有機會好轉。

我的「嘔吐犬」們，在家人的簇擁下打道回府，掙脫了越戰的陰影，看來他們又恢復了活力，準備迎向新的挑戰。次日，美利堅號抵達諾福克，隊上其他人搭乘海軍C-9運輸機回家。每個人都以自己的方式慶祝這一刻，大家看起來都很愉快。這是我眾多歸國經驗當中最棒的一次。

第十五章
第三聖殿就要淪陷了

一九七三年十月六日
以色列，提爾內夫空軍基地

要等完成地中海部署任務之後，我才瞭解到贖罪日戰爭為什麼差點替中東地區帶來末日，以及Topgun如何在其中扮演了自己的一小部分角色，避免世界陷入慘絕人寰的悲劇之中。

就像我前面說過的，以色列在一九七三年十月六日遭到近百萬人的阿拉伯聯軍攻擊。當天早上丹尼·哈魯茲還在睡覺，並不知道阿拉伯聯軍在上千輛戰車與裝甲車掩護下，正準備向以色列國防軍發動攻擊。直到一架A-4天鷹式攻擊機從樹梢高度飛過他家上空，他才警覺到大事不妙了。

丹隸屬於富有傳奇色彩、外號為「天選者」（The One）的二〇一中隊，艾登·班·艾利亞胡則為副中隊長。「天選者」是以色列空軍最精銳的部隊，因此配有這個猶太人國家最先進的F-4幽靈式戰鬥機。二〇一中隊之所以能在激烈的戰鬥中存活下來，其關鍵就是米拉瑪換裝大隊。

一九六七年六月的六日戰爭，以色列以先發制人回應阿拉伯聯軍的攻勢。此時在以色列總理果爾達·

梅爾（Golda Meir）思考該如何處理以色列情治單位認定明顯即將來臨的地緣政治問題時，以色列空軍高層已命令所有中隊掛上彈藥，做好發動攻擊的準備。可是當美國國務卿季辛吉提出警告，說如果以色列率先攻擊阿拉伯聯軍，便不會得到美國的任何支持時，梅爾便決定要承受阿拉伯聯軍的猛攻。十月六日中午，空軍收回成命，改下令各中隊準備防空作戰。地勤人員正卸下戰鬥轟炸機上的炸彈與空對地飛彈時，阿拉伯聯軍正好發動攻擊。一波又一波的敘利亞與埃及戰鬥機、轟炸機闖入以色列領空，攻擊機場、防空砲連、司令部與其他指揮設施。換裝大隊時的以色列朋友突然發現自己處於極度不利的狀態中。

找到機會、得以起飛的飛行員，都表現出近乎超人的韌性。兩架二〇一中隊的幽靈式升空攔截，面對一波由二十八架埃及米格機組成的攻擊。兩機雖處於一架戰機要對抗十四架敵機的狀態，卻配合得天衣無縫，在這場絕望而大規模的纏鬥中，互相清除友機身後的威脅。空戰結束時，七架米格機變成了沙漠中冒著煙的彈坑，兩架以色列空軍F-4都平安返回基地。

以色列空軍相當自豪，自一九四八年獨立戰爭以來，這就是一支在阿拉伯國家的反覆攻擊下，從一場場勝利中誕生的戰鷹。但是升空迎戰的以色列戰鬥機，一旦遭遇到阿拉伯國家的蘇聯製SA-6機動地對空飛彈，仍難免有被擊落的時候。

當他們飛往戈蘭高地、支援三千名前進部署的以色列將士，對抗實力是他們十倍以上的敘利亞軍時，以色列空軍對SA-6毫無準備。遭到飛彈擊中的幽靈式與天鷹式戰機，一架接一架在空中爆炸。以色列空軍在一天內損失了四十架戰機，是整個空軍將近百分之十的戰力。第二天早上，幽靈式及天鷹式戰機再度起飛，獵殺敘利亞部署到前方保護地面部隊的SA-6防空飛彈。但他們無法偵測到新型的雷達發射波段，以色列機組人員只能以肉眼發現來襲的飛彈。當然到了這個時候，往往已經太遲了。丹尼所屬的「天選者」中隊在戈蘭高地被打得滿地找牙，短短五分鐘的交戰，他們以四架F-4的慘痛代價，只換到擊毀一座敘利亞地對空飛彈陣地的戰果。

與此同時，埃及軍隊跨越蘇伊士運河，以戰車與裝甲車支援的二十萬大軍進攻西奈半島。在南線戰場，入侵軍的地對空飛彈也重創了以色列空軍。

班・艾利亞胡上校率領他的中隊，向蘇伊士運河上的埃及軍隊渡河橋樑發動攻擊。為了躲避防空飛彈，他們貼著沙丘飛行，直到接近目標才拉高高度投放武器。他們以驚人的命中率，成功攻擊了當地的橋樑。

在十幾架埃及米格17戰機對南線戰場上的以色列軍據點發動空襲後，班・艾利亞胡帶領他的人馬追了上去。經過一場激烈的空中纏鬥，班・艾利亞胡將一架米格17送入沙漠、取得了他的第二架確認擊毀。他的僚機將另外兩架打得起火燃燒，第四架則在另一場與班・艾利亞胡的纏鬥中墜毀。

雖然空戰大捷，但以色列陸軍仍無法阻止阿拉伯聯軍的地面攻勢，空軍的損失也超過了其所能承受的範圍。局勢的發展令人沮喪。以色列的前線單位在地面戰中一敗塗地，一個駐守戈蘭高地的部隊戰車數量剩下不到六輛，敘利亞還能動員上百輛戰車來對付他們。

以色列國防部長摩西・戴陽（Moshe Dayan）求見果爾達・梅爾，悲觀的向她報告：「總理，第三聖殿[1]就要淪陷了。」

換句話說，以色列面臨潰敗及亡國危機。

梅爾總理下令將十三枚與廣島原子彈相同大小的核彈頭，裝到了地對地飛彈與提爾內夫空軍基地（Tel Nof Air Force Base）所屬的F－4戰鬥機的機翼之下。核彈的部署完全在光天化日下進行，美國的情報衛星看得一清二楚。後來幾年，人們一直爭論這時的尼克森與季辛吉到底是有多震驚。但有些說法認為，中東出現的核戰危機，是促成後續事件發生的重要動力。

尼克森下令全面向以色列提供後勤支援。美國駐德陸軍的最新型反戰車飛彈裝上了美國空軍的運輸機，在雙方仍在空戰的當下急忙運入以色列。看來我們這個在東南亞中犯下眾多錯誤的國家，終於在這次做對了。

在美國本土，空軍與海軍大量的幽靈式與天鷹式戰機被送往前線，替補以色列空軍遭到SA－6擊落的戰機。絕大多數的北約盟國完全沒有伸出援手，因為石油輸出國組織揚言要發動禁運。只有荷蘭與葡萄牙允許我們的飛機在他們的國土降落加油。

十月十四日，班．艾利亞胡上校帶領他的手下深入敵境，攻擊埃及在曼索拉（Mansura）的米格21基地。一場米格與幽靈的激烈空戰也在基地遭遇炸彈攻擊的同時引爆。一架被班．艾利亞胡鎖定的米格21，飛行員企圖以劇烈的機動動作爭取時間，好讓僚機來替自己解圍。班．艾利亞胡的雷達攔截員在座位上觀察，發現第二架米格21已經在他們後方做好開火準備。不過班．艾利亞胡仍舊對第一架米格機窮追不捨，並以二〇機砲射擊——最新型F－4有內建機砲——隨即米格機在他面前爆炸、呈螺旋狀墜地。幾秒後，後座雷達攔截員大叫：「閃避、閃避！」班．艾利亞胡做了一個急轉彎，後方追擊的米格21顯然經驗不足。敵機企圖跟進，結果操作超出了機體的極限，失控墜落在被擊落的第一架米格機不遠處。

再一次，戰果又是由整個中隊共享，如果是在其他國家的空軍，班．艾利亞胡早就成為王牌飛行員了。

接下了中隊長職務以後，他與哈魯茲不眠不休地投入空戰。十七天下來，哈魯茲執行了四十三次作戰任務。他的步調快到甚至讓一位少將前來要求班．艾利亞胡上校的中隊停下來休息一下。

然而班．艾利亞胡卻給了這樣的回應：「無論是怎樣的情況，我們都不會停下來。」他是一個強悍到骨子裡的戰士，若不能救自己的國家，至少也要在試著這麼做的過程中為國捐軀。在這兩種結果之一達成之前，他是不會休息的。這場戰爭事關生死存亡，只有勝利才算數。

整個中隊日日夜夜投入戰鬥，深入埃及境內實施轟炸。在一次進攻通訊中心的行動，他們再次遭到米格機起飛攔截。班上校飛到了一架驚慌失措的米格21之後緊咬不放。埃及飛行員理解到班所要表達的訊息後，自動放棄飛機彈射出去，於是中隊又多了一個擊毀戰果。

日以繼夜的戰鬥，仍是為「天選者」帶來損耗。他們幾乎天天都有弟兄在空戰中陣亡，存活的飛機與人員都在減少當中。但是他們的轟炸行動和在空戰中擊落的米格機，仍然重創了阿拉伯聯軍的攻勢。最後，以色列陸軍奪回戈蘭高地，並向敘利亞境內發起反攻。他們擊潰敘了利亞政府軍，迫使伊拉克與約旦派兵防守大馬士革。

局勢逆轉的同時，美國的第一批F-4與A-4送達了，以便填補先前戰火帶來的損失。Topgun在秘

1 編註：第三聖殿是猶太人希望能在耶路撒冷聖殿山上所建造的聖殿。這座聖殿經過千年始終沒有建成。這裡所說的第三聖殿，喻指其理應建成的所在地——耶路撒冷。

而不宣的情況下，在此關鍵時刻扮演了角色。

當時海軍戰鬥機武器學校的指揮官，是「拳師」麥克農。在羅傑．伯斯確立了Topgun的獨立性，還有一九七二年夏天將指揮權交給大衛．佛雷斯之後，「拳師」結束了洋基站的任務，回來主持大局。在某個週五的課堂上，他聽說以色列人需要他的A－4E貓鼬式假想敵攻擊機，於是維修人員花了整個週末的時間，重新給這些攻擊機換上以色列空軍軍徽與迷彩。美國還承諾會將一些F－4戰鬥機提供給以色列，並為此徵求志願者，將這批飛機由米拉瑪飛往戰場第一線。所有參加的海軍飛行員，都是志願投入本次任務的。

近一百架的空軍F－4朝東飛往以色列，還有更多的海軍幽靈戰機隨後跟進。在「拳師」奉命轉移手中A－4E後的第三天，六名以色列飛行員抵達米拉瑪，他們都是能嚴守秘密的人，並向我們表達了的謝意。

以色列飛行員駕駛Topgun的A－4飛過美國，再飛越大西洋，一路上只使用空中加油，一直飛到葡萄牙或西班牙後才降落。對於將戰機直接飛到提爾內夫空軍基地的美國飛官而言，他們目睹的不只是一支空軍在作戰，而是一整個民族在抗戰。以色列飛行員的眷屬就住在跑道旁邊的帳篷裡，妻子直接在防空飛彈旁諒起衣服來。他們的國家與性命正受到威脅，愛國者受到的威脅最高也不過如此。此刻氛圍與越戰完全不同，許多美國飛行員甚至志願留下來與以色列飛行員並肩作戰。

戰爭開打三星期後，一艘載運核子武器的蘇聯貨輪經由黑海駛入地中海東岸的亞歷山卓港。由蘇聯人員操作的飛毛腿飛彈開始在埃及運作，而且每個連至少裝備一顆戰術核子彈頭。美國情報機構在對埃及實施偵察飛行後，發現蘇聯用來載運這些恐怖武器的卡車。高級官員——很顯然——在沒有諮詢或通知尼克森總統的情況下，宣佈國家進入三級戰備狀態（DEFCON 3）[2]。

俄國人看到了美國的反應，並認為這是慌張與反應過度的結果。莫斯科經過內部討論之後，認定不值得為埃及與敘利亞打一場全球性的核子戰爭。載運核子武器的船隻雖然已經在亞歷山卓下錨，但核彈頭始終沒有下船。克里姆林宮的外交官，也開始向阿拉伯盟友提出終止戰爭的要求。

和平終於在一九七三年十月二十三日降臨，此刻以色列已經完全掃蕩戈蘭高地，奪下大片的敘利亞領土，並將埃及軍隊驅逐到西奈半島之外，甚至在蘇伊士運河西岸設置了橋頭堡。就這點而言，對阿拉伯聯軍是毀滅性的失敗，但實際上以色列也瀕臨潰敗。以色列空軍憔悴又疲憊，只剩下七十組的幽靈戰機機組人員。以色列承認自己損失超過一百架飛機，這是開戰前整個以色列空軍作戰飛機的將近四分之一實力。除了少數例外，絕大多數以色列戰機都是被蘇聯的地對空飛彈擊落的。

這三個星期打得確實非常激烈，對阿拉伯國家空軍而言更是如此，他們的戰鬥機飛行員發現自己完全不敵訓練有素的以色列對手。博伊德或許有他的一套說法，但是 Topgun 的訓練著重在實務。優秀的飛行員永遠能取勝，無論他們遭遇的敵人是誰，遇到什麼樣的情境或敵機。以色列空軍與差距大得可笑的敵人打了場兇殘的空戰，最後卻把敵人給嚇破了膽。埃及與以色列都拒絕公佈他們的損失數據，雙方真

2 編註：是 Upgrade Of Defense Readiness Condition 的縮寫，戰備狀況提升的意思。共有五個等級，三級戰備狀態要求部隊處於就緒狀態，空軍並且準備在十五分鐘內出動。

實的戰損比例將永遠不為人知。以色列朋友聲稱摧毀了四四〇架阿拉伯敵機，大多是在空戰中擊落。不過近年來公佈的資料顯示，以色列空軍的空對空戰果為八十三架。美國施加的影響力雖然巨大，但最後的結果還是操控在駕駛艙的飛行員手上。他們成了歷史上最傑出的戰鬥機飛行員之一。

然而，贖罪日戰爭給 Topgun 帶來了危機。只剩下一架A-4可充當假想敵，學校陷入無法運作的窘境。十月份的學員雖然如期結業，但「拳師」還是被迫暫停招收下一期學員，要急忙想辦法解決這個問題。

自草創以來，Topgun 就遭遇到各式各樣的嫉妒與官僚體系的敵視。早期我們致力於爭取資源與尊重，以不計手段的方式慢慢將這兩樣東西都爭取到手。這一切都要感謝數年前大衛．「酷寒」．佛雷斯以自己的軍旅生涯為代價，讓 Topgun 成為能夠獨立自主、擁有自己飛機的獨立單位。如今，越戰結束了。有些上層或平行單位的力爭上游者開始質疑學校是否還有存在的必要，尤其是有無必要保持獨立自主的指揮部地位。對由基層軍官主導的 Topgun 而言，這樣的指控殺傷力尤其強大。少校與上尉面對這樣的威脅時，背後通常是沒有足夠的政治靠山來幫他們處理危機的。

幸好，「拳師」麥克農是一位相當特別的指揮官，他敢於直接面對威脅。如果 Topgun 手中沒有可用的假想敵機型，那學校就不可能獨立運作下去。比爾．德里斯科爾，即「公爵」康寧漢的後座——越戰唯一成為王牌英雄的雷達攔截員，當時正在 Topgun 擔任教官。他與學校其他的教職人員，都感覺到關鍵時刻已經到來。越戰結束後，海軍要不是不願意購買新飛機，就是沒有多餘的飛機分給他們。飛攻擊機出身的參謀，對Topgun充滿敵意，對他們關上了許多大門。如果「拳師」不即時解決飛機不足的問題，Topgun可能就要在海軍官僚的扼殺下走到了盡頭。

作為天生的戰士，他靠著在海軍官校時打拳擊賽贏得了「拳師」的外號。他還在海軍官校美式足球隊最光榮的一九六〇年擔任後衛，跟著這支全國排行第四的隊伍一起擊敗第一名的華盛頓哈士奇隊。拜他曾在空軍受過訓所賜，他還認識海軍圈子外的許多人。他利用這些關係與那些成為了國會議員，或者在空軍中擔任要職的人士維持關係。

在四處打電話尋求幫助時，「拳師」從第四測評估中隊一個老朋友口中得知，空軍在海軍的中國湖靶場裡有兩架報廢的T-38鷹爪式教練機，即將被改造成靶機，然後在空中炸毀。

「拳師」與他當時的副中隊長傑瑞·史瓦斯基兩人前往中國湖了解這兩架飛機。飛機狀況非常糟糕，發動機進氣口被沙塵堵塞、彈射椅無法運作，少了零件還爆胎。但此時對他們而言，卻是沒魚蝦也好。

Topgun靠著諾斯洛普的幫助，讓這些飛機恢復到了可飛行狀態。「拳師」與傑瑞把他們飛回米拉瑪，但維修人員發現他們的支援裝備都與新飛機不相容。他們需要發動機托架、起重機與備用料件等基本物資，才能維持兩架新飛機的運作。機械士只能湊合的用雙手將發動機拆下，置於機棚的床墊上。但這只是個治標不治本的方法，他們還是需要正規的後勤體系來支援這批飛機。

結果這變成了一場與時間賽跑的遊戲。學校沒有辦法承受繼續取消課程的風險，那會吸引太多不友善的海軍高層注意到他們。「拳師」主動尋找過去他在試飛員學校認識的好朋友，後來一手催生美國空軍大型跨國聯合操演紅旗演習（Exercise Red Flag）的李察德・「穆迪」・蘇特少校（Richard “Moody” Suter）幫忙。「拳師」私底下以一批別具風格的海軍飛行夾克，跟蘇特換到了Topgun所需的零件與裝備。一架空軍的C-130將配件送到了米拉瑪，引起了海軍太平洋航空司令的注意，開始詢問以下這些問題：

「有空軍的分遣隊要派來這裡嗎？」

「報告不是，這些裝備都是給Topgun的。」

「什麼？」

「拳師」貫徹了Topgun一直以來奉行的基本態度：先動手做，做了再請求原諒。T-38很快就能起飛升空了，並一直服務到新的飛機加入彌補空缺為止。

不久後的一九七四年一月的某個晚上，「拳師」失去了他的副指揮官，傑瑞在一通電話裡表示自己幹不下去了。原來他跟我一樣是透過海軍航空學員計劃，由海軍士兵轉軍官的飛行員。他正在打算完成大學學業，而且才剛結婚。天空中有太多的風險，Topgun需要的是真正以此為終身志向的副指揮官。既然他希望能被解除職務，「拳師」也就放他走了。

第二天早上，傑克・恩斯（Jack Ensch）走進Topgun辦公室，看到傑瑞正在收拾桌子。傑克才剛剛結束他長達九個月的復健，從他在北越上空遭到擊落被俘後的傷痛中走出來。

「怎麼回事？」傑克開口問他的朋友。

傑瑞回答：「我退出了，現在你是副指揮官了。」

這個消息讓傑克震驚不已，他原本到 Topgun 是充當「拳師」的特別專案計劃官，這是一個為了他特別新增的特殊職務，讓他在被指派新的任務以前有個地方可以待。

傑克與「拳師」之間的關係，證明了海軍飛行員之間能建立起多麼深厚的連結。「拳師」在家裡是獨生子，在他人生中最重要的時刻，他告訴傑克：「你知道嗎？你是我一直在找、卻始終找不到的那種大哥。」

兩人曾在一九七二年五月一起執行戰鬥任務，擊落了兩架米格17。在一次作戰任務中，與「拳師」坐在同一架F-4上的傑克以雷達攔截員身分向他呼叫：「上吧，拳師，我就在你身後。」

「拳師」則笑著回他：「別鬧了。現在正在辦正事。」

十三天後，「拳師」離開了洋基站接掌 Topgun，傑克則留在航空母艦上。他與一個名叫麥克・道爾（Mike Doyle）的飛行員一起被地對空飛彈擊中後彈射。道爾當場死亡，傑克在彈射過程中受重傷，落地後被俘送到北越戰俘營。

「拳師」知道這個消息時，才剛被告知跟傑克將因五月那次任務的兩筆戰果獲得海軍十字勳章，那是美軍為了表揚英勇官兵所設的第二高等勳章。「拳師」表示，他一定要等傑克回來後，兩個人一起接受表揚。在傑克獲釋的八個月後，兩人並肩在一場儀式中獲頒海軍十字勳章，到場見證的只有他們的親人與少數貴賓。

現在到「Topgun 服務的傑克，又要在「拳師」身後支持他、一起執行任務了。他們兩人將引領學校與其所代表的能耐邁入嶄新的世代，確保「Topgun 能在艱困的時代，讓海軍戰鬥機部隊保持世界一流的水準。

——

一九七四年春天，我還在美利堅號與「嘔吐犬」一起作地中海部署任務。記得我是在西班牙帕爾馬一家濱海旅館內休息時，看到一群以色列航空機組人員走入大廳。其中一位空服員跑來問我，

「請問您是丹彼特森少校嗎？」

「我是。」

「您在以色列的朋友請我轉交一份東西給您。」

她交給了我一個小盒子，上面沒有任何紙條或卡片，只有一個盒子。她什麼話也沒講就走開了。打開一看，裡面只有一顆美麗的十四K純金打造的大衛之星與一條金項鍊，沒有交待到底是誰送的。

•••••他們是怎麼找到我的？

我馬上想到那次在聖地牙哥家裡的烤肉聚會，與班．艾利亞胡、丹．哈魯茲還有其他以色列飛行員第一次見面的印象——不苟言笑、堅守秘密、學習能力強以及專業到骨子裡的飛行態度。然後我又想起

有一次交談中我詢問班，為什麼以色列人總是那麼嚴肅。

他給我的答案是：「丹尼爾，想像一下你在一場空戰中對敵人開火的同時，突然發現你飛到了自己老家上空，而且下面就是你妻兒的時候，你就會明白我們的感受了。」

他們經歷了我們所能想像最糟糕的惡夢，而且還存活了下來。

我決定未來有機會一定要去一趟以色列重新回顧這段友誼，或許還能查出是誰送了我這美麗的禮物呢。

我把項鍊戴在脖子上，在結束海軍生涯以前都沒有拿下來過，成為了我的標準配備。小老鼠、五〇年代的雷朋眼鏡還有胸前的大衛之星，提醒著我私人情誼有些時候能挽救一個國家的命運。

第十六章

光榮回歸

一九七五年四月二十九日
南越外海四十英里處

對海軍航空人員而言，越南遺留下來的問題似乎永遠揮之不去。

「禿鷹」蓋瑞上尉站在五一戰鬥機中隊（VF-51）的飛行員與雷達攔截員面前。雖然時間不長，在六〇年代後期接受換裝大隊訓練以前，他已經坐在F-4戰鬥機的後座擔任雷達攔截員投入北越上空的戰鬥了。剛回到美國本土不到兩個小時，就在我的鼓動下成為Topgun的教官之一。隨後他進入飛行學校並成為F-4飛行員，首度以戰鬥機飛行員身份隨珊瑚海號派赴海外作戰以前，先到Topgun學習。

一九七五年時還只是一個上尉飛行員的他，奉令傳遞一個讓大家深感痛心的消息。告知官兵美國即將拋棄盟邦的重責大任，落在了「禿鷹」的身上。

這一切災難是在一個月前發生的。北越正規軍對我們在中央高地的盟邦發動攻勢。過去十八個月，國會一直在刪減美國對南越的軍事援助。缺乏零件、彈藥與潤滑劑的越南共和國軍隊戰力全失，為此美國要負相當大的責任。

北越這次動員了八萬名士兵攻打中央高地，我們的盟友被打得潰不成軍。美國在七〇年代初撤軍時，曾經試圖訓練南越軍隊，但始終無法克服腐敗、瀆職以及軍官貪生怕死的問題。

阮文紹總統向福特總統爭取三億美元的緊急軍事援助，卻遭到國會拒絕，所有人都能看出南越軍隊的全面潰敗只是時間問題。

於是阮文紹下令軍隊戰略撤退，集中固守大城市與重要的戰略據點。在沉重的壓力下，數量龐大的難民擠到街上，道路嚴重堵塞，撤退難以進行。軍官們全都慌了，一名將軍甚至告訴他的士兵：「人不為己，天誅地滅。」於是整個防線都潰散了。

北越軍隊深感驚喜，決定利用這個機會在西貢附近會師，奪下過去我們在峴港的航空基地，並俘獲了十多架南越空軍的飛機。

混亂籠罩南越。除非四月一號「愚人節」那天，美軍能夠直接介入，否則我們的盟友顯然已經撐不住場面了。光是金錢援助已經無法穩住南越軍隊，只有直接派出大批空中與地面部隊才能扭轉逆境。我們派遣了重型運輸機前往新山一空軍基地，試圖將越多的人員帶走越好。

撤離越南的過程中發生許多悲劇。四月四日，一架全球最大的C-5「銀河式」運輸機在載運二五〇名孤兒撤退時發生機件故障回航新山一機場，迫降造成一五三名孩童與大人死亡。在這一邊撤退，另一邊共產黨正向基地步步逼近。在北越軍隊推進的同時，民航機也加入了撤離的行列。一旦新山一基地失守，只能用直昇機繼續撤離我方人員，不過很快這座基地就因為北越軍隊的到來而關閉。

停在南越外海的美國特遣艦隊以企業號、珊瑚海號、中途島號與漢考克號四艘航空母艦為首，成了撤離任務的最後希望。

四月二十九日，德瑞爾向所屬中隊作簡報，準備替最後一批離開西貢市內屋頂與臨時直昇機起落場的撤離任務，提供「米格機空中戰鬥巡邏」（MiGCAP）支援。在撤退任務的最後據點美國大使館，館方甚至為了打造第二個停機坪而將館區內的大樹砍下，此時的處境實在已達極端混亂的地步。

德瑞爾盡量以沒有情感的方式檢視最新的情報。但在心裡，他感到排山倒海的失望與悲傷。這場耗盡他本人無限青春的戰爭，終於要以美國拋棄盟友的方式落幕了。終於要從這場佔據了他成年以來歲月的戰爭撤退了。五一戰鬥機中隊的氣氛糟糕到了極點。平常大家常開的玩笑都消失了。如果共產黨征服越南，結果將會十分恐怖。數以萬計的無辜平民不是被殺害，就是被投入勞改營。既然我們有四艘航空母艦在外海，為什麼要袖手旁觀？

德瑞爾跟大家說明作戰準則。這次華府高層的意思又戰勝了一切，只有在戰機或者直昇機遭到攻擊的情況下才能還擊。假若米格機試圖攔截救援直昇機，五一戰鬥機中隊只能在確定敵人構成威脅的情況下才能出手。參與撤離行動的八十架直昇機，最終都將飛往中途島號航空母艦，其餘航艦負責支援。航艦與海岸線中間的大片海域，還有其他美國海軍水面艦艇組成的屏障，準備盡力伸出援手。等德瑞爾發言一結束，海軍飛行員便從椅子上站起來，走向他們的飛機。

直昇機抵達西貢上空，北越大軍也到達了首都郊外，共產黨沒有阻礙撤離行動。由於擔心在戰爭進入尾聲之際引起美軍的全面干涉，北越軍隊克制了自己的行動。米格機不見蹤影，甚至他們在峴港俘獲的南越攻擊機也沒有出現。對直昇機最大的威脅來自紀律潰散的南越軍隊，它們在大使館屋頂與網球場降落時不斷遭到輕兵器的射擊。

在空中的德瑞爾與五一戰鬥機中隊的其他飛行員，看到在鬧區的大使館上空冒起濃煙。是最後一批待撤離的使館人員在燒毀機密文件，還有價值數百萬美元的鈔票。被燒焦的百元美鈔從焚化爐裡飛出來飄向群眾。直昇機在大使館屋頂降落，將大批人員載上機後飛回航艦。

或許是受到戒嚴令的影響，西貢的部份住宅區已看不到人影，能看到的車輛只剩下不得不提供服務的救護車。大量人群手持行李，帶著小孩湧上街頭，希望在共產黨進入獨立宮[1]大門以前衝出城外。周邊的港灣與港口，可以看到滿滿的小艇、舢舨、小帆船、木筏與平底船，載運大量難民開始了他們的遠征。從高空看下去就如同搭著樹葉逃亡，尋求自由的小螞蟻。這是二戰結束以來最讓人難以置信的人道危機，數百萬人後來會為此喪命。

德瑞爾與他的編隊盡可能在空中作長時間停留，直到其他F-4編隊前來接替為止。飛回珊瑚海號途中，這位 Topgun 最年輕的創校元老見到了他永生難忘的畫面。在他F-4正下方，向艦隊划去的小船佈滿了整個地平線，這幅景像傳達的訊息只有一個——「自由」，真是一個讓人痛心疾首的場面。

早上過了大半，第一架南越陸軍的直昇機向艦隊飛來。飛行員深知自己的國家即將垮台，希望能挽救自己與家人。小艇在海面上奮力前進，直昇機搖搖晃晃地來回飛行，將機上難民送到中途島號，再飛回去載運更多的人來。

德瑞爾降落到距離中途島號十英里的珊瑚海號。手裡握著飛行頭盔的他準備做任務歸詢，但他被目睹到的場景震驚到流下男兒淚。一切都結束了，只因為我們不被允許在戰場上取得勝利。他那天在空中看到了這一切的結果，為此還難過了好幾十年。

第二天早上，〇五〇〇時，美國駐已不存在的越南共和國大使爬上CH-46海騎士直昇機，離開了西貢大使館。三個小時後，最後一批駐越南的美國海軍陸戰隊員也踏上撤退的旅程。那天早上稍晚，南越終於無條件投降了。

戰爭結束數年後的一個國殤日晚上，吉米．拉艾與德瑞爾．蓋瑞兩人在布利酒吧喝啤酒。已經適應平民生活的兩人，開始統計他們在這個圈子裡的老朋友有多少人離開了。他們找來了一張餐巾紙，開始在上面寫下名字。前三人是Topgun草創時期，與他們一起在「拉法葉中隊」一起租房子的九個人。隨後名字陸續增加，逼得他們必須要找更多的餐巾紙。等到他們想不起來的時候，一疊的餐巾紙已經填寫了四十三人的名字。這些朋友一半是在作戰中殉職，另一半是在訓練時逝去。提到戰爭帶來的傷亡，每個人首先想到的是朋友的名字與臉龐，但更大規模的傷亡就只能憑想像了。

到最後一架直昇機從大使館起飛、前往中途島號降落，總計撤出了一千三百七十三名美國人與五千五百九十五名越南人。另外還有六萬五千人搭船離開，後來被我們在外海的四十艘艦艇救起。以新山一機場為基地的定翼機，載出了五萬零四百九十三人，包括近兩千七百名孤兒，他們都是時代的幸運兒。在南越政府垮台之後，超過十五萬平民憑空消失，大多數被直接處死或者送入勞改營。首都西

1 編註：南越總統府。

貢改名胡志明市，形同於一個哀悼無數死難者的紀念碑。約有一百萬到四百萬越南人在一九五五年到一九七五年之間死亡。柬埔寨又有三十萬，寮國則是介於兩萬到六萬人不等。接下來幾年，殺戮數字還會隨著共產黨叛軍推翻寮國與柬埔寨政府而不斷升高。從一九七五年到一九七九年，美軍撤退後起家的紅色高棉又殺死與餓死了二百五十萬人民，超過柬埔寨人口的百分之三十。美國人想起越戰時，首先想到的是國內的騷亂與華府那座黑色長條大理石（越戰紀念碑）上五萬八千人的名字。這些當然很重要，不過美國人很少想到自己放棄越南的其他後果是什麼。

當美國艦隊在一九七五年四月於越南海岸執行撤離任務的同時，我正前往菲律賓報到。由於過去有幸擔任中隊長，我得以勝任更重要的職務。我在蘇比克灣登上了珊瑚海號，出任第一五航空聯隊（Air Wing Fifteen）的聯隊長。

我沒有時間責怪大夥們的悲傷心情。大家即將忘記眼前的這一切，準備南下前往澳洲伯斯紀念珊瑚海海戰。一九四二年，海軍在此贏得一場偉大的勝利，打消日軍佔領澳洲的野心。

航空聯隊的官兵們都需要到一個對美國友善的港口放鬆一下心情，而澳洲是此區域內與我們關係最接近、最忠誠的盟友。澳洲人待我們的水手十分熱情、友善，更勝我們的同胞。這也是讓我好好認識即將接替的聯隊長英曼·「霍奇」·卡麥克爾（Inman "Hoagy" Carmichael）與其他官兵的好機會。

我們只在庫比角待了極為短暫的時間就啟航。途中經過一個世代以前，休士頓號巡洋艦（USS Houston, CA-30）被壯烈擊沉的巽他海峽。弟兄們都很期待伯斯的刺激之旅。每天我都能看到「禿鷹」在甲板上跑步，慢慢恢復了失去的歡笑。

但情況很快就變了。用德瑞爾的話說：「有天早上我起床做晨間跑步的時候，發現太陽的位置錯邊了。」原來又有緊急事態爆發。當總統詢問哪裡有航空母艦的時候，最接近事故現場的就是珊瑚海號，於是我們奉命立即往北。

一艘美國貨櫃船遭到紅色高棉扣押，人員被集中在岸上某處看管，情節完全是一九六八年普韋布洛號事件的翻版。

到底要等到什麼時候才能從此地脫身？

這艘名為馬亞圭斯號（SS Mayaguez）的貨船，才載著大批來自西貢美國大使館的物資駛離，其中包括八十個貨櫃的武器與資產。馬亞圭斯號船長本來是要前往泰國，卻在途中不慎駛入柬埔寨水域。在一九七五年五月十二日啟程前往伯斯的同時，一艘紅色高棉的小船駛近馬亞圭斯號，並在距離威島（Poulo Wai）不遠處，以火箭推進榴彈（RPG）攻擊其船艏。船長查里斯・米勒（Charles Miller）下令停船，並對外發送SOS求救訊號。最後紅色高棉的士兵登船，要求他們駛往威島。

第二天一大早，兩架美國海軍巡邏機發現了馬亞圭斯號，在他們想要低空查看時遭到地面火力射擊。隨後紅色高棉又將船駛往通島（Koh Tang island）以北的停泊處，不過還是被我們的飛機找到。

福特總統向世人宣佈，說他視這次事件為海盜行為。一九六八年的普韋布洛號事件對美國人而言仍記憶猶新，對詹森政府也帶來了長達數個月的屈辱。在美國的顏面經歷過南越淪陷又一次羞辱後，總統沒有本錢示弱了。他命令奪回馬亞圭斯號並救回所有船員。珊瑚海號航空聯隊會提供空中支援，並對柬埔寨境內目標實施轟炸。

我雖然已經有職權指揮空中行動，但「霍奇」卡麥克爾並不打算在我們重返戰場的情況下轉移指揮權，我不怪他。如果我倆身份對調，相信我也會做出同樣的事情來，於是我決定跟著特遣艦隊司令鮑伯．庫根少將（Bob Coogan）一起在旁觀看。

西太平洋地區很快就建立了一支救援部隊，並由美國空軍第七航空軍（Seventh Air Force）指揮。空軍直昇機將由泰國某座空軍基地起飛，於十三日晚間載著陸戰隊出擊。其中一架直昇機途中發生事故墜毀，導致機上二十三人死亡。此事故導致救援行動暫停，直到珊瑚海號抵達才重新開始。

隔天早上，空軍的F－111與海軍的A－7攻擊機在一艘漁船上找到了被扣押的美國船員。赤色高棉打算將他們帶到本土去，增加營救行動的困難。隨即美軍飛機對漁船前路實施威嚇炸射，攻擊了周邊幾艘巡邏艇，並擊沉了其中一艘，卻沒有嚇倒紅色高棉。漁船繼續前進，美軍戰機最終跟丟了它們。許多相互矛盾的情報陸續傳來，有些指出船員被帶回通島，有的則顯示他們被帶到了本土去。

十四號下午，福特總統命令第七航空軍以直昇機進攻通島與馬亞圭斯號。登陸通島的小隊將搜索船員，如果他們確實在島上就將他們救出，另外一支隊伍搭乘直昇機登上馬亞圭斯號，並將其開回公海。

搜救小隊出發前，庫根將軍在艦隊司令艙室接到了福特總統與國務卿季辛吉的電話。當時站在他身旁的我，滿懷好奇心的聆聽電話內容。福特總統要求航艦轟炸柬埔寨內陸的目標，包括港口設施與附近的一座海軍基地。

總統說：「將軍，把我們的船與人救回來，現在是你表現的時候了。除了核武之外，任何方法都可以使用。」

我不記得在洋基站的指揮官，是否有向我們下達過類似的命令。即便是尼克森，也從來沒有如此堅決又明確的允許我們發動攻擊。

救援行動於五月十五日黎明展開，負責攻擊的戰鬥機由航空母艦的彈射器發射出去，載著陸戰隊的空軍直昇機也往通島前進。我指揮的一支F－4機隊向內陸作威力掃蕩。在抵達金邊上空時，我們加快速度向下俯衝。二十多具J79發動機，以五百節的速度在五百英尺低空飛行驚動了金邊的大街。把我們派往那裡的目的，是為了防止紅色高棉派出米格機干擾救援行動，但當天一架米格機都沒看到。突如其來的空襲行動，讓他們知道這次美軍是認真的。

德瑞爾・蓋瑞本來要在當天稍晚執行任務，不過我們發起的首波攻擊非常成功，將敵人目標摧毀殆盡。人已經爬上樓梯準備前往珊瑚海號飛行甲板的他，接獲任務解除的命令。大家認真執行任務，並向世人展示我們的戰果。

可惜那是一個沒有聯合特種作戰司令部、也沒有快速反應部隊的年代。不同軍種的部隊只是急急忙忙湊在一起執行任務而已。他們倚靠的錯誤情報，完全錯估了島上的情勢。中央情報局以為通島的防衛非常薄弱，但其實紅色高棉在島上駐有近百名士兵，以遏阻他們的北越共黨弟兄的侵略。北越認定這座位於中南半島海岸邊的小小島嶼是屬於他們的國土。

陸戰隊弟兄一落地，就遭到機關槍和ＲＰＧ的攻擊。人在船上的德瑞爾，親眼看到數架ＣＨ－53重型運輸直昇機受襲，其中一架被兩枚ＲＰＧ擊中後於外海墜毀。機上倖存者在水中漂浮了數個小時，才被我們的直昇機從水裡拉起來。其中一名獲救的陸戰隊前進空中管制官，不知怎樣找到了一台空軍的求救無線電，不斷呼叫Ａ－7攻擊機為在地面上被打得動彈不得的陸戰隊提供空中支援。他抓著直昇機殘骸勉強飄浮，無線電的電池也漸漸耗盡，但他仍然盡力試著替在著陸區陷入苦戰的陸戰隊弟兄尋求協助。

三架空軍ＨＨ－53「快樂綠巨人式」直昇機在救援過程中遭到擊落。陸戰隊在交火中付出了十五人死亡與五十人受傷的代價。

與此同時，空軍攻擊機以催淚彈攻擊守在馬亞圭斯號的敵軍。一艘美國海軍軍艦載著一個陸戰隊連，急速駛入停泊處。攻擊發起的一個小時後，戴著防毒面具的陸戰隊員攻上貨輪，發現該船已遭棄守。現在奪回了我們的船隻，那船員呢？

紅色高棉已經釋放了他們，將船員送回了海上，最後被一架海軍巡邏機所發現。另外一艘美國軍艦駛向了他們搭乘的船隻。在午餐前不久，把他們通通救了出來。

整起軍事行動的最後一個階段，是空軍設法以直昇機將陷入苦戰的陸戰隊員救出來。直昇機在敵人強大的防空火力阻礙下，只能不斷放棄降落。有一架被擊傷的快樂綠巨人式迫降在珊瑚海號上，不過維修人員只花了幾個小時就將其修復，讓這架直昇機重新投入戰鬥。

地面戰鬥越演越烈，心裡也跟著七上八下。直昇機不斷遭到擊中，陸戰隊的傷亡也跟著增加。到了晚餐時間，空軍派出一架ＡＣ－130砲艇機與五架Ｃ－130運輸機，載運一萬五千磅的ＢＬＵ－82型高爆炸彈[2]

趕來助陣。這些外號「滾球」（Daisy Cutter）的炸彈，是美國軍火庫中體積最大又最具破壞力的傳統武器。

德瑞爾等人在航艦上目睹了第一枚炸彈的引爆。伴隨著巨大爆炸而來的是震撼的衝擊波。震波蓋住了整座小島，還一路掃到珊瑚海號航空母艦上，使這艘龐大的軍艦也隨之震動。

夜晚再有一架快樂綠巨人式利用沒有月光的夜晚飛往前線。這架巨大直昇機上的五名人員成功在發動機出問題以前將三十四名陸戰隊員載出。直昇機打開後艙門時，三十餘名受傷的陸戰隊員連滾帶爬地走上飛行甲板。

艦上醫護兵衝到直昇機旁幫助他們，將傷患檢傷後送到航艦其中一個升降機上集中照顧。聯隊士官長們則給每一位傷患精神喊話，向他們提供包括飲用水在內所需的一切物資。即便是沒有受傷的陸戰隊員，在熱帶環境下經歷了十二小時的戰鬥後仍出現了脫水現象。隨後傷患被下降至機庫，然後由醫護兵與志願協助的官兵抬到醫療區由醫官連夜搶救。他們最後成功救活了每一名受傷的陸戰隊員。

當天晚上，有一位年輕陸戰隊少尉被分配到德瑞爾的住艙入住。他非常震驚、非常疲累，臉上有著「到底發生了什麼事」的表情。四十八小時以前，他還在沖繩享受著和平時光，結果一覺醒來人卻來到了激戰中的戰場，並見證到多名官兵傷亡。

撤離的最後階段，他目睹一架C－130從他面前飛過，丟下了一枚BLU－82。炸彈後方的降落傘打開

2 編註：長三．四公尺，直徑一．七公尺，只能用C－130運輸機投擲的BLU－82，是越戰期間為了可立即清除出直昇機降落區的高爆炸彈，威力等同於小型原子彈。

後，緩緩落到幾乎是他的排的正上方，沒有引爆。原來這枚炸彈之母是啞彈，真是感謝上帝。

在短短不到三個禮拜時間，珊瑚海號與她的航空聯隊先是見證了南越的撤離，然後再參加了這場現在所說的越戰的最後一場戰役。在通島上陣亡的十五名陸戰隊員，是十年後華府興建越戰紀念碑時，最後一批名字被刻上去的英魂。還有三名在當天戰鬥中失蹤的陸戰隊員，最終遭到紅色高棉士兵俘虜並被毆打致死。

儘管傷亡慘重，但還是把船與船員都救了出來，普韋布洛號事件並沒有重演。紅色高棉沒有時間檢查船上貨櫃裡裝有什麼東西，意即無論裡面是否裝有來自大使館的機密，最後都沒有洩漏出去。直到現在，美國政府都還不肯透露裡面裝的到底是什麼。

珊瑚海號上，我們都對福特總統願意讓海軍狠狠幹一場的態度感到欣慰。我的新聯隊表現驚人，摧毀了所有指定的目標，不過美國還是要花上多年的時間才會學習到該用什麼方法處理類似的人質危機。一九八〇年爆發的伊朗人質危機，美國政府放棄營救人質的表現，又給了我們一個該如何執行類似行動的負面教材。無論是成功還是失敗的案例，都將在未來提高軍方回應挑戰的靈活性。福特總統的表現，至少在當下徹底向敵人展現了有足以扭轉詹森時代困境的實力。

將陸戰隊傷患運送到蘇比克灣以後，我們繼續南下完成先前未完的伯斯之旅。澳洲人熱情的招呼，讓我們無論到哪裡都有賓至如歸的感覺。飛行人員與他們在南半球結交的新朋友們一起吃喝玩樂，有說有笑地將戰爭的傷痕拋到九霄雲外。活動結束之後，在派對上喝了太多免費啤酒的我已經醉到不省人事，回到床上就像一個自由人般的呼呼大睡起來。這是世界十年來，第一次迎來的和平。

第十七章
捍衛戰士與雄貓

當我在珊瑚海號上指揮航空聯隊的同時，美國海軍開始了第一次後越戰時代的重大變革。格魯曼公司推出了新穎又強勢的革命性機種，F－14雄貓式戰鬥機。Topgun是此新機種的推手之一。

我們在一九六九年到一九七〇年間在Topgun的努力，持續帶領著人們重新思考海軍航空隊扮演的角色。感謝許多傑出指揮官與基層軍官的努力，Topgun不只撐過了和平轉型期，還締造了一個黃金時代，得以在塑造接下來二十年空戰型態的過程中佔有一席之地。

在空戰的世界裡，沒有哪一款飛機是服役到永遠的。我們所熱愛的幽靈式戰鬥機服務了相當長的一段時間，並帶來了極大的幫助。從我在一九六九年奉命領導Topgun的那一刻起，我就已經預見到了沒有F－4的未來。之前我在Topgun認識的好友山姆．里茲接手的第一戰鬥機中隊（VF-1），於一九七二年十月在企業號航空母艦上成為海軍第一個裝備F－14的單位。同年稍晚，過去被我們偷過寶劍吉祥物，還帶到空中飛了兩馬赫的一二四戰鬥機中隊（即十字軍式換裝中隊）也停止訓練飛行員駕駛老舊的F－8，開始第一批雄貓式飛行員的培訓。

最後一批部署到航空母艦上的幽靈式戰鬥機中隊，於一九八七年全面換裝雄貓式。也就是說，有長達十五年的時間，F-4和F-14兩種機型一起服役，並且都有著優異的表現。

我這一生中最遺憾的事情之一，就是沒有機會加入雄貓飛行員的群體。就算我有機會，也只是坐進駕駛艙裡做做白日夢，就像JC史密斯或者「鷹眼」拉艾過去在我後座同乘那樣。

F-14差點胎死腹中，這一切都要感謝那位自以為是的國防部長麥納瑪拉。一九六八年，他試圖強迫海軍採用虎背熊腰的F-111土豚式戰鬥轟炸機來當下一世代的主力艦載機。

想想看，當這位國防部長看到五角大廈裡區區的三星中將、海軍航空隊司令決定出來找自己麻煩的時候，心裡有多惱怒吧。正是因為這位膽敢講實話的湯姆．康納利將軍（Tom Connolly），到國會做出了「就算上帝親自動手施加推力，也不可能把這款飛機變成戰鬥機」的證詞而贏得勝利。讓海軍得以避免駕駛這款被空軍飛行員調侃為「飛行的愛德索」（Flying Edsel）[1]的戰鬥轟炸機。麥納瑪拉本人曾是福特汽車的總裁。麥納瑪拉為了報復康納利，不讓他升上四星上將，但海軍最後還是給了他一個最好的補償，用他的名字將新戰機命名為「湯姆的貓」（Tom's cat），隨後再將之簡稱為「雄貓」（Tomcat）。這個標準的命名傳統，是彰顯格魯曼以「貓」為海軍艦載戰鬥機命名的傳統，包括野貓式（Wildcat）、地獄貓式（Hellcat）、熊貓式（Bearcat）與虎貓式（Tigercat）等。透過名稱，五角大廈以極具創意的方式為這場爭論畫上了休止符。

如果說F4D天光式戰鬥機是保時捷，幽靈式是美式肌肉車的話，那麼F-14雄貓就是裝了機械增壓器的凱迪拉克。其特點是大又舒適，是戰機界裡的舒適之王。寬敞的座艙裡，所有的儀表、控制桿與開關都佈置得宜，提升了操縱的便利性。細長的氣泡式座艙罩提供了飛行員與雷達攔截員比F-4戰鬥機更好的視野。格魯曼還細心地在後座儀表板上設置手把，讓後座人員在空戰時能夠握住，好方便扭轉身體，觀察雄貓式兩片垂直尾翼之間的正後方有無威脅。

如同幽靈式，雄貓也是一款主要為了艦隊防空設計的雙發動機攔截機。但是與幽靈戰機不一樣的是，格魯曼公司的設計者延續過往的傳統，想辦法在雄貓上安裝火力強大的二〇公厘火神機砲，進而挽救了雄貓的命運。這樣別出心裁的安排，其中也有Topgun的貢獻。當五角大廈派出的海軍計劃官出現在奈利斯空軍基地，試圖將F-14打造成一個飛彈發射平台時，Topgun未來的指揮官「拳師」麥克農與我剛好就在現場，順勢提出了：「機砲在哪？」的疑問。我必須承認，那天我們想盡一切辦法挑計劃官的毛病，才促成雄貓式在駕駛艙下方安裝了火神機砲。火神砲六門旋轉式砲管發出的低沉砲聲，會讓所有感受到或聽到的人留下深刻印象。每分鐘射出的六千發機砲彈，會給敵方飛行員造成沉重的心理震撼。人在五角大廈的康納利中將，是確保火神砲被裝上雄貓的另一大功臣。

機砲已經夠好了，但是真正先進的武器是AIM-54鳳凰空對空飛彈，能夠打擊更為遙遠的目標。

1 譯註：一九五七年由福特公司推出的轎車品牌，因為剎車不靈、按鍵失靈、噴漆脫落、車門無法關緊、蓄電池無電等瑕疵，加上設計問題，此詞日後成為「失敗」的代名詞。

靠著休斯飛機公司 AN/AWG-9 多模式脈衝都卜勒雷達，一架F-14可同時捕捉六個目標[2]，並在一百英里外以鳳凰飛彈摧毀他們。每枚造價近五十萬美元的鳳凰飛彈，消耗預算的速度就和其追擊目標的五馬赫速度一樣快。考量到重量問題，雄貓式戰鬥機每架最多可攜帶六枚鳳凰飛彈。標準配置是在機腹吊掛四枚鳳凰飛彈，搭配機翼吊掛麻雀與響尾蛇飛彈各兩枚。雄貓式戰鬥機的最後一型是F-14D，配備了用GPS精確導引的JDAM炸彈、GBU-24型鋪路雷射導引炸彈、TARPS偵照系統以及LANTIRN紅外線瞄準莢艙的關係，這款多才多能的機器被稱為「超級雄貓」（Super Tomcat）。加上火神砲，海軍航空聯隊的火力大幅提升了不少。

雄貓另外一大特色是採取可變翼設計。F-14機翼可以收縮到與機身幾乎齊平的狀態，角度還可於起飛或減速時從二十度伸展到六十八度，以確保戰機在任何速度下都能保持最佳飛行狀態。機翼收縮起來的時候，她看起來就如同一隻致命的猛禽，卻一點也不失靈活性（機身是為了迎合氣動力學設計）。等普惠發動機由奇異F110取代，航電系統提升後、這架造價三千八百萬的戰鬥機變得更加無敵。

一九八六年電影《捍衛戰士》上映後，雄貓式戰鬥機的威名更是響徹雲霄，甚至在接下來數十年間成為Topgun與整個海軍航空隊的代表性機種，取代幽靈式成為戰鬥機飛行員及航空迷的最愛。雄貓開始進入艦隊服役的時候，許多中隊都還在使用F-4。從我把珊瑚海號航空聯隊指揮任務移交出去的那一刻起，我感覺海軍正在快速迎接未來。在米拉瑪，Topgun持續為了即將到來的威脅做準備。

就在雄貓式戰鬥機大量進入部隊服役的一九七五年，Topgun對空中作戰機動課程重新進行評估。這一切能成功的原因，來自於新科技的誕生。據點設在聖地牙哥的立方公司（Cubic Corporation），與海軍工程師研發了一款可裝在戰鬥機彎尾蛇飛彈掛架上的遙測莢艙。大衛・佛雷斯於一九七二年飛過好幾次的首輪測驗，找到了在靶場空域內全方位紀錄空中纏鬥過程的方法。「空戰演習空域」（Air Combat Maneuvering Range, ACMR），將為戰鬥機飛行員的訓練帶來革命性的演變，幫助解決 Topgun 草創階段所無法解決的問題。這些問題的狀況是這樣的。

在米拉瑪基地的一號機棚內，學員們經過四到五次的空中纏鬥演練後，累得跌坐到了他們的凳子上，因大G力的擠壓下，臉上還留著氧氣面罩的勒痕。高速高機動的飛行環境下對他們的體能是甚大的考驗，使得飛行服上沾滿了汗水。教官高高站在他們面前的講臺上，身上穿著鮮豔的藍色 Topgun 飛行服，開始了對每一名學員表現評分的「修羅場」。Topgun 多年來的文化，就是透過對學員們的優缺點進行分析來啟發大家。有些時候，特別是在課程初期的時候，通常都聽不到什麼好消息。但在責備後指出缺點並指導改進，正是讓人學習的好方法。

教官通常會這樣講：「巡航者（Cruiser），你在第三次空中交鋒的表現相當亮眼，尤其是『交會』後的轉彎動作非常好，讓我必須要立刻垂直飛行才能避免飛過你的位置。但同時，你似乎也跟丟了我的方向，對嗎？羅迪，你在後座有看到我嗎？」

然後教官會運用自己的記憶與寫在膝板上的小抄在黑板上畫出圖表。但是受到高G力的影響，他們

2 編註：AN/AWG-9 有六種工作模式，可同時追蹤二十四個目標，並鎖定其中的六個。F-14D 則是採用 APG-71雷達，加強了對地打擊能力。

不可能在腦部缺血還有飛機不斷變換高度與速度的情況下提供真正可靠的數據。更何況每一次的飛行，都至少會發生四到五次的模擬空戰而變得更為複雜，不可能單靠人腦把所有的事情都清楚記下來。用卡帶將無線電通訊紀錄記下來是一個辦法，但成效依舊十分有限。教官還是要憑藉著有限的記憶去回想哪個學員做了哪些動作，再提供正確的指導。所以我們常說，只要誰先搶到黑板，誰就贏得了空戰。

奧爾特上校與他的組員預料到會有這種狀況。他在一九六九年提出的著名報告已經建議海軍應發展出一套電子監測系統，以蒐集每一次空中機動飛行的詳細數據。報告的推薦人梅勒·哥爾德建議東西兩岸的戰鬥機司令部都設立空戰演習空域，並指出相關的預算與計劃都已經準備好了。這一切都歸功於參與了一九六八年十一月那份報告撰寫工作的約翰霍普金斯大學應用物理實驗室。

不到十年，這套系統就在 Topgun 位於亞利桑那州的靶場裡誕生了，此地就在陸戰隊尤馬航空站（MCAS Yuma）的東邊。遙測技術讓新系統得以蒐集某塊固定空域內所有與空對空作戰相關的龐大數據，包括高度、速度、航向、G力、武器狀況等一切的一切。教官們也被賦予了是想要開啟「上帝視角」，還是進入每一位學員駕駛艙內觀察個人表現的選擇。這個眨都不會眨一下的電眼，能精確展現學員是否有在性能包絡線的範圍內發射飛彈。飛行員之間你來我往，大叫「我打到你了」或「你才沒有」的爭執也成了過去式。地面觀察站先將可靠資訊傳遞到靶場內的資訊整合中心，再經由微波資料鏈傳送到米拉瑪。每次一有人發射武器，系統就會計算數據與函數，像裁判一樣判決擊殺成功或失敗。這使戰鬥機空戰訓練進入了大革命的時代。

靠著「拳師」麥克農與傑克·恩斯的衝鋒陷陣，Topgun 的領導地位在進入新世代後也變得更為穩固。

他們培養並孕育了自F-4那個年代以來的精英氣質，卻又結合了全新的科技與觀念。「拳師」還靠著他那永遠有用的政治關係，協助爭取到了另一批扮演假想敵的戰鬥機，包括一批在西貢淪陷時，由一群逃離南越的飛行員飛往泰國的F-5自由鬥士。Topgun總算有了資源，能取得一切需要的物資，投入飛行員訓練用的第一線主力機種。從一九六九年那個讓人受罪的拖車草創階段以來，總算有了十分長足的進展。

外國空勤人員來美受訓，他們的第一志願都是選擇Topgun，這點讓空軍及其紅旗演習備感冷落。米拉瑪幕僚人員接待的貴賓從沙烏地阿拉伯王子到法國幻象戰鬥機的飛行員都有。當然更不能忘記那些酗酒成性的英國人，他們喝醉以後在地上擺出的古怪姿勢可一點也不輸給他們在空中飛行的時候。

擁有十足自信的「禿鷹」蓋瑞，是這場革命的靈魂人物。或者說在七〇年代的美國海軍裡面，沒有人比「禿鷹」與Topgun之間的關係更為密切了。他起初以雷達攔截員的身份在一九六九年加入團隊，是九個創校元老裡面最年輕的。在出色地完成教官的任務後，他報考了飛行學校並成為F-4飛行員。以飛行學員身份從Topgun結訓的他，又返回五一戰鬥機中隊服務，為此我們在馬亞圭斯號事件爆發時還曾在珊瑚海號上不期而遇。那一次的海外部署任務結束後，他以飛行員教官身份第三度返回Topgun，兼任尤馬空戰演習空域系統的計劃官。此刻的「禿鷹」，已經成為以科技革命帶領Topgun走向下一個巔峰的先驅。

「禿鷹」曾向美國空軍戰術航空司令部上將司令推薦空戰演習空域系統，但這位四星將領卻表示對此套系統毫無興趣。當德瑞爾追問原因的時候，得到的答覆居然是：「因為我的手下都認為，這套系統使每個人都看得到自己犯的錯誤，就像看得到每個正確的動作一樣，所以會增加意外發生的機率。我的部下寧死也不想丟臉。」德瑞爾感覺到，將軍不完全是在開玩笑。

不是只有 Topgun 的飛行教官需要瞭解空戰演練的全盤細節，艦隊的作戰人員也大為需要。他們透過新科技得到了這樣的能力。擁有最新型雷達的空中預警機，能夠在很遠的距離外偵測並鎖定敵人。這項新科技就運用在E－2鷹眼式預警機二十四英尺的大轉盤上，能偵測到上百平方英里的空域。五名機組人員中包括三名技術人員（戰術情報官、空中管制官及雷達操作員各一人）擠在飛機後方被稱為「通道」的狹小工作空間裡，操縱著各式雷達螢幕、刻度盤與按鍵。預警機因為涉及大量數據的整理，需要極具專業素養的人員才能勝任。

米拉瑪基地的正式名稱是太平洋艦隊戰鬥機與空中預警機聯隊（Fighter and Airborne Early Warning Wing, Pacific Fleet, ComFitAEWWingPac）。那裡的預警機單位，有屬於自己的艦隊戰備中隊以及外號「捍衛圓頂」（TOPDOME）的戰術學校。由於艦隊防禦作戰極需可靠的第一手情報，資料鏈的作用也變得比過去更為重要。儘管戰鬥機與預警機時常一起出任務，雙方卻沒有辦法發展出如同 Topgun 所期待的緊密合作關係。在「眼鏡蛇」魯理福森與外號「霍克」（Hawk）的門羅．史密斯（Monroe Smith）兩人擔任指揮官的年代，Topgun 致力於改善這樣的情況。

魯理福森為E－2組員打造了一套海上制空權威脅計劃（Maritime Air Superiority Threat Program），簡稱「捍衛觀測」（Topscope），於一九七六年將之提供給海軍軍令部長參考。新的學校在一九七八年開課。一年後，當 Topgun 將九十四人投入五個星期的訓練課程時，隔壁長達四星期的「捍衛觀測」訓練課程已經在為一〇九名機組人員與空中攔截管制員辦結訓典禮了。兩個班級在一九八〇年正式整合，課程內容也延長到六個星期。

上述發生在越戰結束後的局勢發展，恰巧挽救了我們的超級航空母艦[3]。原來俄國人在瞭解到航空母艦戰鬥群的威脅後，花了數十年時間研究如何擊敗我們。雖然蘇聯從來沒成功打造過自己的超級航艦，卻研發了不少的武器和飛機來反制，導致我們面臨嚴峻的海權危機。

Tu－22M逆火式轟炸機在一九六九年首度升空，是一款轉門獵殺航空母艦的殺手，於一九七二年服役。其所裝備的反艦飛彈，具有三百英里的射程。Tu－22M本身能以兩馬赫的速度飛向航艦戰鬥群，並在我方防空系統還來不及反應前發射致命飛彈。每架逆火式可裝備四枚以上的反艦飛彈，一個由大約四十架逆火式轟炸機組成的航空團，能在視距外對美國軍艦同時發射兩百枚飛彈，以壓倒性的數量優勢徹底抵銷我方的防禦能力。另外這些遠程飛彈除了傳統彈頭外，還能裝備核子彈頭。所以在最糟糕的情境下，一枚飛彈就能摧毀整個航艦戰鬥群，導致數十億美元與上萬名美國青年的損失。

發現蘇聯空軍逆火式轟炸機的威脅，使長官們在七〇年代初期十分憂心。美國必須抵禦這樣的威脅，才能確保超級航空母艦在海上的生存。F－14與E－2的結合，再加上鳳凰飛彈的搭配就是我們的答案。腿長的F－14戰鬥機能讓海軍巡邏遠離航空母艦的空域，E－2則在艦隊所在地之外，提供大面積的雷達

3　編註：Supper Carrier，美國在二戰後發展的大型航空母艦。主要是指佛瑞斯塔級以降的艦型，在設計之初即有斜角飛行甲板、舷側升降機的大型航艦。

覆蓋範圍。即使艦隊進入「電磁輻射管制」（EMCON）——即關閉所有電力設施以防止蘇聯偵測的狀態——E－2仍能持續提供雷達資訊。鳳凰飛彈是面對Tu－22M時最好的遠距離反制武器。具備數百英里射程範圍的鳳凰飛彈，讓雄貓的機組人員能在遠離航空母艦戰鬥群的空域迎戰逆火。

Topgun被賦予了全新的任務——制定攔截的新戰術。從七〇年代末一直到八〇年代初，Topgun致力於同時強化我軍的遠距離打擊以及戰鬥機對戰鬥機的近距離纏鬥能力。「霍克」史密斯上任後，發展出名為「電鋸」（Chainsaw）的戰術。這套戰術的獨特之處，在於讓雄貓式戰鬥機在距離航空母艦最遙遠處巡航，這需要預警機、雄貓戰鬥機與空中加油機支持持續飛行，才能在航艦戰鬥群兩百英里外建立起空中屏障。如此，才有足夠的時間緩衝，並將「五分鐘待命」的戰機投入支援。E－2預警機會在交戰空域周邊盤旋，使航艦戰鬥群的雷達警戒範圍多延伸到數百英里之外。當逆火式轟炸機出現時，雄貓式戰鬥機會打開後燃器，待雙方拉近距離以後再以鳳凰飛彈將他們解決。俄國人不只該對海軍的空中守護之眼深感畏懼，空中加油機還賦予雄貓無限制追殺俄國轟炸機的航程，能夠限制的因素只剩下飛行員在體能上的消耗而已。希望鳳凰飛彈在空戰中的表現能比問題重重的麻雀飛彈可靠。

在米拉瑪，Topgun擴充了訓練計劃，使所有空勤人員（戰鬥機飛行員和預警機機組員都一樣）更易於應對艦隊防空可能遇到的挑戰。他們對戰鬥機如何摧毀其他的戰鬥機、同時抵擋俄國的「機」海戰術有了更廣泛的瞭解。我們要做的不只是攔截弓箭，還要射殺弓箭手。海上制空權威脅計劃小組還從米拉瑪派人到東岸，向那裡的F－14與E－2中隊說明蘇聯最新的航艦獵殺能力，以及可以反制的戰術。有時候，蘇聯也會對外展示他們獵殺我國航艦的能力。八〇年代初，他們甚至在一二〇英里的距離內對企業號與中途島號實施模擬攻擊。我們密切注意著這些演習，並從中瞭解到逆火式轟炸機會採用哪些戰術，然後再依此調整自己的戰術。

一九八〇年到一九八一年擔任 Topgun 指揮官的隆尼・「老鷹」・麥克隆（Lonny "Eagle" McClung）邀請空軍協助他訓練F－14飛行員攔截蘇聯長程巡弋飛彈的威脅。我們發現SR－71「黑鳥」戰略偵察機是模擬巡弋飛彈的最佳選擇。在他的安排下，空軍弟兄由加州貝爾空軍基地（Beale Air Force Base）駕駛黑鳥起飛朝著海岸線飛過來，從聖克里門提島以南遠方開始侵入空域。我們會以十英里的間隔部署F－14，讓他們把雷達對準南方捕捉黑鳥。雷達只要捕捉到黑鳥，雄貓式飛行員就會打開後燃器開始爬升，找尋適合的高度發射鳳凰飛彈。SR－71的驚人高速與反艦飛彈的性能相當吻合，能夠幫助學員理解到自己能擊落的時間有多短。高度越高、速度越快，他們取得戰果的機會就越大。根據「老鷹」麥克隆的說法，這代表他們必須爬升到四萬英尺高空。最好的學習方法，就是讓學員親自執行過一輪，親身體驗這麼快的接近速度。

不過感謝上帝，從來沒有真的需要在戰場上檢驗自己的戰術是否有用。一旦與蘇聯全面開戰，要面對的就不會只有上百架的逆火式轟炸機，還有較老舊的Tu－16獾式轟炸機，甚至於更老舊的Tu－95熊式轟炸機。在電戰機還有戰鬥機的掩護下，蘇聯海軍航空團可以對戰鬥群發射上千枚飛彈。任何戰術與武器，都沒有辦法萬無一失地擋下這種飽和攻擊，即便成功擋下了百分之九十九，最後那百分之一的突破仍能給艦隊帶來毀滅性打擊。

這樣的威脅在越戰後慢慢形成，Topgun 正在想方設法加以因應的同時，我卻比過去更常被派駐到海上。身為航空聯隊的聯隊長，我手下除了四個F－4中隊外，還有攻擊機、轟炸機、加油機、預警機與直升機。這是我接過的所有工作中，最具挑戰性又最有趣的了。但從一個海軍飛行員的角度來看，這同時也是我能為艦隊做的最後一件事。從航空聯隊長的職務再升上一級以後，能飛的時間就很有限了。在那天來臨以前，航空聯隊長仍必須擁有駕馭各型機種的能力。那段時間繁忙的程度可用火燒屁股來形容。在短短幾天的時間裡，我可能要接連飛F－4、A－6入侵者式還有直升機等好幾款不同的機型。一旦開戰，我不只要親自領隊作空中打擊，還要協調自己指揮的各個飛行中隊投入戰鬥。

這裡的工作，需要我把過去不同階段海軍航空生涯中學到的經驗整合起來方能勝任。一個聯隊長領導部下的方式，來自他過去學到的一切，以及其他軍官教給他的一切。創造一個開放、自我檢驗、又讓官兵能夠學習成長的傑出文化，是取得成功的關鍵因素。在珊瑚海號，我運用過去在Topgun學到的領導技巧來營造這樣的環境，讓我下面的中隊長盡情發揮自己的長處，而不是緊迫盯人的管東管西。

我們F－4中隊同時接受以攔截敵人轟炸機及戰鬥機為目標的空對空作戰訓練，只學習單一任務的時代已經過去了。六〇年代越戰的教訓，還有Topgun的經驗都讓人們領悟到了這一點。新時代的作戰原則，是要能靈活因應任何的威脅。

那是一個令人士氣大振的年代，無時無刻我都慶幸自己生活的當下。因為我知道到最後，就只能把飛行任務交給後生晚輩了。伴隨著越來越多F－14進入艦隊服役，擺在我眼前的唯一選擇是接受離開的命運，並享受這背後一切的酸甜苦辣。一方面，以我在海軍服務多年的經歷，進入第七七特遣艦隊（Task Force 77）[4]幹一個高級參謀，然後退役展開人生第二春完全是可以期待的。不過另一方面，我也渴望親自駕駛F-14到五萬英尺高空體驗一下高速飛行的滋味。為此我願意付出任何代價，畢竟從北島駕駛「福特」的日子開始，飛行就已經成為了我生命的一部分。

在我的軍旅生涯中，最讓我感到欣慰的一刻發生在長灘海軍造船廠的軍官俱樂部。身為海軍航空聯隊長的我，獲邀參加由代達洛斯協會（Daedalian Society）舉辦的演講。協會以希臘天空之神代達洛斯命名，是一個全心投入航空志業的優質社團。我不記得自己當天講了些什麼，只記得前方主桌有位貴賓從頭到尾聆聽了我的所有演講，他個頭矮小又謙遜，有一種低調的氣質。所有偉大的人都有著這樣的氣質。沒錯，不是別人，正是珍珠港事變後率領美軍對日本本土實施首次轟炸的杜立德將軍。

我不是個容易被打動的人。從將軍揮手示意、要我到他桌子旁邊的那一刻起——關於航空的話匣子一打開就收不起來了——對這位老英雄，我留下的只有感恩與讚嘆之情。試想一下一九四二年四月的當時，向東京發起空襲需要多大的勇氣？也難怪最後這場空襲行動，會以他為名稱杜立德空襲（Doolittle Raid）。在戰爭看似快要失敗的時刻，他毅然帶領十六架陸軍轟炸機由舊式的直通式甲板航空母艦上起飛，執行這場被許多人視為自殺性的艱難任務。將軍隨後又邀請我到酒吧喝威士忌，要我向他說說在珊瑚海號指揮航空聯隊的經驗。能和他一起消磨時光是一大榮耀，這表示我的生涯肯定有什麼成就，才能和這位老英雄一起開懷暢飲。

4 編註：越戰期間，第七艦隊所轄的第七七特遣艦隊依然是作為航艦戰鬥群的作戰編制，任務包括在洋基站的北越境內的作戰行動。越戰後，編制改變。二〇〇〇年更是與第七艦隊的第七〇特遣艦隊裁撤、合併。

一九七六年，身為全職海軍飛行員的生涯終於伴隨著我最後一次離開駕駛艙，並向航空聯隊揮手道別宣告結束。海軍把我升為上校，終於讓我成為了高級軍官。雖然我沒有完全離開飛行線，但是我身為戰鬥機飛行員的日子確實是成為了歷史。本來我以為接下來將只剩下無聊的辦公室生活陪伴著我，感謝上帝這一切沒有發生。隆納・雷根成了我的三軍統帥，海軍航空隊與整個美軍的發展又得以重振。經歷撤出越南的長期低潮之後，現在正是年輕上校掌握權力的大好時機，被任命為新艦長的我又再度得到了出海的機會。

第十八章
穿上黑皮鞋

一九七八年
威奇塔號

一般人認知中的海軍飛行員，通常只會出現在航空母艦上。在服務的航艦航空聯隊、或者在航艦上擔任要務的時候，這樣的認知確實也沒錯。但大家同時也應該認識到，有許多不需要飛行的工作也需要資深海軍飛行員的專長。沒有錯，飛機與飛行人員是航艦上最常見與廣為人知的部分，也是航空母艦存在的意義所在，但他們只是其中一部分而已。海軍至少需要五千名水兵，才能夠將九十架飛機與他們的飛行員載往他們需要去的地方。如果你是穿棕皮鞋（brown shoe）[1]的陸戰隊或者駕駛飛機的航空人員，就無法想像到這個層面的問題。你專注的事情只限於中隊、聯隊還有飛行，至於水面兵科從事哪些工作，

1 編註：美國海軍一般兵科人員是穿著黑皮鞋，航空兵科則是穿著棕皮鞋。這也是美國海軍內部對於兩個不同社群之間的暱稱，也是一種分際或某種對立。本章標題用黑皮鞋，表示作者從飛行的社群，轉換到水面兵科的意思。

就完全是另外一個世界的事情。這些工作包括機械、航海、後勤、醫療、牙醫與通訊。當然對我們而言最重要的，還有負責管理飛行甲板以及機庫的航空技術人員。

按過去經驗，航空母艦艦長必須要由海軍航空隊出身者擔任。只有他們瞭解在海上駕駛飛機作戰的複雜性，並以此為基礎做出符合專業的判斷。所以擔任航空母艦艦長，基本上就成為海軍飛行員傳統上的最佳歸宿。在此之前，他們會先在航空母艦擔任水面作戰官或者值更官來累積經驗。在完成羅德島的儲備艦長訓練班課程後，海軍指派我指揮「威奇塔號」補給油艦（USS Wichita, AOR-1）。

似乎一眨眼，我就從一名駕駛戰鬥機做兩馬赫飛行的飛行員，搖身一變成了在一艘排水量四萬噸、長六六〇英尺的軍艦艦橋上，指揮二十二名軍官與四百名士兵跨越太平洋的艦長。我們的航速只有十二節。艦上還有兩架波音H-46海騎士直昇機，可為服務的對象執行「垂直補給」工作。這是我加入海軍以來，第一次從事與駕駛定翼機完全沒有關聯的工作。這對我而言是非常巨大的改變。

為什麼海軍要指派戰鬥機飛行員指揮補給艦？因為在達到終極目標（指揮航空母艦）以前，首先要先證明自己有在海上指揮大型船艦的能力。你要證明自己不會與其他船隻碰撞或是偏離航向。更重要的是，你要從中學到艦隊後勤補給的相關知識，這有助於對制度的充分瞭解。二戰期間，必須找出方法，讓航空母艦在距離母港數千英里外維持正常運作。這背後的挑戰可一點也不小。航空母艦上的人員需要大量的食物，還有牙膏、衛生紙、口香糖與香菸等生活用品。航艦本身需要大量的燃油、航空汽油和潤滑油。為了讓航空母艦在海上正常運作，我們建立了一支龐大的後勤艦隊來運送所有消耗物資，徹底革新了海軍的投射能力。二戰結束的三十年後，美國海軍已將這樣的技術昇華到了藝術般的境界。

當大型航空母艦靠近時，我的官兵會將鋼索拋射到航空母艦上，然後運用鋼纜上的滑車將軟管接上航空母艦，再將航空燃料、船用燃料輸送過去。兩架直昇機以吊索攜掛的大型托盤將其餘物資運送到航空母艦的飛行甲板上。只消數小時，就能完成所有的補給工作，讓航空母艦重回大海張旗揚威去了。

偶爾我們還要同時替兩艘軍艦補給，這類工作通常是在晚上進行。我自己就曾經在公海同時為一艘超級航艦與一艘外國驅逐艦供油。三艘體積龐大的軍艦在海上並排航行，總體寬度比足球場還小。對接受加油的船艦而言，這需要相當優異的艦艇操縱技術才能完成。世界上只有相當少數的海軍具有這樣的能力。美國海軍之所以能在全球海域長期航行，背後的秘密就在這裡。

從後勤補給角度瞭解戰鬥群的運作，對指揮超級航艦非常重要。將補給艦開往外海支援航空母艦，是成為航空母艦艦長所必須踏出的一步。同樣地，成功的關鍵就是「不要撞到任何人，也不要觸礁。」只要你能準時又確切的完成補給任務，那麼距離成為超級航艦艦長的目標就不遠了。不過千萬要記住的是，海軍飛行員的數量雖多，像威奇塔號這樣的補給艦很少，超級航艦的數量更少。爭奪這些美麗艦艇指揮權的競爭自然十分激烈，肯定值得你好好花時間和心力去學習。

一九七八年下半年，我的大挑戰來了。威奇塔號正要前往舊金山的獵人角造船廠（Hunters Point）整修與現代化改裝。除了那年苦吞二勝十四敗的舊金山四九人美式足球隊主場燭台公園外，獵人角一直以來都因充斥著犯罪與毒品而聞名於世，不是名聲有多好的社區。我們要在造船廠裡待上九個月，因此第一個任務，就是要為官兵尋找過夜之處。入乾塢整修的威奇塔號，顯然不是個適合官兵睡覺的好地方。

於是我出發尋找宿舍，那裡沒有宿舍船[2]，最後在造船廠腹地內找了一棟四層樓建築。獲得屋主許可，這段期間可將這裡當作官兵的陸上宿舍使用。床鋪、電視都搬了進去。我們每天從下午五點半開始就舉辦啤酒派對。官兵甚至在大門口掛上了「威奇塔希爾頓」的招牌，這棟房子成為船艦維修期間讓我們躲避灰塵與噪音的美好旅社。

其中最讓人嘖嘖稱奇的，是造船廠廠長居然允許各種農場動物在這裡自由奔跑。我親眼看過雉雞、雞與珠雞等農莊裡才看得到的動物，在四九人足球隊球場周邊的灌木裡奔跑。就連我的官兵們都會看到牠們。於是艦上的食勤兵便將牠們抓了回來，做成全艦桌上的美味佳餚。造船廠廠長直到他最愛的那隻羊在本艦烤肉派對的第二天憑空消失後，才正式向我們提出抗議。不過官兵們都對天發誓，他們最後一次看到那隻羊的時候，牠正在海裡面向本土的阿拉米達方向游去。

此刻我才瞭解到，美國海軍艦長在卡特總統年代最常見的挑戰來自於人事問題。越戰結束以後，伴隨著徵兵制度的結束，美軍成為了一支由全志願役士兵組成的部隊。基於這個原因，部隊裡缺少了許多該有的專業人才。尤其是當艦上的新醫官來獵人角報到時，我更是了解到問題的嚴重性。

當時整個艦隊都缺乏醫護人員，威奇塔號本來沒辦法取得船醫的，但我仍極力爭取到了一位。獲派前來的傑克・梅特納（Jack Methner）醫師我想應該是我吵著要糖吃的懲罰吧。

他駕駛著全新的保時捷911敞篷跑車前來報到，沒打任何招呼就直接開入基地大門，並且把車停到了我的位置上。一身長白髮、胸前掛滿勳標的他跳下車後，最先吸引人注意的是他脖子上那一條象徵迪斯可年代的黃金項鍊，還有與我們當天穿著的卡其色制服大異其趣的白色夏季服。

後來我才知道，因為海軍極度缺乏醫護人員的關係，才讓他在沒有接受任何基本軍事訓練的情況下直接來到艦隊服役。這樣一來，別在他制服上的四排勛標就不只是可疑而已了。可是每次面對追問，他都是一臉傻笑地說：「是我的招募人員要我去弄來的。」

傑克被副長帶到下甲板來見我，我隨即命令他拿掉制服上的勛標，並且把頭髮給剪了。從這個時候開始，他就成了一個令人難以管教的頑劣份子。他聽從了我的命令去剪頭髮，但長度只比他原本大膽的一頭鬃毛短了一點點。於是副長又要他回去剪一個標準軍人頭，但始終沒有成真，他只是把頭髮整理得整齊一點而已。我想大家都知道他是唯一一位軍醫，對他也就得饒人處且饒人了。

傑克醫師或許是個頑劣份子，卻同時也是個好醫生，我們兩人在離開海軍之後成為了好朋友。取得醫師執照與精神科醫師資格的他，是為了增廣見聞才加入海軍的。我認為他無法適應德州的無聊日子、想要穿上制服過起冒險生活的真正原因，來自於他那靈活（又充滿性慾）的腦袋。

此外，海軍還時常要面臨種族衝突與毒品氾濫的問題。那是一個艱困的年代。這可以一直往前追溯到越戰高峰時，小鷹號航空母艦上曾爆出導致多人受傷的嚴重種族暴動。幸運的是，海軍最終走上了族群融合的道路，非裔水兵的待遇也大幅提升。這些措施總算漸漸讓海軍克服了手上最大的問題。

毒品完全是另外一回事了。天使塵、海洛因、大麻與古柯鹼都可以在許多出海的軍艦上找到。有些水兵利用賣毒品給他們的同袍來賺外快。他們通常是透過美國郵政的包裹定期進貨。我們不能篩檢或過

2 編註：用除役船艦改裝的靠港宿舍。

濾進來的包裹，岸上毒販與水兵的交易始終無法有效攔截與嚇阻。當時的海軍犯罪調查局（NCIS），沒有針對毒品入侵艦隊一事做好準備，而且還要花上好幾年的時間才急起直追。唯一的辦法，就是在毒販與水兵交易時來個人贓俱獲，但缺乏做到這一點的手段，這樣的機會說好聽點也只是偶爾會發生而已。

威奇塔號很少有販毒或者濫用毒品的情況發生。我的水兵絕大多數都是勤奮又專業的年輕人。事實上我們還說服了海軍高層，讓威奇塔號的士官督導本艦的整修工作，相信沒有人比本艦的士官更專業、更瞭解我們的軍艦了。既然如此，又為何不讓他們來帶頭呢？最後我的這項建議相當成功，使本艦比其他船早兩個月完成整修，還比別人省了足足兩百萬美元，這樣的狀況在過去可是前所未見的。

有一天晚上，正逢威奇塔號完成整修、準備出海之時，開夜車加班中的我接到了一通電話，是我十歲的兒子克里斯從岸上打到艦上來的。我一接起電話，就聽到了他的哭聲。

「把拔，你不要走！」

這個哭聲喚起了一九六八年以來，每次我為了駕駛F－4戰鬥機而離開他的畫面。

「我必須走，克里斯。」

「學校裡每個人都有把拔，我卻沒有，你不要走！」

我又想起了一九七三年那個我在烤牛排的晚上接到哈雷失蹤的消息、準備要告別時，克里斯糾纏著我不放的情景。

海軍生涯必然代表著與家人聚少離多，這是個殘酷又讓人不堪回首的現實。那天晚上，所有的軍人榮譽與榮辱在我眼中都不再重要。在那個當下，我不再是個準備出海的海軍艦長，只是一個為了工作不惜拋家棄子的爸爸。無論我怎麼安撫，都沒有辦法讓他停止流淚。第二天早上還是照常出海。

這樣的生活經驗，使得我在面對部下的時候要格外敏感。大家唯一能做的就是專注在各自的工作上、等待家裡寄來的郵件，或者等軍艦靠港時打電話回家。

一九七九年四月，在完美地完成海上測試後，本艦返回遠東地區支援我們的超級航艦弟兄。威奇塔號還獲得戰鬥績效E獎（Battle Effectiveness Award）[3]的殊榮，這是太平洋艦隊頒給所有同型艦中最有效率艦艇的榮譽。

當我們在太平洋上冒險的時候，傑克醫師又再度展現出了他對海軍文化的不適應。他完全無法融入海上生活，在四萬噸的浮動基地上出現暈眩症狀。等到本艦在海上結束一個月任務，準備返回珍珠港時，我注意到這位好醫師的士氣已經開始受到影響，於是把他叫到艦長室來，派了一個特殊任務給他。我要他搭乘直昇機飛往檀香山，到德魯西堡（Fort DeRussy）的海軍休整中心，為我們即將返抵珍珠港的軍官們準備迎接晚宴。

在福特島靠岸時，人還在艦上的我親眼看到傑克醫官開著他的賓士敞篷車駛入碼頭，身旁與後座還有三位打扮入時的美女陪著他。他向站立在甲板上的官兵揮手，官兵們卻為眼前的景色略感吃驚，只能訝異的瞪著他看。很巧合，此時基地司令已經向他的轎車方向走來，準備舉行船艦返港的歡迎儀式。我

3 編註：美國海軍在越戰時期開始實施「作戰效率獎章」制度。頒發代表不同意義的E字獎項給各艦，官兵就可以把不同顏色的大大E字漆在艦橋顯眼的位置，簡稱「戰鬥E」（Battle E）。

們也做好了歡迎長官的準備，將艦舯的專用舷梯放了下去。

粗線條的傑克醫官一如往常毫無海軍禮儀的概念，無視向他迎面而來的基地司令，帶著他的三名女友走上了不是為了歡迎他而放下的跳板，並搶在貴賓之前向少尉軍官敬了一個軍禮。假若司令真的想找麻煩，這種程度的出槌足以葬送掉我在海軍生涯的一切未來。所有人都目睹了這齣慘劇的發生，並且十分害怕後果。

司令在幾分鐘後來到艦上，我立即衝到艦長室迎接他，準備與他喝杯咖啡、閒話家常。

結果等我到了艦長室，卻看到裡面除了司令外，居然還有傑克醫師與他那三位在同一晚在岸上認識的女伴。在那一瞬間，我看到自己的事業即將毀於一旦。慶幸的是，司令突然對我眨了一下眼睛，然後露出了愉快的笑容，看來他非常享受與醫師還有三位美女的休閒時光。當天晚上，傑克為全艦準備了一場讓每位軍官都永生難忘的派對。在海上待了幾個星期以後，無論你有多麼喜歡海水的鹹味或者被海浪拍打臉龐的滋味，都會需要這樣的娛樂活動。

我們的士氣後來又因別的原因而提升，其效果影響了全體官兵，至今仍是我海軍生涯中最具意義的時刻之一。

隨後從夏威夷啟航，前往墨西哥的下加利福尼亞海域與星座號航艦戰鬥群會合。那天風和日麗，距離會合的時間還有整整四天。我們在海上只需要消磨時間就好，但因為弟兄們相當疲累，我請求讓大家到墨西哥的馬薩特蘭（Mazatlán）過一兩個晚上的許可。雖然聽說南方有暴風雨，但短期的停留應該不成問題。

我們在「青蛙先生」餐廳（Señor Frog）享受了美食與飲料，風暴已經開始向北移動。我們決定提前開往聖盧卡斯角（Cabo San Lucas）。有些官兵來不及上船，於是我請在馬薩特蘭的聯絡官安排客運把他們送到提華納（Tijuana）執行岸上巡邏任務。結果這變成了長達一個星期的遠征，他們經常需要停下來補充食物和飲水。下次這些人一定會記得要和我們一起準時出海的。

有次我大白天在艦橋翼望台上睡著了，還一睡就睡了幾個小時。醒來後，我返回艦橋收聽無線電。這時我聽見不尋常的訊息，有兩名來自不同船隻的男人正在對話，其中一人是心臟外科醫師，他與妻子搭乘的船隻在海上失去動力。他們搭乘的無限號（Infinity）帆船雖然是第一次出航，卻因為前一晚張帆過大的緣故導致船桅折斷，所有驅動系統也陷入失靈。另外一艘船則是名牙醫與他的家人，包括五名孩童。兩艘船都迷失了方向，但牙醫的船還能航行。

我們馬上派出艦上的兩架直昇機搜索他們，這時我注意到有兩片巨大的積雲或者暴風雨正籠罩在下加利福尼亞上空。我紀錄了兩片雲的方位，然後以三角計算法得知自己的方位，並要求兩艘遇難船隻也照做。兩船將各自的方位傳了過來，讓我們得以在航海圖上標出對方的位置。

牙醫確定了自己的方位後，就將船開往馬格達萊納灣（Magdalena Bay）。接著我下令直昇機繼續搜索無限號的位置，最後在傍晚來臨前找到對方。我們將纜繩拋向無限號，卻兩次都被海浪沖走，直到第三次才成功勾住。我們拖航了無限號大約十個小時，將它帶到馬格達萊納灣的入口，然後才轉交給墨西哥海巡隊。

當天晚上，我得知無限號的那位醫生才剛接受過開心手術，是他夫人將那艘美麗的帆船勾上我們的船尾的。這不是海軍一般為船艦提供的協助，卻絕對是一件我們該做的事情。而且，這樣的事對艦上官兵有著相當深遠的影響。美國人天生就樂善好施，追尋愛默生（Ralph Waldo Emerson）[4]的教誨，讓世界變得比原本更好一點，這正是我們推動這個理念的大好機會。當晚我們向北航行、試圖擺脫暴風圈的時候，幾乎所有不當班的水兵都集合到艦尾列隊排開，讓那對夫婦知道他們有人陪伴，知道威奇塔號一定會把他們帶回岸上。他們輪流與在駕駛台操作船舵的醫生娘聊天，講些笑話安撫她的情緒。那天晚上的善舉，會是我永遠珍惜的回憶。

安全抵達馬格達萊納灣、向夫妻倆告別後，準備與星座號會合。在我回報了這次救援行動的細節後，聖地牙哥的某位將官要見我，還表示要把我送軍法，因為我的行動危害到了船艦的安全。士官長與我一起去見將軍，還直言無諱的指出：「行動沒有安全顧慮，而且符合海軍最光榮的傳統，那就是幫助與保護陷入險境的人們。」士官長還提醒將軍，若是有一位剛剛拯救美國人性命的艦長被送上軍事法庭，媒體的反應肯定不會太好。最後將軍只好放手，不再堅持把我送軍法了。

海軍是一個不進則退的組織，如果你沒有辦法繼續保持優異的表現，那下一次選拔委員會挑的指揮官名單上就不會有你的名字。一九八〇年秋天，在威奇塔號上服役兩年後的我收到了新的命令。這是我海軍生涯裡十分重要的一刻，將決定我是回到岸上擔任參謀，還是在海上接任新的指揮職務。

我滿懷信心與希望地打開信件，因為過去兩年在威奇塔號上的表現出色，除非那位將軍在背後搞鬼，否則不會有問題的。

打開信件，讀了一遍。然後，回頭再讀一遍。

海軍要給我一艘航空母艦了。

4 譯註：愛默生（一八〇三年至一八八二年），美國散文作家、思想家、詩人，被稱為「美利堅的儒教主義者」或「美利堅文藝復興運動之父」，致力於打破「人性本惡」與「命定論」等傳統思想，認為人類可以透過自身努力，將世界帶往更美好的境界。

第十九章
最好的終章

一九八〇年
印度洋某處

炙熱的陽光，照耀在遊騎兵號航空母艦的飛行甲板勤務人員身上。他們一如每天早上一樣，努力擺動著自己的四肢與軀體引導艦載機升空。首先升空的是雄貓式。吊掛響尾蛇與麻雀飛彈後，這隻大鳥在指引下緩緩滑向彈射器。隨後雄貓戰機的鼻輪會被「固定」到活塞上，彈射官確認飛機與彈射器相連之後，會要求飛行員將油門推到最大、打開後燃器。對儀表做最後確認之後，飛行員便會做出敬禮的手勢，表示自己「準備就緒」（如果是在晚上，就開燈示意）。彈射官向飛行員回禮，隨後將他的指揮棒沿著甲板指向艦艏方向。這是將戰鬥機「彈射出去」的手勢信號，緊接著活塞會把雄貓戰機快速拉向甲板前方。戰鬥機後面的兩具噴嘴也會噴出兩條熊熊烈火。起飛升空後，另外兩架雄貓戰機跟著被拉上彈射器，重複同樣的流程。短短兩秒鐘時間，速度從零衝到一五〇節，那可真刺激啊。

遊騎兵號正是我指揮的航空母艦，我坐在艦橋寫有「艦長」（CO）兩字的旋轉椅上觀看著飛行甲板忙碌的情況。這是整條軍艦上最佳的觀賞席位。此時我已屆四十六歲，臉上戴的仍是我在潘沙科拉買的雷朋太陽眼鏡，脖子上掛著以色列空軍友人贈送的大衛之星項鍊。至於我在北島收養的小老鼠娃娃，則在椅子後方數碼的艦長室內。我這三樣傳家之寶時時刻刻提醒著自己我是誰，還有在潘沙科拉第一次爬進飛機駕駛艙的那一刻之後，經歷過什麼東西。

到了這裡，我才瞭解到何以指揮超級航空母艦的經驗對一名飛行員而言如此重要。是因為能欣賞到飛行甲板上飛機彈射官的美麗舞姿嗎？事實上過去飛幽靈式戰鬥機的時候，就已經在駕駛艙裡面看到膩了。只是每當返回航艦時，在甲板上卻只能看到導引降落的信號官，感覺就沒有起飛時那麼熱鬧了。這個畫面的背後，有許許多多我們在戰鬥機駕駛艙裡無法看到的故事。降落信號官、航空管制官與艦長會頻繁對話，商討飛機進場時的航向、速度與高度，還要根據降落時甲板上的風向和海象加以調整。尤其是在惡劣氣候或者是夜晚，這類協調工作還更複雜。其實不是飛機配合航空母艦，而是航空母艦必須要配合飛機保持在最佳航線。

有次我必須在暴風雨來臨前，協調六架A－6入侵者式攻擊機降落，所以我要不斷持續與航管指揮官及信號官對話，確認飛行員的需求。風越颳越大，因此必須調整路徑，使風對準斜角甲板，好讓飛機降落。最後他們順利落艦。當六架飛機完全歸隊時，航空母艦已經轉了整整六十度。如果沒有對飛行員在機艙裡的情況有所瞭解，沒有任何一位航空母艦艦長能夠充分發揮出他的潛能。

我在一九八〇年十月二十日於蘇比克灣接掌遊騎兵號以及艦上五千多名官兵的指揮權。那天我從羅傑・伯斯——另外一位前 Topgun 指揮官手中接下指揮權。一年前，他因遊騎兵號與油輪在馬六甲海峽發生擦撞事故後，臨時受命接任艦長。當晚，油輪差點沉沒於這條世界最繁忙的海域，航空母艦的艦艏與兩座燃料槽也遭到重創。隨後遊騎兵號在蘇比克灣做了簡單的修復，就直接開往日本完成剩下的維修工作。原本的艦長因為這次事故而遭到解職，由伯斯接替其職務。

接二連三由 Topgun 相關人員擔任遊騎兵號艦長的情況，證明在完成十一期的授課之後，Topgun 校友、教官與指揮官已經遍布整個海軍，讓我們獨特又活潑的領導統御風格在全軍發揚光大。在此之前從未想過自己會有機會指揮水面艦，過去的領導經驗仍可以套用在遊騎兵號的艦橋上，而我也親自示範了這一點。

每天我都會對官兵精神講話，讓他們每個人知道自己對這艘軍艦有多重要。同時還會和一等士官長一起巡視航艦的每一個角落兩次，造訪不同的船艙，順便認識每一名水兵。許多在甲板下層工作的水兵，別提海上美麗的陽光了，就連艦長都沒有機會見到。排水量八萬噸的遊騎兵號全長超過一千英尺，被分隔成兩千個各自獨立的空間。艦上有五千名官兵，如同一座在海上漂浮的小型美國城鎮。造訪每一個空間與船艙，跟在陸上造訪一座相同大小的城市一樣辛苦。但我仍然在一等士官長大衛・霍布斯（Dave Hobbs）陪同下，盡可能造訪每一個小地方。

每天兩次的巡視，讓我有更多機會瞭解自己的水兵。這些十九、二十歲的青年，都是為了一個共同與正確的理由從軍。那就是報效國家，同時學習一些技術或知識，或者是在離開海軍後到大學升學。還有一些如前面提到的霍布斯士官長，把海軍視為自己的畢生志業。不過仍有少數害群之馬，大約百分之四的遊騎兵號水兵誤入歧途，淪落毒品交易以及犯罪的循環。吸了天使塵的孩子什麼事情都做得出來，他們常常捅出意想不到的婁子出來。第一次上艦指揮以前，我根本就沒有與毒品或吸毒者接觸過。對海軍飛行員而言，光是接觸這些毒品就已經是莫大的恥辱，更何況是吸食。任何被毒品腐蝕的人，都不可能於夜晚時在航空母艦的甲板上正常工作。

剛擔任艦長的前幾個月，幾乎天天都必須面對與毒品相關的問題。調查人員總算逮到最惡名昭彰的毒品販子之後，確保他會勒令退伍。不久後又逮到另外一個，但這一切就如同向大峽谷丟石頭一樣毫無作用，因為每次抓到一個人，就會有另外一人取而代之，毒品的流通問題依然存在。

針對航空母艦的蓄意破壞行為也是個問題。那些被迫服役的反戰份子，曾經在遊騎兵號上策動超過二十次以上的蓄意破壞。在我接任艦長前，一名水兵將刮漆刀丟入運作中的重要機器裡面，造成百萬美元以上的損失。此事讓遊騎兵號晚了好幾個月才能部署到西太平洋。我們根本無從找起誰是破壞者。我的前一任艦長羅傑·伯斯，甚至還遇到過破壞份子闖入機庫啟動消防設施，導致化學泡沫到處亂噴的慘狀。後來同樣的事情也發生在我身上，那一次塞滿飛機的機庫都泡在泡沫中。整個航空聯隊都十分憤怒，但還是找不到半個嫌犯。

霍布斯一等士官長與我想到了一個充滿創意的妙招。我在事發第二天早上，利用例行性談話時間，透過艦上通訊系統說明前一晚發生了什麼事，還有這件事造成了多大的損害。我強調：「不管是誰幹的，我打算給你一個機會。但只有今天，就只有今天，我呼籲你站出來對話，讓我們幫助你。」另外，我還給了一組加密的電話號碼，讓破壞份子可以與我聯繫。

當天晚上，我床邊的電話響了起來，大衛在電話裡告訴我：「他打過來了。」經歷了短暫的談判之後，犯人走到了士官長辦公室。我火速衝了過去，想看看他到底是什麼樣的角色，腦子裡面裝的到底是什麼東西。進到裡面後，我總算是見到了破壞者。臉上充滿焦慮的他，年紀大約二十歲，但看起來是那麼的面黃肌瘦，有著眼窩凹陷貌似骷髏的臉龐。光是從表情上來看，就知道他是個癮君子。注視著他的面容，我實在沒有辦法對他動怒，他背後代表的是我們海軍，乃至於整個國家的毒瘤。原本只是一個有趣的消遣，現在毀了他的人生。

最後他坦承自己吸食了天使塵（ＰＣＰ）。他無法解釋自己的行為，他向我們尋求幫助。我們將他納入保護性監管，因為他造成的損失與額外工作量，已經引起艦上官兵的嚴重不滿。如果他的身份曝光，我與士官長擔心他不是被痛毆一頓，就是晚上被丟到海裡餵鯊魚。最後我們把他送到聖地牙哥的勒戒所，接受戒除毒品的專業治療。

想要解決毒品問題，最直接的方法就是是切斷背後的毒品通路。我們真正要做的就是仔細檢查從美國本土寄到船上的包裹，而在海上有大把的時間可以這麼做。所有官兵蒙混帶上船的違禁品，很快就會用完，這樣船上的癮君子們就沒轍了。

但我們不能這樣做，因為法律制度要求保護官兵的隱私權，他們的包裹不能被打開來檢查。這個制度後來改了，而在九一一事件以後的幾年間，一切進入或者來自戰區的物品都要接受嚴格檢驗。試圖寄到船上來的含酒精飲料（通常會偽裝成漱口水）、毒品、武器或者武器零件等違禁品，會直接被郵局沒收。如果早在八〇年代起就這麼做，或許能挽救不少的生命。

人事問題佔據了我當艦長時絕大多數的時間。任何老師都會告訴你，一個課堂裡面最多只有兩到三名學生調皮搗蛋。但也是這兩到三名調皮搗蛋的學生，會讓你花上大半天時間才能控制住局面，遊騎兵號的情況也是一樣。

我偶爾會看見水手因美國本土的家庭問題造成壓力與困境的景象。分手信出現的頻率高得讓人憂心，而我有不少水兵慘遭「兵變」。在遠離本土、巡邏遠方前線時，還得應付極度心碎的心情。有些人會靠努力工作來忘掉傷痛，有些則會想盡一切辦法提早回家，包括跳船。我們船上也發生過幾次這樣的案例，直到我透過艦上電視廣播系統，給他們看在船艦周圍，因為拋棄的壓縮垃圾所引來的鯊魚搶食的畫面之後才打消他們的念頭。相信在看到鯊魚巨大尖銳的牙齒後，任誰都不會想要跳下海了。

在一個靠港的夜晚，我接到一通緊急電話，得知有名水兵坐在飛行甲板的欄杆上吼叫。手臂流出鮮血的他，威脅要從七十英尺上方跳到水泥碼頭上自殺。當時正在出席歡迎晚宴的我，連身上穿著的白色軍禮服都來不及換就趕回艦上。我看到心碎的水兵在哀號，手裡還拿著他早些時候拿來割腕的一把剪刀。

我與這個年輕人談了一下，希望先瞭解他的故事。他慢慢地向我吐露了自己的過往。那真是一個傷心的故事，一連串錯誤的決定讓他走到了今天的地步。當時他的精神狀態極度不穩，跳下碼頭自殺好像成了他唯一的選擇。最後我還是成功說服他離開欄杆，他還走了過來抓住我，給了我一個大大的擁抱。陪著水兵到醫務室，由醫護兵為他包紮割腕後留下的傷口。送他離開以後，我才發現自己的白色夏季禮服上還沾著他流出來的鮮血。後來才知道，他把自己的兩個女朋友肚子都搞大了，所以才鬧出這件事。

儘管如此，我們還是一如既往的造訪從泰國到肯亞，還有斯里蘭卡的港口，以及駐紮在波斯灣的「岡佐站」（Gonzo Station）。此刻伊朗人質危機已進入尾聲，雖然動手的命令從來沒有下達過，但人人都做好了出擊的準備。

伊朗在革命前曾是我們的友邦，也有一批美國提供給他們的雄貓戰機，卻從來不敢派出空軍挑戰我們。我倒是希望他們來挑戰看看，我手下有兩個中隊的雄貓式戰鬥機，分別為第一中隊（VF-1）與第二中隊（VF-2）。這兩個是最早成立、有最多傳奇故事的海軍戰鬥機中隊，擁有最具攻擊性的頂尖戰鬥機飛行員，隨時準備給伊朗人來個迎頭猛擊。

我們從來沒有在伊朗人那邊，碰到類似蘇聯逆火式轟炸機團那樣的空中襲擊。所以F－14出擊的時候，吊掛的都是麻雀、響尾蛇飛彈與機砲，鳳凰飛彈大多留在船上。每當行經波斯灣荷莫茲海峽時，我們會派出雄貓戰機升空，在航艦與國際水域之間的空域盤旋。由於伊朗海岸線已映入眼簾，任何想要低空闖入中立海域的伊朗戰機都會立即被發現，然後被打得粉身碎骨。

伊朗沒有派遣飛機，而是以魚雷艇來騷擾。這類問題都會交由戰鬥群裡的驅逐艦與巡洋艦去解決，他們處理起來也比較得心應手。

在情勢較為緊張的時候，一個航空聯隊平均一個月會消耗掉五到六具發動機，原因大多是「外物損傷」，簡稱FOD。造成事故的原因，可能是諸如螺絲、螺栓或螺帽等微小物品掉落到甲板上後，被吸入進氣口造成發動機渦輪葉片損毀。這是很常見的問題，無論是在海上還是陸上都會遇到。唯一解決的辦法，是時常要求水兵在甲板上走一遍，確保不會有任何造成飛機損傷的異物。當然，即便是在有足夠人手的情況下，你也不可能找出所有潛藏在甲板上的螺帽或螺絲。

我們曾經估算需要三、四百人，才能把甲板徹底搜索一遍。但是飛行甲板勤務人員就是沒有那麼多人。於是我想到了一個方法，那就是利用我與甲板下方人員建立的關係，要求沒有值班的人員在必要時主動到甲板上報到，既可以呼吸新鮮空氣，吹吹海風，並在航空管制官指示下順便幫忙解決FOD的問題。

有時候我會透過全艦廣播（1MC），要他們上甲板來「聞一聞玫瑰花香。」雖然我常為此被嘲笑，但這招非常有效。我常常看到輪機兵與食勤兵在甲板上找尋異物。若是能找到漆有特殊顏色（通常是黑色）的螺絲，我還會給他們放三天假。艦上所有人都為之瘋狂，甚至還有穿著圍裙的廚子每天都到甲板上散步。

遊騎兵號在解除FOD的表現上異常成功，整整一百零七天都沒有遭遇「外物損傷」。後來這個方法也擴及到了整個海軍。

一九八一年年初，我們在岡佐站幾乎天天緊盯伊朗人，直到三月才返回蘇比克灣享受難得的放鬆時間。當行經全球最繁忙的馬六甲海峽時，航空聯隊長詢問是否要派幾架艦載機升空。我同意了他的請求，因為我知道艦隊需要在空中有多幾雙眼睛。那是一九八一年三月二十日星期五，一個讓我們永生難忘的一天。

我坐在艦橋左側的椅子上，望著甲板人員將兩架A-6入侵者式攻擊機送上天空。他們升空後，便把在南海上向東緩緩航行的我們拋在後面，飛到前方海域展開搜索。

很快的，A-6在海面上看到一艘失去動力、沒有船帆、卻又擠滿了人的小船。這艘小船只能隨著海流漂浮，當天氣候炙熱潮濕，連一點風都刮不起來。船上的人只能痛苦強忍著猛烈陽光的照射。

我們找到了小船的位置，我命令航艦前往該位置。當天下午，順利發現了目標。這艘船大約四十英尺長，裡面有一個小小的駕駛室，船上每一吋空間都擠滿了人。他們毫無生氣地躺著，一個人疊在另外一個人身上以增加載人空間，體能也因此處於極度惡劣的狀態，據說甚至還有人有了幻覺。大多數人連抬起頭看一看向他們航行而來的巨大航空母艦的體力都沒有。少數人身上有穿衣服，但更多的是腰部以上是完全赤裸，有人連褲子都沒穿。

航艦派出直升機飛往小船上空盤旋拍照。立即對這些難民展開救援，當中有些人甚至是被用擔架抬回航空母艦的。原來他們是投奔怒海的越南難民，在海上已經漂流了整整兩個星期。逃離越南後不久，小船就失去動力，隨後食物與飲用水也跟著消耗殆盡。那條船最多只能載二十五人，實際上卻搭了一百三十八人。體能消耗殆盡的他們，慢慢開始有人死去。把難民救起之後，才知道已經有人打算靠吃人來維生了。

我們抵達的時間剛剛好。

艦上人員立即展開行動，極為細心地照料這些生還者。醫療人員為他們治療脫水、中暑與其他原因所造成的傷害，並給傷勢嚴重者掛上輸血袋；裁縫與傘索人員為他們縫製衣服，伙房為他們準備食物。雙方沒花多久時間就打成了一片。那真是個很棒的畫面，人生中沒有那一件事情是比救助他人性命還要美妙的。

他們是一群來自越南的平民百姓，費盡九牛二虎之力只為了逃離共黨政權的殺戮與監禁。其中還有一人是越軍的逃兵，他想遠離共黨政權仇恨與暴力，重新展開新生活。這種追求自由的決心，以及他們的遭遇，無一不讓人為之動容，就像世世代代來到美國的人一樣。

他們被帶到蘇比克灣，移交給菲律賓政府庇護。後來難民的苦難並沒有結束，菲律賓人對待他們的態度惡劣異常，食物與飲用水的供應也是有一頓、沒一頓的。這一百三十八人最終大多數還是移民到了美國，成為定居在美國西岸「小西貢」的合法公民。

正當他們等待著在美國展開新生命的同時，遊騎兵號卻在蘇比克灣遭遇到一起慘痛的悲劇。一位名叫保羅・特雷斯（Paul Trerice）的年輕航空部門的人員倒地身亡。此事距離救起越南難民不過短短三個星期而已。

來自密西根州的二十歲青年特雷斯本身就是悲劇的代名詞。他是一個讓我們瞭解毒品如何危害海軍的研究個案。服役三年下來，他完全沒有晉升機會。事實上，他到處製造麻煩，甚至還兩度試圖逃兵。為此他的中隊長時常處罰他，使得他成為懲戒拘留訓練小組（Correctional Custody Training Unit, CCU）的常客（有些人稱此禁閉室，但其實是兩個完全不一樣的概念）。但所有的管教都沒有用，他惡劣又充滿敵意的態度令中隊長手足無措，我從來沒有見過這名水兵，但他的死卻從此改變了我的人生。

當時遊騎兵號才剛剛結束在香港的五天訪問。他因為擅離職守，又於一九八一年四月被送往CCU報到。我根據海軍在他死後的調查報告得知，他一如既往地好鬥，對艦上的幾位資深士官大打出手。隨後士官把他帶到飛行甲板上，勒令他開始跑步。這只是一次在氣候濕熱的蘇比克灣的跑步日常，特雷斯因為前一天的好鬥行為，因此只被允許吃麵包配白開水。開始跑步，然後透支倒地的他，立即被帶到船艙休息，結果他突然出現心肌梗塞的狀況。三十分鐘後，醫療人員趕到現場，但他仍不幸死去，海軍研判他是因為中暑而導致心臟驟停。

經過詳細調查，發現他常常與一些水兵躲藏在機庫的S－3維京式反潛機裡吸食大麻。過了幾個月後，隨艦牧師報告，他已經依據海軍「牧師信仰充實發展計劃」（The Chaplains Religious Enrichment Development Operation）處理特雷斯的成癮症狀長達一年之久。他所接觸到的不只是大麻，還有更危險、更致命的毒品。我忍不住問牧師：「你為什麼不早點告訴我？」他看著我搖搖頭說：「那是他與上帝之間的事情。」

艦長當然要為所有發生在軍艦上的事情負責。即使過去在這艘航艦上做了許多好事、也達成了了不起的成就，但我深知這起悲劇將導致懲罰性的結果。回國路上，我主動申請軍法署署長介入調查。

我們大約在五月抵達聖地牙哥，太平洋海軍航空司令，外號「荷蘭佬」（Dutch）的羅伯特．蘇茲中將（Robert Schoultz）隨即召見。根據特雷斯在CCU的待遇，將軍對我發出一封不處份警告的信件。

宣佈完畢後，蘇茲中將對我說：「丹，我需要你繼續帶遊騎兵號出海。」

我沒有異議就答應了。

第二十章
再一次告別

一九八二年春
太平洋某處

我坐在艦長室，手裡握著瑪莉貝斯寫給我的信。信長達兩頁，對我而言彌足珍貴，我反覆閱讀，愛不釋手，希望能從字裡行間找到過往的回憶。坦白講，我實在不敢相信這封信最後會寄到我手上。原來自從在惠特學院餐廳分手後的幾十年來，她心中還是不斷的牽掛著我。

「丹，希望你明白，在我心目中你是一個無比善良的男人，你在這裡的朋友也都知道你是什麼樣的人。我們拒絕相信報紙對你的描述，那起悲劇在這裡鬧得很大。《底特律自由新聞》、《洛杉磯時報》與《聖地牙哥聯合論壇報》都有報導。」

她主動與我聯繫，似乎知道媒體對我的殺傷力有多強。隨後《紐約時報》、《花花公子》與《國家廣播公司》都跟進做了報導。保羅．特雷斯的死是一起悲劇，但媒體的大幅報導使我感到震驚與困惑。一九八一年，美軍各軍種加起來共有四千六百九十九名現役軍人死亡。這是承平時期的死亡數字，當中沒有一個人是在與敵人交戰的過程中喪命。原因大多是意外、自殺、各種形式的謀殺、心臟病或者中風，這些情況確實常常發生。

但是這麼多案例中，卻只有特雷斯的死亡受到媒體長達數月的關心。他的死亡勢必給他的家人造成永生的傷痛，關於這點我不需要給自己找任何理由。那麼悲劇是否可以避免呢？多年來我反覆詢問自己這個問題，直到現在都還找不到答案。假如提前知道他有毒癮，或許就是把他送去勒戒所，而不是到CCU處罰他的擅離職守。我想到了早些時候被我送到勒戒所，最後得到重生的那名位破壞者，真希望我也能用同樣的方法善待保羅．特雷斯與他的家人。當他施打毒品的事情曝光時，一切都已經太晚了。

西岸的報章雜誌對我的觀點不感興趣，而是把我形容成冷血無情的武夫，並拿兩個被我踢出海軍的毒販來當報導依據。於是我就成了一個以虐待部屬為樂、靠著殘酷體罰威脅他們生命安全的海上暴君。我被形容為冷戰時代的威廉．布萊船長（Captain William Bligh）[1]，還接到一堆從全國各地打來的恐嚇電話。

連我的家人，都接連好幾個月，幾乎每天收到死亡威脅。恐嚇信件塞滿了我家信箱，大多數是來自密西根州。特雷斯家族對海軍提出了多項告訴，其中一項還把我列為被告。現役軍官因為在執勤時發生的意外遭到控訴，幾乎是前所未聞的事。

就在我心情盪到低谷的這個時候，瑪莉貝斯的信件剛好送達。兩人從艾森豪時代以來就沒有往來。在那場她流淚向我揮手道別的美式足球比賽後再也沒有見過她。這些都不重要，反正我還是天天掛念著她。

我決定回信，讓她知道她的來信對我是有多大的鼓勵。輿論的攻擊讓我從一個受人敬仰、即將晉升將官的海軍飛行員與艦長搖身一變，成為了一切海軍軍官負面形象的綜合體。

但是當我決定動筆前，內心卻又有聲音告訴我：「別再強求了，她已經做出了決定，你必須要給予尊重。」

此刻瑪莉貝斯仍是她那美式足球隊男友的太太，而我也有妻小。想到我對她仍有感情，寫這封信回去等於是要我背叛家庭，揭開舊日的傷疤。我這樣做是在與自己摯愛但不能共渡人生的人恢復聯繫。在媒體鋪天蓋地、捕風捉影的攻擊下，這樣只會讓事情更糟。

我沒有回信，而是將信件帶在身上長達一個月之久，陪著我在遊騎兵號上抵抗媒體的輿論壓力。每個晚上，我都會把信重新讀一遍，提醒自己，世上還有我在乎的人不相信媒體對我以及我的領導風格的詆毀。

直到有一天，發現自己太依賴這封信了，卻沒有辦法與她重新建立聯繫。於是我決定放更多心思在官兵與工作上，來無視輿論對我的打擊。

最後聯邦法院判原告敗訴，維持原本的判決。但特雷斯的死還是影響到了遊騎兵號上太多優秀的官兵。我盡可能保護他們，冒著賠上自己海軍生涯的風險。

---

1 譯註：威廉·布萊（一七五四年至一八一七年），是殖民時代的英國皇家海軍將領，他在擔任賞金號（HMS Bounty）商船船長的時候，疑似因為對待手下殘酷引起叛變事件，是電影《叛艦喋血記》（Mutiny on the Bounty）的取材來源。

一九八二年六月十一日，我離開了遊騎兵號，回到岸上擔任參謀職務。這是一個海軍軍官通往將官之路的必經途徑。我被調到珍珠港擔任太平洋艦隊司令部的副參謀長。這是我進入海軍以來，最為繁忙的工作。不過這樣的忙碌是有回報的，因為它被視為「將官養成班」。接下這個工作一年後，我被海軍軍令部長召喚到華府。在這場閉門會議，軍令部長說明了海軍與我面臨的問題。原來密西根州有名參議員，把為特雷斯出氣視為自己的神聖使命。軍令部長認為，這位參議員接受了來自特雷斯家族的政治捐款，並將批評海軍視為他爭取連任的重要武器。

不論動機為何，雖然來自法院與海軍的不同調查，都判定特雷斯是意外死亡，參議員仍運用他在參議院國防委員會的權力封殺我的將官晉升之路。

軍令部長為我奮戰。畢竟我在海軍擁有優良的表現。從創辦 Topgun，到兩次帶領遊騎兵號出海部署，兩年來沒有發生過任何一起飛機意外，這是同時期其他航艦無法達成的成果。此刻的我對海軍而言已經是個政治累贅。雖然軍令部長提議我留下來，但是他仍被迫把我的名字從一九八三年度的將官晉升名單中移除。我熱愛海軍，無法想像沒有海軍的日子自己該怎麼活。如果我留下來，勢必無法打贏這一場戰鬥。參議員必然將勝選連任，他阻礙我晉升將官的行為將不會停止。如果海軍反抗，我將親眼看著這個我所愛的軍種付出代價。瞭解到華府的運作模式後，我辭去副參謀長的職務，並於兩星期後的一九八三年三月一日打報告退伍。我在海軍服務的時間，長達二十九年一個月又一天。

八〇年代初，在雷根總統的領導下，美國政府不斷提升國防預算。我在這段期間交出遊騎兵號艦長的職務；Topgun 的指揮官是出類拔萃的厄尼・克里斯汀生。他與海軍部長約翰・李曼（John F. Lehman）建立了良好的私人關係，兩人密切合作對抗來自五角大廈官僚體系的壓力，致力於提升海軍戰鬥機武器學校在軍中的地位。

Topgun 與整個米拉瑪聚落就如同過去，都是擁有較正面的評價。然而在一九八二年所獲得的評價卻好壞參半。在雷根總統更為強硬的海權戰略主導下，海軍戰鬥力得到快速又徹底的強化。航空母艦航行到更為遙遠的距離，甚至直逼蘇聯海岸線。但這個現象卻大幅減少了訓練時間，也減少了飛行員離開艦隊、到米拉瑪來受訓的機會。海軍的空戰專業程度仍然很高，但 Topgun 結訓校友看起來對各中隊訓練的主導性卻大幅降低。原因之一是海軍開始大量裝備 F/A-18 大黃蜂式戰鬥機。從一九八二年到一九八五年，共有二十四個中隊完成大黃蜂式的換裝，海軍沒有足夠的飛行員分配給每一個中隊。

但其實 Topgun 在部隊的影響力是不斷在擴大。學校開始派人造訪菲律賓、日本、沙烏地阿拉伯，與海軍派駐在這些前進基地的航空聯隊緊密合作。我們舉辦「巡迴講堂」、安排課程、組織模擬飛行訓練，以及進行航艦戰鬥群防空演練。同時，多個機動訓練小組（Mobile Training Teams）造訪北約盟國。其中在挪威與德國最受歡迎，教官們會把對方的F－5、F－104與F－16飛行員的極限發揮出來。同時與系出同源的海軍水面艦隊，也開始以 Topgun 的訓練模式培育巡防艦、驅逐艦與巡洋艦的艦長成為更優秀的戰士。然而據我所知，類似這種讓青年軍官可以有建言的訓練方式，對於傳統派海軍來說是個問題。

隨著這一切的發展，大眾對於 Topgun 存在只是時間早晚的問題而已。一九八三年五月，《加利福尼亞》雜誌從單一F-14雄貓戰機機組的角度，報導Topgun的故事。製片人傑瑞布魯克海默（Jack Bruckheimer）與唐・辛普森（Don Simpson）讀到這篇文章後，認為在美國戰鬥機城拍攝電影有著相當的潛力。時任Topgun副指揮官的麥克・「巫師」・麥克比（Mike "Wizzard" McCabe）在米拉瑪接待了這兩位電影人，討論拍攝電影的可行性。製片人找來吉姆凱許（Jim Cash）與小傑克・艾普斯（Jack Epps）編寫劇本。他們主動聯繫海軍尋求協助。

海軍軍令部長何洛威上將（James Holloway）同意全力支援他們，條件是海軍有權力修改劇本。雙方達成共識後，海軍派了兩艘航空母艦支援製片商，還有幾架F-14雄貓式戰鬥機裝上攝影機支援拍攝。每飛行一小時，海軍就從派拉蒙製片公司手中收取七千八百美元費用。在東尼史考特（Tony Scott）指導下，拍攝工作於一九八五年六月開始。

早先史考特是希望拍攝「航空母艦版的《現代啟示錄》（Apocalypse Now）」，片商也比較推崇這種暗黑風格。但布魯克海默與辛普森兩人卻自認有比這更好的點子，拍攝「搖滾風的戰鬥機飛行員」電影，也就是一九八六年五月上映，引來更多掌聲的《捍衛戰士》[2]。

故事情節聚焦在外號「獨行俠」（Maverick）的米契爾（Pete Mitchell）上尉與「冰人」（Iceman）湯姆坎薩斯基（Tom Kazansky）兩位學員之間的較量，他們分別由湯姆克魯斯（Tom Cruise）及方基墨（Val Kilmer）飾演。然而，湯姆史基瑞（Tom Skerritt）飾演的指揮官「毒蛇」麥卡佛中校（"Viper", Mike Metcalf）所演繹的Topgun領導風格與札實的訓練模式，比兩位年輕學員的衝突更能彰顯我們的現實狀況。一個看起來像是好萊塢虛構出來的人物，也就是女主角凱莉麥吉莉絲（Kelly McGillis）飾演的布萊克伍德

（Charlie Blackwood）教官，反而是從真實人物中得到的靈感。她的原型是到米拉瑪做實地分析、擔任預警機聯隊長顧問的數學學者克麗絲汀．福斯（Christine H. Fox）。雖然她與 Topgun 沒有直接關係，但是她的上級湯姆士．卡西迪少將（Thomas J. Cassidy）——海軍協調劇組的聯絡官——對克麗絲汀印象深刻，大力遊說劇組將湯姆克魯斯的女朋友由原本的特技飛行教官，改成有才幹的戰術顧問。克麗絲汀．福斯後來擔任代理副國防部長，成為五角大廈有史以來職務最高的女性。

誰想到這樣的電影會對女權提升有幫助？如同大家所知的，電影裡是充斥著男性荷爾蒙。Topgun 被描述成宛如美化過的校園競技場，而不是真實世界裡嚴謹的學術訓練機構。但是多虧了東尼史考特與他的團隊，電影中的航空攝影是至今最完美的。他的顧問之一是在電影參一角，參加過越戰的米格殺手、Topgun 教官彼德．佩迪魯上校（後升為少將）。雖然有些吹毛求疵，但是他們在東尼史考特與他的攝影師傑佛瑞．金博爾（Jeffrey L. Kimball）帶領下，透過影片將F－14的特性完美展現出來。電影的精彩配樂，讓聽到的人彷佛自己置身於F－14的駕駛艙內。《捍衛戰士》擊敗了《鱷魚先生》（Crocodile Dundee），贏得全美票房冠軍，獲得全球三億五千萬美元票房紀錄，還獲得奧斯卡金像獎最佳原創歌曲獎（由喬治歐．莫瑞德（Giorgio Moroder）與湯姆．懷特洛克（Tom Whitlock）創作，柏林合唱團演唱的《令我神魂顛倒》（Take My Breath Away）。

2 原註：雖然海軍以單一詞彙的方式使用 Topgun 一詞，但片商堅持把它分成兩個詞看待。我想這因為在電影海報上會更好看的關係，就如同在書本封面上也是如此。

看了幾次電影後，彼德．佩迪魯對於飾演「獨行俠」後座的「呆頭鵝」（Goose）妻子的梅格萊恩（Meg Ryan）印象深刻。他說表示梅格萊恩為了「呆頭鵝」的殉職哭戲足足連續拍了二十二次，我認為安東尼．愛德華（Anthony Edwards）飾演「呆頭鵝」是搶足鏡頭。「呆頭鵝」的兒子還要在二〇二〇年上映的續作《捍衛戰士：獨行俠》（Top Gun: Maverick）中以 Topgun 飛行員之姿出現。我認為這是對後座雷達攔截員作為前座飛行員眼睛和耳朵所做的致敬。

好幾個 Topgun 教官跟著劇組一起出席公關活動。當他們被問到如何看待「獨行俠」這號桀驁不馴的角色時，教官當中一人表示：「他很優秀，但憑他那樣的態度是不會被我們收進來的。」這就是那個時代軍人的自尊心，這是一部很好的商業娛樂電影，但你不會希望電影裡的情況發生在待命室裡。像「獨行俠」這種特立獨行的人物，在這裡是不可能待得下去的。他一心想引起他人注意只會害死自己。Topgun 要的是穩定、成熟、專業，或許在性格上帶有點啟發性，但在作戰上，是腦、心、手均到位的智慧型戰士。

前海軍部長李曼不久前撰文指出，「獨行俠」桀驁不馴的個性是為了一群特別的觀眾設計的——蘇聯人。他寫到：「熱愛刺激，不失專業又隨時準備轟你一輪的海軍飛行員，就是透過這部影片想要傳遞的訊息。但這對推動建設性的外交關係，恐怕沒有什麼幫助。」確實是沒有什麼幫助，但是誰曉得？作心理作戰武器的一部份，電影也許為五年後的蘇聯瓦解推了一把也說不定。

拍攝電影是一個很簡單的工作，因為寫實從來就不是電影人首先考慮的點。沒有 Topgun 飛行員會把飛機倒著飛到另外一架飛機上方，然後以座艙罩對座艙罩的方式與敵機飛行員互動。「獨行俠」與教官在纏鬥演練中，將機身拉高後故意讓發動機空轉，好讓自己身後的教官衝到前方再加以捕捉的畫面，簡直就是傑瑞．博利爾口中的「自殺動作」。不過毫無爭議的，本片為海軍航空隊的發展帶來重大貢獻。大量年輕人受到電影吸引，主動前往募兵中心報到，希望能成為飛行員或水兵，而這絕對是海軍支援拍攝的最大動機。何洛威將軍坦承，通過資格考核送往潘沙科拉學飛行的學員，比那一年海軍的員額多出了百分之三百。最後他取得國防部長溫伯格的首肯，將錄取資格通知書先保留起來分三年發送，確保海軍航空隊有足夠的新進學員。空軍也試圖跟上我們的腳步，根據媒體報導，空軍在放映《捍衛戰士》的電影院召募新兵。

圈子之外，很少有人還記得電影拍攝期間發生的一齣悲劇。一九八五年九月，著名飛行特技表演冠軍、航空表演最受歡迎的特技飛行員阿特．施科（Art Scholl），在駕駛裝有攝影機的雙翼機協助拍攝空戰畫面時意外身亡。他駕駛的雙人座皮茲特製機（Pitts Special）在空中失速。無法將飛機拉回來的他，摔入加州恩辛尼達（Encinitas）五英里外的海中。電影也因此作為緬懷他的作品。

雖然本片充分反映了雷根時代美國海軍的強盛，同時也為募兵目標達成效果。這同時也給海軍航空隊帶來了出人意料的結果，而且影響了 Topgun 達數年之久。海軍的其他群體，尤其是攻擊機飛行員深感遭到電影「輕視」，導致攻擊機與戰鬥機飛行員之間的新仇舊恨一起浮上檯面。等到八〇年代進入尾聲，學校又遭遇到一系列來自官僚體系的毀滅性打擊，我相信就是故意為了癱瘓 Topgun 所下的毒手。

當然，此時我已經是一介平民，恢復到我過去在惠提爾擦皮鞋時的模樣。我也要面對屬於我的挑戰，從一個在波斯灣指揮超級航空母艦的艦長，變成一個隨興打扮的加州商人。我過去的社交圈完全消失了。

返回加州的那年春天，頓時感覺自己成了老家的難民。此刻的我快要五十歲了，卻要重新開始。必須要想辦法適應新的正常生活。

對過去的我而言，所謂正常生活指的是一大早從舷窗飄進來充滿鹽味海風的船艙醒來。還有就是彈射器的強力震動，在高速垂直爬升時超過一馬赫。還有就是在夜間飛越我們國家的漫長航程，以及在海上挽救生命，讓我體驗到身為軍人的使命感。所謂正常生活，就是飛入北越上空時的恐懼、與優秀的美國青年共同領導「Topgun 時的榮光、迎接從「河內希爾頓」回來的老戰友時的欣喜，以及與軍中袍澤同生共死的記憶。這些塑造了我成年以來的人生所有記憶。回到平民生活後，沒有什麼事情對我而言是正常的。

我第一次婚姻在七〇年代的多次海外部署之後以失敗告終，夫妻倆有太多的難關過不去了。第二次婚姻是我當到航空母艦艦長時來臨的，起初我對此相當樂觀，最後的結果也無法盡人意。這次婚姻的最大喜悅，是我得到了生命中的第三個小孩，我的女兒，甘蒂絲（Candice）。

我大可像其他許多退役軍官一樣，進入軍火產業工作，有高額的薪水與豐厚的福利，但我沒有這麼做。長年的服役經驗告訴我，軍中有許多弊端是來自武器的採購體系。當然我也知道，國防工業背後對華府還有國防部的驚人影響力，我不希望透過軍工複合體的後門來增加自己的影響力。

相反的，我在南加州做起了自己的小小生意。靠著過去在海軍學到的領導統御之術獲得成功，當然也給聘請我的傑出商人喬·西尼（Joe Sinay）帶來了甚多好處。我們成為了多年的至交，我還欠了他大把的人情。

身邊的親人一個又一個離世。先是父親，然後母親也在幾年後追隨而去。即便如此，每當我到洛杉磯做生意的時候，還是不忘記去看望一下老媽的摯友路易斯．西克雷斯特（Louis Seacrest）。雖然已經九十四歲了，記憶力卻依舊敏銳，是我在這個世界上唯一的親人了。

有一天晚上我帶她去吃晚餐，她突然冒出了一句話：「丹，我認識了你一輩子，不曾看到過你像現在這樣痛苦。」

我以為一直把自己真實的情緒藏得很好。

「是的，我是有點不開心。」

「我已經幫你找到答案了。」

她拿出筆記本與一支筆，抄下了一組電話號碼後，把整張紙撕了下來給我看。

「打過去，現在就打，你三十年前就該打了。」

我看著電話號碼，有點不知所措。

「丹，瑪莉貝斯又恢復單身了，快打這通電話。」

我整個人驚嚇到無言，因為我已經斷絕了與她所有共同朋友的聯繫。老媽去世以後，我完全沒有關於瑪莉貝斯的消息，甚至不知道她也離婚了。

剛好我車上有一組工作用的汽車電話，在把老媽的摯友送回家後，立刻返回車上，把電話打了出去。瑪莉貝斯的母親接了電話，我先向她自我介紹，深怕她已經把我給忘掉了。她很高興我打電話過去，與我簡單閒聊了幾句後，再把瑪莉貝斯的電話號碼給我。我二話不說，又打了第二通電話。

她的聲音完全沒變，把我的記憶帶回到那一年的聖誕節。回到艾托洛，在T－33教練機前把她擁入懷中的畫面。

「貝斯，我是丹彼特森。」

電話那頭一片沉默，我只好再跟她喊了一遍我的名字。

她居然以為是她弟弟給她打的惡作劇電話，開始對我大吼大叫，完全不是我預期的樣子。我馬上向她保證自己不是她的弟弟，接下來我們兩個隔著電話對彼此哈哈大笑，我好久沒有笑得這麼輕鬆自然了。

「你回來了嗎？在哪兒？」

「開始煮咖啡吧，我一會兒就到。」

她把地址給我以後，我猛踩油門把車開了過去。下車以後，映入眼簾的是一棟漂亮整潔的宅邸。而我身上穿的卻是波羅衫、寬鬆長褲還有平底鞋（永遠記得穿一雙好鞋，因為你不知道下一秒可能就碰到人生摯愛）。

大門打開了，她走了出來，正是瑪莉貝斯，就跟三十年前分手當時一樣的美麗動人。我不會記錯，過去在海上的每一天我都想著她。這一切好不真實，天曉得過了三十年後，我還會再見到她。過去我因她的離開所苦，時間雖然消滅了傷痛，傷痛卻始終存在。

那天我從故障的F－4戰鬥機上彈射出來，直到墜入拉霍亞海面時腦海裡面想著的是誰？正是站在我面前、如同過去一般盛裝打扮、滿臉快樂與興奮地看著我的女子。

她笑著張開雙手，我也立刻走向前，兩個人很有默契的抱在了一起。當然她給的不只是擁抱，還有輕輕的一記香吻。這不只把兩個久未相逢的老朋友重新連結到了一起，還包含重新拾起失落愛情的喜悅。

突然間，我感覺到了一種奇特的釋放感，心中的空洞慢慢被填補了起來，不再有遺憾。時間與空間的差距，從此刻開始都不再是問題。當我們的嘴唇分開時，我注意到她棕色的眼睛盯著我看。

此刻我很確定，我已經回到家了。

第二十一章
拯救戰鬥機武器學校

動筆寫書的時候，我已經是個八十三歲的老人家了。但每當有飛機飛過我頭上，我還是會忍不住抬起頭來滿足自己的好奇心。讀到這裡，你一定能理解為什麼飛行是我的人生摯愛。過去三十年來，飛行填滿了我的人生，賦予了我一切我認為彌足珍貴又極具價值的東西。飛行還給了我一個完整的家，無論是在天上、海上還是陸上。到了最後，瑪莉貝斯的再度出現，彌補了我長年來的遺憾，也就是更多更好的家庭時光。這是過去駕機在海防上空搜索北越目標的我，從來沒享受過的天倫之樂。

現在已經是午夜時分，月亮高高掛在天上。坐在游泳池畔的我們，還是時不時看到民航機從頭頂上飛過。坦白講，這輩子我唯一的遺憾，是沒有花更多時間陪伴達娜、克里斯還有七年級世代的甘蒂絲。頭兩次婚姻都會以失敗告終，得歸咎於頻繁的海外派遣、政治和媒體的追殺。她們都是很好的女性，我會永遠關注她們，希望她們原諒我對事業成就的追逐和優先順序的安排。

戰爭來臨的時候，國家需要我們赴湯蹈火。當戰友們在前線面臨地對空飛彈與米格17戰鬥機的時候，我不可能在一旁坐視不理。從穿上制服、向部隊宣誓效忠開始，你就經歷了脫胎換骨的改變，腦海裡面優先想的事情也就與別人不一樣了。

瞧瞧那個在夜空中移動的閃亮燈光，我猜她是一架從洛杉磯國際機場起飛的波音七三七，每個晚上的這個時間點我都會看到她。沒有延誤，看來登機門的作業一切順暢，沒有遇到鬧脾氣的乘客。

天啊！我真的是太熱愛飛行了。在這樣的夜晚、在四萬英尺的高空，是可以看到數百英里外的任何東西。天空如水晶一般的黑暗清澈，在我上方是由無數星星交織而成的美麗銀河，下方的城市燈光有如鑽石般的相互輝映。地球與萬物眾生的美豔，都一覽無遺。直到親自體驗以前，你無法想像飛行會如何打開你的眼界、如何讓你深深上癮著迷。你永遠不會知道，飛行能給你帶來什麼樣的經驗與改變。

現在我們居住的地區，已經很難在晚上看到軍機飛翔了。受到國防預算刪減以及備料的不足，飛行員越來越少執行夜間飛行任務。若要是繼續思索下去，我會開始憂慮起 Topgun 的未來。

伴隨著蘇聯的解體，一九九三年起美國開始大規模刪減國防預算，許多基地跟著一起關門大吉。艾托洛航空站的陸戰隊被迫移去米拉瑪，與 Topgun 爭奪有限的基地空間。高層決定將 Topgun 搬到內華達州的法隆航空站（Fallon），納入簡稱「攻擊優」（Strike U）的海軍打擊與航空作戰中心（Naval Strike and Air Warfare Center, NSAWC）編制之下（章後說明※）。於是這塊擁有「海景」之名，卻看不到海的地方、這塊我們在偷來的小拖車裡日以繼夜努力工作的地方，不再是 Topgun 的家了。海軍高層裡的攻擊機飛行員為了狠狠贏一次，用把 Topgun 逐出家門的方式剝奪了我們的傳承。

進入九〇年代以後，對戰鬥機飛行員還有 Topgun 的不滿更是來到了高峰。這不光是電影的高知名度所導致，還有一九九一年發生在尾鉤大會（Tailhook Convention）上的性侵事件[1]，也給海軍飛行員的榮譽帶來了污點。正如前Topgun指揮官羅蘭・「獵犬」・湯普森（Rolland G. "Dawg" Thompson）指出：「Topgun在許多人心目中，被視為戰鬥機飛行員的最後堡壘，是許多這個圈子外的人極欲除之而後快的指標性產物。」

Topgun從美景、沙灘與充滿活力的南加州，搬到了鳥不生蛋的內華達沙漠，徹底遠離了文明世界。媒體密切關注這個消息。當學校的卡車離開米拉瑪時，人們舉著牌子站在高速公路上列隊歡送。許多「捍衛戰士」的妻子，在學校的車隊駛入一片狼藉的法隆海軍航空站時忍不住落下眼淚。沙漠的熱風吹到了他們的臉龐，更讓人們對過往在聖地牙哥的生活格外懷念。漂亮的宅邸與校園，從此通通遠離了他們。

時任海軍軍令部長的波達上將（Jeremy Michael Boorda）相當保護我們，讓Topgun雖在海軍打擊與航空作戰中心編制下仍維持高獨立性。根據Topgun的訓練原則，「攻擊優」一度為在當地受訓的攻擊機社群訂定了高訓練標準。但是當「獵犬」湯普森的人馬帶著他們的十八架大黃蜂與四架雄貓抵達法隆時，攻擊機教官利用教官自評過程的「謀殺委員會」，取消掉戰鬥機教官的授課內容，還連一架訓練用的飛機都沒有。

一九九六年對海軍而言是個不幸的一年。沒有參加過實戰的軍令部長波達上將舉槍自盡。在留下來

1 編註：又名「尾鉤事件」，「尾鉤」指的是艦載機使用來降落在航艦上的特有裝置。這是艦載機飛行員群體的年度聚會。該年的九月五日至八日於拉斯維加斯超過四千名出席者的聚會上，有一百名左右的成員，涉嫌集體性侵八十三名女性與七名男性。最後導致出席大會的海軍部長及海軍軍令部長被撤職。

的遺書中，他強調自己因為在制服上佩戴了象徵英勇作戰的V字（Valor）勳標裝飾而感到恥辱[2]，決定以死來挽回自己的榮譽。他的走，對 Topgun 而言，等同於失去了一位照顧自己的好長官。他一去世，Topgun 就失去了原本的獨立地位，降格為「攻擊優」底下的一個訓練部門，由海軍打擊與航空作戰中心少將主任指揮。

我告訴你，這場失敗的對抗讓我徹底心碎，讓為了建立 Topgun 而花費千辛萬苦，使其發揚光大，並賣力抵抗高層壓力的元老徹底心碎。過去的成功，證明了活力四射、創意十足與積極主動的年輕軍官有機會建功立業。是否這樣的訊號，讓高層感到了危機？我不得而知。

但我知道的是，他們本來連 Topgun 這個名號都不讓保留。波達將軍去世後不久，回到法隆的「獵犬」就發現「攻擊優」大樓上的 Topgun 幾個大字不見了，而是被 N7 兩個字取代，意即海軍戰鬥機武器學校的番號縮寫，又是一個海軍高層充滿官僚作風的行為。

取代波達出任海軍軍令部長的是詹森上將（Jay Johnson），他也是迄今為止最後一位當上此要職的海軍飛行員。起初「獵犬」認為這不是個好預兆，因為詹森與「攻擊優」主任邦尼．史密斯少將（Bernie Smith）是好友。同時，推動戰鬥機與攻擊機部隊的整合，讓人擔心長官會消滅 Topgun 的文化資產。不過我們還是要感謝史密斯少將，他發現了門戶之爭的危險，決定讓湯普森主導所有的訓練業務。在交出 Topgun 指揮官職務的時候，他邀請史密斯少將在交接儀式上發言，確保他會在場，然後趁機做出了「我就算丟了職位，也會為了確保本單位的訓練品質奮戰到底」的承諾。他信守了諾言。

同在法隆的「攻擊優」沒有繼續找 Topgun 弟兄們麻煩了。不過弟兄們的妻子，還是對於自己在法隆社交圈裡遭到的差別待遇大為光火。不要輕忽這件事所帶來的影響，門戶成見是會大傷部隊士氣的。許多人為此不願意來 Topgun 受訓。將 Topgun 變成「攻擊優」轄下的一個部門、派遣一個海軍少將而非青年軍官來帶隊等做法，都讓大家對我們興趣缺缺。

「獵犬」深知他必須推動改變，於是利用自己海軍訓練處長的職務之便，邀請 Topgun 教官撰寫攻擊機的訓練課程。他強調：「我的如意算盤不是讓攻擊機社群吸收我們，而是戰鬥機社群吸收他們。」但是講的比做的簡單，門戶之爭並沒有到此告一段落。

但 Topgun 沒有就這樣消失。他們在「獵犬」提供的保護下繼續執行任務，年輕軍官沒有中斷一直以來的工作：繼續執行任務。官僚之間的戰爭，往往會造成某些單位的誕生與某些單位的消亡。即將消亡的單位，又往往會因為有風骨與原則的人願意不計個人榮辱站出來，並憑藉強大的說服力而保留了下來。Topgun 能夠在這艱難的歲月裡留存，為此我認為羅蘭・湯普森有他的歷史定位，當他過去的教官李察・「瑞德」・巴特勒（Richard W. "Rhett" Butler）回到 Topgun 接掌指揮官時，他發現大樓前的 N7 兩個字不見了，取而代之的是「捍衛戰士訓練部」（Topgun Training Department）幾個大字。

剛從米拉瑪搬遷到內華達那段時期，學校得以留存下來是有多麼的不容易。百分之八十的年輕教官準備離開海軍，但是在「獵犬」的卓越帶領下，海軍的聯合戰鬥攻擊機訓練計劃獲得驚人成功，於是他

2 編註：海軍與陸戰隊稱為「戰鬥識別裝飾」（Combat Distinguishing Device），或者是戰鬥V的六・四公厘，加飾在某些勳標上的小型裝飾，以代表該員在獲得該枚勳獎章的同時，還在作戰過程中有英勇過人的行為。

們大多數人選擇留了下來。如果不是因為他們長官強而有力的領導風格，這些同樣充滿個性的青年軍官也不會留下來，Topgun 也將不復存在。

我不太喜歡去回想這些不必要的派系之爭，尤其是像在今晚這個美好的時刻。來到游泳池畔的我，是想要尋求內心的平靜。有些時候，我希望能從過往的美好記憶裡尋求解脫，重新尋回消逝已久的榮譽感。你知道嗎？雖然飛行是我的最愛，但最讓我感到驕傲的還是挽救生命。包括那對在下加利福尼亞救出的夫婦，還有南海上的越南難民，這些才是我事業中最值得大書特書的時刻。

美妙又奇特的是，很多時候你過去做過的事情，會以你想像不到的方式改變現在的你。救出那小船上的越南難民，就是改變我人生故事的幾個重要篇章之一。多年後的一九九八年，我接到了海軍新聞處處長的電話，表示有一位一九八一年在南中國海上獲救的生還者想與我見面，當年他才十三歲而已，跟著媽媽、哥哥還有兩個妹妹一起上了那條多災多難的小船。他從來沒有忘記生死關頭的那一刻，龐大的航空母艦——尤其是艦島上那巨大的舷號六十一號——停靠到了他們小船的旁邊。現在他想代表船上一百三十八名難民，向我表達謝意。

我馬上同意，本來認為這不過就是用電話聊幾分鐘的事情而已。可是海軍另有安排，希望我們能在《早安美國》（Good Morning America）脫口秀上會面。現在我可以說，那次上節目的經驗真的給我後來的人生帶來不少好運。蘭大叻（Lan Dalat）如期在節目上與我會面，從他對我講的第一句話開始，我就知道兩人註定要成為終身至交。

他與家人先在呂宋島的難民營待了一段時間，然後再移民到華盛頓州。他們一家搬到氣候與故國較相似的南加州。蘭大叻與他的兄妹們在公立學校體系遭到欺負。「船民」等侮辱性名詞，天天伴隨在他們的左右。這對一個失去祖國、必須要在異國他鄉重新站起來的孩童而言，是多麼艱難的情況？但是他與他的家人，並沒有錯過美國提供給他們的機會。

最後四個小孩都成功從大學畢業，得到了令人稱羨的工作，還開始建立自己的家庭。蘭大叻後來邀請我到他的大學畢業典禮，以及他的美國陸軍軍官就職典禮上發言。他加入美國陸軍特戰司令部，參加過阿富汗戰爭的弟弟東尼（Tony）也邀請我做了一樣的事情。

與我所有見過的人比起來，蘭大叻與他的家人更加瞭解美國強大的精神力量，他們比其他人更願意為了捍衛美國的精神價值而戰。

想知道這故事最棒的部分嗎？至少對我來說是最棒的，但反正我來講也不算公平啦。蘭大叻結婚後，特別用我的名字「丹」來命名自己的小男嬰，讓我每次一想到就非常感動。一九八三年離開海軍的時候，我幾乎失去了我的聚落與所有的弟兄。在我最孤立無援的時候，我曾經計劃打造一艘一一〇英尺的遠洋拖船，好讓自己重回大海。我想順著太平洋的海浪前往日本、菲律賓或者任何海風和星星想要我去的地方。聽起來很浪漫，做起來會相當孤單。

結果在我人生最低潮的時候，我先是與瑪莉貝斯，然後又與蘭大叻重逢了。接著老弟兄們逐漸從海軍退役，Topgun 創校元老幾乎都住在南加州，大家又能相聚了。

一九八三年三月一日，我重新開始了孤單的平民生活，不知道在這個我曾經以生命捍衛、現在卻不太熟悉的國度會有怎樣的遭遇。出乎我意料的是，退休後的正常生活為我朋友與家人的愛所填滿，過起來幸福又喜樂。有我的孩子，貝斯的孩子（我們現在有個和脫線家族差不多大的家庭了），還有年輕時與我一起上戰場的袍澤們。

Topgun 創校元老時常一起聚餐。當我在寫這本書的時候，九個人只剩下其中七人在世。與貝斯重逢後，兩人又等了一年之久，才又一起飛到丹麥，在我父親小時候受洗的教堂完成終身大事。這又讓我想起了父親移民美國的艱苦故事，就跟蘭大叻與他的家人一樣。

貝斯與我一起彌補了兩人早該有的愛情生活。從九〇年代開始到千禧年後的今天，我們一起工作生活，打造愉快的晚年人生。她曾經是我心中缺少的一塊肉，現在既然已經填滿，那我心中就不再有遺憾了。

但是對於接替我們坐進戰鬥機駕駛艙的年輕飛行員們，我還是憂慮他們未來不會有好日子過。

※

海軍打擊與航空作戰中心（NSAWC）是包含了自一九八四就在法隆海軍航空站成立的海軍打擊作戰中心（Naval Strike Warfare Center, STRIKE "U"）、之後遷校過來的「海軍戰鬥機武器學校」以及「航艦空中預警武器學校，又名「捍衛圓頂」（Carrier Airborne Early Warning Weapons School,

TOPDOME）在內的三個單位。一九九六年六月，ＮＳＡＷＣ改稱「海軍航空作戰發展中心」（Naval Air Warfare Development Center,NAWDC）。

ＮＡＷＤＣ所包含的單位編號如下：Ｎ２至Ｎ４、Ｎ９是行政與參謀單位

Ｎ６：航艦空中預警武器學校（Carrier Airborne Early Warning Weapons School, CAEWWS）或稱「捍衛圓頂」ＴＯＰＤＯＭＥ

Ｎ７：海軍戰鬥機武器學校

Ｎ８：海軍旋翼機武器學校（Navy Rotary Wing Weapons School）

Ｎ10：海軍航空電子作戰武器學校（Navy Airborne Electronic Attack Weapons School）或稱ＨＡＶＯＣ

Ｎ20：戰斧陸攻飛彈部門（The Tomahawk Land Attack Missile (TLAM) Department）

第二十二章

莫非要再輸一次不成？

（還是說駕著F－35「回到未來」？）

與老舊的F－4一樣，F－14會永遠存留在戰鬥機飛行員的記憶中。這款聞名遐邇的戰鬥機終究在二〇〇六走入歷史。海軍為了雄貓的取代機型、F/A-18大黃蜂、全新的A－12「復仇者II式」（Avenger II）匿蹤攻擊機，以及性能提升的A－6入侵者式攻擊機，已經沒有足夠的資金讓雄貓戰機繼續飛行了。國防部長錢尼（Dick Cheney）似乎跟紐約國會代表團過不去，這點肯定沒有什麼幫助，格魯曼公司本身就以長島為據點。最終五角大廈做了一個讓人傷心欲絕的決定，那就是拿新而貴的玩意兒取代便宜可靠的東西，將還處於可服役狀態的兩款格魯曼經典名機——入侵者式與雄貓式一起除役。天曉得這樣的決定，在未來還會花費多少的錢。

至於海軍花費四十八億美元預算、與麥克唐納道格拉斯還有通用動力公司（General Dynamics）共同研發的A－12，則因法律訴訟問題導致慘敗，最後連一架飛機都沒有生產出來。這起訴訟案持續了二十三年之久，承包商最終付了四億美元賠償金給政府。關鍵問題是在於匿蹤技術。承包商表示他們無法準時交機，因為政府拒絕提供打造雷達規避科技的機密數據。他們講到重點了，前Topgun指揮官隆尼．「老鷹」．麥克隆指出：「A－12是個黑科技，」機密等級超高，「你不能把資料帶回你的辦公桌閱讀，只能在保險庫裡閱覽。」但是五角大廈的官員們，似乎對匿蹤科技深具信心。

「為了匿蹤技術，我們出賣了靈魂。」老鷹繼續說：「五角大廈的態度是，如果不裝備匿蹤戰機，以後所有的攻擊任務都交給空軍。我則不斷反覆強調，在東歐某個地下室裡，一定早就有一群人，戴著跟可樂瓶一樣厚的眼鏡在研究如何擊敗匿蹤技術。這飛機問題多多，取消了是對海軍的自我救贖。」[1]

最後海軍選擇以性能提升版的F/A-18來接替A－12的位置，雖然被稱為「超級大黃蜂」的F/A-18E/F的表現還算可圈可點，但他們的作戰距離還是比不上更老的雄貓。

更令人難過的是，現在只有伊朗政府手中還握有能飛行的F－14戰鬥機。伊朗在一九七六年取得F－14，那時伊朗領袖巴勒維國王還是美國的盟友，我們也樂於協助他們對付蘇聯的米格25（北約代號「狐蝠」，Foxbat）。在伊朗轉變為敵視美國的神權國家數十年之後，錢尼部長出於避免零件流入波斯貓中隊的考量宣判了F－14死刑。但是不知道什麼原因，伊朗至今仍能派出F－14掩護俄羅斯轟炸機攻擊敘利亞境內的目標，顯見波斯貓的維修工作與性能表現維持得都還算有一定水準。（我還記得當年派來米拉瑪接受一二一中隊訓練的伊朗飛行員。在我的記憶中，他們顯然對追求美國女孩與花錢購買名車更有興趣，是群非常糟糕的學生。）

每當我上網搜尋資料，或者當我閱讀海軍群組裡的留言時，常常會有許多經歷過F－14服役高峰期的資深士官們忍不住說：「天殺的，如果我們能讓那款戰機回來服役那該有多好。」之類的觀點。他們大多數人腦袋都十分明白，希望海軍能夠重新啟用及繼續生產雄貓戰機。只需要做少量修改就可以，其他設計大體維持原狀就行了。我的想法跟他們一樣，一味追求科技的進步反而讓我們走上了回頭路，想必現在伊朗人已經在偷笑。這點我很確定，因為他們手裡仍在駕馭著美國海軍史上最優秀的一款戰鬥機。

老狗或許變不出新把戲，但只要聽聽這些前飛機發動機技師的意見，就可以知道五角大廈對匿蹤科技的迷信，將把國家帶往多麼危險的境界。我們在六〇年代學到的慘痛教訓，如今都付諸東流。在追求高科技的同時，又再一次的出賣了自己的靈魂。匿蹤科技一如當年的空對空飛彈，搖身一變成了一隻昂貴的殭屍回頭來嚇唬自己了。

即將在未來某天替換掉 F/A-18 系列戰機的，是由洛克希德馬丁公司打造的F－35「閃電II型」戰鬥機（Lightning II）。這款匿蹤的「多功能機種」多才多藝，是專門針對海軍、陸戰隊與空軍的需求設計出三款子機型的「第五代戰鬥機」。麥納瑪拉向海軍與空軍推銷F－111「飛行的愛德索」的失敗經驗，理應給了我們足夠的教訓。但是F－35的設計，又是給三個軍種各推出了一款子機型，有空軍的F－35A、陸戰隊的F－35B（具短場起飛與垂直降落能力，以取代AV－8「獵鷹式」）與海軍的F－35C。

多達數十兆美元的研發經費，讓F－35成為歷史上造價最昂貴的武器系統[2]。光是海軍版的F－35C

1 原註：引用自巴瑞特・提爾曼（Barrett Tillman）大作《On Wave and Wing: The 100-Year Quest to Perfect the Aircraft Carrier》（Washington, DC: Regnery History, 2017），第 272 頁。

2 原註：Valerie Insinna, "4 Ways Lockheed's New F-35 Head Wants to Fix the Fighter Jet Program," *Defense News*, July 14, 2018, www.defensenews.com/digital-show-dailies/farnborough/2018/07/10/4-ways-lockheeds-new-f-35-head-wants-to-fix- the-fighter-jet-program/. Accessed by the author on August 23, 2018.

生產成本（不包括研發與測試成本），就高達三億三千萬美元，而且這個數字還在攀升當中[3]。

已經離開我們的偉大約翰．奈許曾指出，現代飛機的零件在設計上就是以失敗為導向的。國防承包商推出現今被稱之為「線上可更換件」（Line Replaceable Unit, LRU）的新型零件，以確保自己能夠持續荷包滿滿。仔細推算一套武器系統的整體壽命期限，你就知道「線上可更換件」會讓你購買零配件的金額超過購買一整架飛機。想想你到辦公用品大賣場，花七十五美元採購一台噴墨印表機，但是卻要每隔六個月花上這一半的金額去補充墨水匣的情景。不過就是把這樣的情景，套用到先進戰鬥機的採購上罷了。

F－35的價格貴到讓人超乎想像的地步，我不禁懷疑未來就算有足夠的核動力超級航空母艦，甲板上卻不會有足夠的飛機。美國的財政狀況，絕對不允許購買足夠的F－35來裝備我們的航空聯隊。

從完全失靈的捕捉鉤開始到飛行員的供氧系統等等，F－35的問題還遠不止這些。光是結合超精密感測器與高資訊量視覺顯示器、賦予飛行員目視瞄準目標能力的飛行頭盔，價格就高達一頂四十萬美元。誰知道這玩意是否值這個價錢？整個戰機計劃的價格，就跟當年駕駛F－4做「雞蛋」動作一樣不斷地攀升。許多對F－35失去信心的飛行員，給了個「企鵝」的外號，也形容得太貼切了。

沒有任何一個部門能解決這些問題。海軍與其他軍種不行、國防承包商不行，就連國會也不行。在巨大的利益面前，所有機構與官僚組織都沒有辦法做出正確決定。參與F－35計劃的外包企業，遍佈全美國的各個選區。此計劃是眾多眾議員的利益來源，必然得到無上限的政治支援，而不必考慮其實際上的作戰表現與研發經費。於是當有國防承包商提出新戰機的研發計劃時，即便這款戰機不是海軍前線中隊所需要或期望的，海軍也沒有權利拒絕。為什麼在五角大廈裡面，會有海軍將領支持這些明顯不利於海軍的眾議員提案呢？你知道的，有許多海軍將領在尋求退休之後的事業第二春，其中最鐵飯碗的工作就是進入這些國防承包商擔任副總裁等要職。他們又何必冒著退伍即失業的風險，去質疑這些錯誤的決定呢？

有一個一定要回答的問題。我們到底需不需要如此昂貴的匿蹤科技？我無法回答這個問題。但今天俄羅斯與中國已經不再需要雷達波來搜索目標，他們採用的紅外線設備可透過飛機飛過大氣層時產生的摩擦熱或者氣流中的擾動鎖定目標位置。但是根據這些國防承包商的宣傳文宣，還有一些飛行員的說法，F－35是款「轉變型」機種。洛克希德馬丁就在官網上指出，「憑藉著匿蹤科技、先進感應系統還有武器威力與射程，F－35是最致命、生存性最高且最具連結性的戰機。F－35不只是一款戰鬥機，還具有蒐集、分析與共享情報的能力，能大力提升空中、海上以及地面武器於戰場上的作戰能力。確保我們服役的兄弟姐妹們能在執行任務後平安回家。」

上面的文字，讓F－35聽起來更像是空中預警機，卻沒有提到打贏空中纏鬥的訣竅。也許這就是重點，因為那些駕駛「企鵝」飛出經驗的飛行員會說，這戰鬥機本來就不是為了打空戰所設計。六〇年代關於F－4戰鬥機將如何改變飛行員傳統作戰模式的胡言亂語，又再度回到我耳邊徘徊。

3 原註：Winslow Wheeler, "How Much Does an F-35 Actually Cost?," *War Is Boring*, Medium, July 27, 2014, https://medium.com/war-is-boring/how-much-does-an-f-35-actually-cost-21f95d239398. Accessed by the author on August 23, 2018.

在我指導Topgun的年代，每個飛行員一個月必須要有三十五到四十個小時的飛行時數，才能取得上場作戰的資格，累積越長的飛行時數越好。F-35不只消耗掉海軍大量用於建設航空部隊的預算，還大幅減少飛行員成為合格飛行員的訓練時間。過去幾年來，超級大黃蜂的飛行員上戰場前的飛行時數平均每個月十到十二個小時。這樣的時間以我們的標準來看，只勉強足以讓一個飛行員摸熟如何安全駕駛飛機而已。F-35的時數比這個還要更少，許多飛行員仰賴模擬器解決飛行時數不足的問題，因為此機型的單位飛行時數開銷太可怕了。

真的想要瞭解F-35的致命性問題，還必須要從時間而不是金錢的角度切入。最讓人難以忍受的一個現實是，光是研發這款飛機的時間就已經用了二十七年。

經歷了二十七年與數不清的白花花鈔票，到現在還沒有形成完整戰力的F-35成軍。沒錯，研發工作從一九九二年就開始進行，但是到現在卻還是沒有辦法在任何軍種達成完全作戰能力的狀態[4]。不要被F-35飛翔的照片蒙騙了，沒有任何一架這款戰機是準備好作戰的。以色列聲稱自己靠出口版的F-35在一次作戰中派上用場。我不確定真假。如果是真的話，或許正是國際市場的巨大商業利益造成這麼不值得的計劃得以延長與超支將近三十年時間吧。以色列、日本與南韓都下了訂單，還有八個「夥伴國家」參與研發。不幸的是，其中一個夥伴土耳其幾乎已經要脫離美國的同盟體系了（或許他們在向俄羅斯靠攏的同時，還會履行為洛克希德馬丁生產零件的協議）。

二十七年，這是超過整整一個世代的時間。回想看看當年研發F-14雄貓式戰鬥機用了多久的時間。從海軍提出需求到F-14成軍，只用了短短四年的時間。沒有錯，只用了四年而已，F/A-18則是用了九年。

現在卻需要二十七年？

可見華府高層被腐蝕得相當嚴重，我們有一天將因此輸掉戰爭。或許一場失敗的戰爭不是壞事，可以讓政客與軍人在付出代價後，拿出勇氣來掃除這些問題。

然而，空中纏鬥的藝術多年來沒有經歷過什麼重大改變。未來的空戰與過去仍舊是大同小異。讓我來說個故事吧。

二〇一七年六月十八日，Topgun 校友、同時也是前教官麥克．「暴民」崔梅爾少校（Michael"Mob" Tremel），駕駛 F/A-18E 超級大黃蜂從「老布希號」航空母艦（USS George H. W. Bush, CVN-77）起飛，為向敘利亞拉卡附近的伊斯蘭國恐怖組織發動攻擊的庫德族友軍提供空中支援。他率領的四架超級大黃蜂戰機往內陸飛行，準備加入其他北約機隊輪流向伊斯蘭國據點投擲炸彈。就在這個時候，他與其他友機發現一架敘利亞戰機在接近。這架敘利亞空軍的蘇愷22不顧崔梅爾少校與其他友機警告，執意向庫德族的方向飛去並投下炸彈。忍無可忍的崔梅爾少校立即接戰。

他依據交戰守則，用肉眼確認了敵機的位置，發射ＡＩＭ－９Ｘ響尾蛇飛彈。敵機發現響尾蛇飛彈向自己飛來，立即施放熱焰彈開始閃躲。結果這枚設計精良的飛彈居然在半空中「失效」，沒有擊中眼前的目標。於是崔梅爾又發射了一枚雷達導引、設計來替換麻雀中程飛彈的ＡＩＭ－120先進中程空對空

4 原註：海軍陸戰隊於二〇一五年提早宣佈該軍種使用的版本，也就是Ｆ－35Ｂ，已達可作戰標準，但其系統，包括八百萬行程式碼，都仍有大量問題有待解決。

飛彈。最後這場長達八分鐘的空戰，以敘利亞戰機在半空中被打爆收場，迫使其飛行員阿里．赫德（Ali Fahd）跳傘逃生，崔梅爾則必須閃避空中的各種殘骸。這是自一九九九年春天，美國空軍飛行員在科索沃上空擊落南斯拉夫的米格29以來，第一次由美國戰鬥機飛行員取得的空戰勝利[5]。

二〇一七年的這場空戰，四名超級大黃蜂飛行員中有三名是Topgun校友。從這裡，他們有資格向人傳授他們所獲得的教訓，而且還是個耳熟能詳的教訓。第一，高科技武器的優勢可經由正確的反制措施加以抵銷。飛彈永遠都不是一種穩定的武器。更糟糕的事情是，由於交戰規則的限制，崔梅爾被迫在視距範圍內與敵機交戰。那為什麼還要花大把鈔票去研發交戰規則使其無用武之地的武器呢？

就算F-35目前所有的問題都能夠解決，而且也有足夠數量的F-35進入機隊服役，如果飛行員還是被迫要先以肉眼辨別敵機才能開火，那F-35和其視距外能力就沒有任何意義了。四十年來，這套規則沒有任何改變，就如「禿鷹」蓋瑞所言：「如果你能看到他，他也能看到你，那你們就在纏鬥了。」「企鵝」的強項不是空中纏鬥，但是它似乎還是會有機砲可用，這是一個正確的決定。

我還算是個不錯的戰鬥機飛行員，但我的思維也相當老派，始終認為越簡單的設定就是最好的設定。我是從自己過往的經驗中學習這個教訓的。三十年來的海軍飛行員經驗，讓我從一架飛機的發動機、機翼與機尾外觀設計就能看出這架飛機是否適合做空戰。沒有多少架飛機，能比Topgun用來當假想敵的諾斯洛普老邁F-5更適合做空中纏鬥。到今天它們還在服勤呢。

每天晚上躺在家裡游泳池畔，看著飛機與衛星經過我家上空，腦袋裡就忍不住思考如何為美國打造終極戰鬥機。基本上就是從老舊的戰鬥機改裝過來。類似老式的F-5那樣的單座戰鬥機，輕巧、靈活又結實，而且體積很小，在戰鬥中難以發現。我希望它價格便宜，方便大量生產，可以即時彌補將來實戰中的損失。

駕駛艙的設計，要避免大量資訊影響飛行員的感官。我的飛行員不能被這些用來定義第五代戰鬥機的龐大資訊牽著走，無論是在情緒上還是理智上都不行。海軍花了大筆經費加裝電子指揮與管制系統，但我知道的飛行員大多不會去碰這些系統，所以我們不需要它們。飛行員不需要聆聽那些沒有實戰經驗的參謀，或者遠在後方的將領告訴他們怎麼打仗。他們唯一需要聽到的指令，只能來自於某處的雷達管制員、他們的航空母艦或者是同一個中隊裡的袍澤。

他們駕駛的改裝飛機，每架造價不會超過千萬美金，所以也不用賣給除了英國與以色列以外的其他國家。省下了預算以後，地勤人員也有足夠的資金去採購他們需要的一切料件器材，然後讓國防承包商們自己掏腰包去打小白球吧。

只要給我幾百架裝有可靠機砲的F－5N戰鬥機，搭配具備自動前導計算功能的瞄準儀、四枚響尾

---

5 編註：來自第八七「黃金戰士」戰鬥攻擊中隊（VFA-87）的空戰勝利，相距之前的擊落是隔了十八年。崔梅爾少校因此獲頒傑出飛行十字勳章。

蛇飛彈、電子反制系統還有每個月飛行四十到五十小時的飛行員，就可以打敗世界上任何一支空軍，因為他們的經費已經被自己國家的第五代匿蹤「企鵝」給消耗殆盡了。飛行員不足的問題，也會因此解決。

空中作戰的訣竅仍然不變，那就是贏得空戰的不是飛機本身，而是駕駛飛機的人。飛行是一種會隨時間而衰減的技能，唯有不斷演練才能加以精進，但這一切已經不復存在，感謝那些每年狂砍國防預算的人們。也託了他們的福，讓我感受到我們現在的處境與越戰時比起來沒有好到哪裡去。講更難聽點，或許我與袍澤身處的那個最壞年代，反而才是最好的年代。

德瑞爾．「禿鷹」．蓋瑞的飛行紀錄簿指出，他在一九七六年六月就飛了六十五．五小時，其中五小時飛F-4N幽靈，十七小時飛A-4E天鷹，二十四小時飛F-5E老虎。上面提到的都只是真正參與的空戰演練時間，還不包括例行性長距離飛行時數。「禿鷹」自豪的表示，若能把那麼多的時間花在空中，任何人想不變成空戰專家都很難。

我的部隊都會是空戰專家，永遠都有足夠的飛機等待他們駕馭。我們能回到過去的美好日子，那個飛行員只要和機工長打一聲招呼，就能把飛機飛到海岸邊與其他飛行員比武交流的美好日子，大家都是戰鬥俱樂部的會員。讓飛行員長期練習用機砲打贏敵人，甚至帶領袍澤打贏空戰，他們就能在實戰中贏得每一場勝利。飛行員的訓練實在是太重要了，所以我又提出了一個點子，那就是我們應該將一部份戰略儲備的石油用來生產噴射戰鬥機燃料，這樣我們的航空訓練司令部才能讓飛行員們每天不間斷的飛行。假若等到真正的大戰爆發時才想到這些措施，那一切都太晚了。

每次用盡腦汁去想這些麻煩的問題時，我都會回想起Topgun的教誨，那就是人比武器還更重要。

現在就來談談，一個稱職的飛行員該具備哪些特質。多年來我遇見過數以千計的飛行員，他們當中的傑出人士都有些共通點。

首先，一個優秀的飛行員要有良好的家庭基礎、愛國的思想與勤奮工作的精神。他必須要有凌駕於個人價值之上的信仰，自立自強又自信，但不能夠盲目自大（一些自負是可以有的啦，畢竟我不會一邊飛行一邊懷疑自己有沒有資格配戴飛行胸章）。擁有體育背景的人更佳，因為他們大多在適學年齡就接受了教育，知道信任、團隊合作以及目標導向的重要性。在空中，這三大品格都是贏得勝利的必要元素。那些喜歡吹噓自己功勳的人，我都會毫不留情地淘汰掉。沒有實效的自我吹噓，只會讓更多飛行員摔飛機而已。給我一些成績只有乙等、卻全心全力投入飛行的學員，我可以把他們訓練到打贏成績得甲等，一心只想飛黃騰達的傢伙。

最後一個，也是最重要的一個特質則是要以虛心的態度探索歷史，並從中學到教訓。卓越的飛行員永遠藉由對歷史的興趣，尋求自己在專業領域上的進步。在加入海軍的第一年，我有機會與二戰世代接觸，聆聽他們的故事與經驗。我幾乎閱讀了每一位空戰英雄的回憶錄，從中找尋每一段能幫助到自己的小細節。每天我們都在生與死之間遊走，而且還走得與死亡越來越近。杜立德之所以請我喝酒，也是因為他相信我們兩人有共通的特質。歷史能提供許多救命的知識，畢竟沒有人真正發明過什麼新東西。

成功的領袖認識到這些特質並且接受他們，即便為此修改一些規範，甚至於飛機的設計也在所不惜。就像過去在米拉瑪每天做的一樣，就像你三十三年前看的那部電影一樣，很多特質通過了時間考驗，被長久保留了下來。除了沙灘排球、在浪漫的夕陽與跑道旁邊騎著摩托車瘋狂奔馳，還有驚險的空戰動作之外，這部電影還是傳遞了一些重要訊息，尤其提醒我那個已經逝去的美好年代。這個提醒，我相信也能幫助到今天的我們，如果我們認為可行的話。

不過那也是在我當上國王後的海軍航空隊的未來走向。既然我不是國王，這也只能算是我個人在泳池旁的一夜春夢，不過我還有一些事情要進到屋內跟各位分享的。

我五〇年代的雷朋太陽眼鏡終於在數年前轉手出去給了我的孫女，這是她向我索取的聖誕禮物。經過五〇年之後，我想是時候換一副新的墨鏡了。我最小的女兒甘蒂絲，則得到了我的大衛之星與金項鍊，只有小老鼠我堅決不讓給任何人。經歷過數十年的海上漂浮歲月後，它總算能在我的書架上安享退休之年。每當我看到它的時候，還是會忍不住對著它說：「我們的旅程已經夠刺激了，對不對，小傢伙？」

它今天還被我的書以及海軍生涯中得到的其他寶物包圍在一起，但我最珍視的還是自己在米拉瑪與創校元老相處的時光。這段時間建立的友誼，不是任何我書房裡的有形物質可以相互比擬的。Topgun 永遠會是我人生與事業中最輝煌的成就，這一切若沒有創校元老以及永遠伸出援手的上帝幫忙，是不可能成功的。

謝誌

這本花了十八個月完成的著作，是受到霍費歐爾經紀公司（Hornfischer Literary Management）總裁吉姆・霍費歐爾（Jim Hornfischer）的邀請所完成的。他聯絡了住在聖地牙哥的Topgun創校元老德瑞爾・蓋瑞，希望能寫本書紀念Topgun成軍五十週年。我恰好是一九六八年到一九六九年「美國海軍戰鬥機武器學校」草創時期的主管，吉姆認為由我來講述Topgun的故事最為合適。吉姆幫助構思了本書的大綱，還向紐約的出版社提出出版計劃，最後找到了符合我要求的樺榭圖書集團（Hachette Book）來出版本書。

動筆的第一年，很感謝海軍航空史研究先驅巴瑞特・提爾曼（Barrett Tillman）與我的緊密合作。巴瑞特的著作是撰寫海軍航空史的標竿，他的著作累計有數十本專書與數百篇文章，都讓他獲得了極高的榮譽。在極短的截稿時間內，我們兩人一同完成初稿，盡可能確保我述說的故事能符合史實。向一個如此優秀的人講述我的人生故事，尤其是越戰時的參戰經驗感覺十分舒暢。他是一個行走的海軍航空史大百科，我們還因此有了更密切的往來。

完成初稿後，卻發現還有更多有血有肉的故事。所以在成書後兩個月，小約翰・布呂寧（John R.

Bruning Jr.）幫助將本書變成現在這個模樣。約翰與我也是在極短的時間內，靠著每天一起修改稿件發展出革命情感。一起工作及向他學習都是個相當愉快的經驗。他總計撰寫或者與人合著有二十一本書，包括《挨家挨戶》（House to House）、《亡命排》（Outlaw Platoon）、《底層英雄》（Low Level Heroes）、《三叉戟》（The Trident）以及《堅不可摧》（Indestructible）等暢銷大作。他甚至還跟著美軍地面部隊一起進入阿富汗，是一個很特別的美國人。

作為我的合約經紀人，吉姆．霍費歐爾一路上導引整個計劃的走向，從草稿寫完到全書出版為止，他都從旁提供協助。他本人就是個稱職的作者（海軍塞繆爾．艾略特．莫里森獎（Samuel Eliot Morison Awards）得主，撰寫過《巨浪上的艦隊》（The Fleet at Flood Tide）、《海神地獄》（Neptune's Inferno）、《鬼魂之船》（Ship of Ghost）以及《雷伊泰灣大海戰》（The Last Stand of Tin Can Sailors）等書），擁有極佳的文學造詣，讓我能用正確的方法講故事。

這真的是一輩子難得的寶貴經驗，在這些身懷絕技的優秀人士幫助下回憶自己的人生以及從軍過程。如果沒有他們的真誠邀約和積極參與，海軍戰鬥機武器學校的真實傳奇故事不會為人所知，他們隨時可能與我一起消逝而去。

樺樹圖書集團的出版人馬洛．迪皮塔（Mauro Diperta）是本書的積極擁護者，也是個專業的編輯。我還要感謝他的助手大衛．藍博（David Lamb）以及所有樺樹圖書集團團隊成員。包括聯合出版人米契爾．艾爾利（Michelle Aielli）、促銷總監麥克．巴爾斯（Michael Barrs）與高級行銷員莎拉．費爾特（Sarah Falter）。他們所有人，都為本書的出版盡了一臂之力。

Topgun創校元老不只是給了這個新組織生命，還帶來了超過五十年的情誼。德瑞爾．蓋瑞、梅爾．霍姆斯、吉姆．魯理福森、約翰．奈許、傑瑞．史瓦斯基、史蒂芬．史密斯、約翰．史密斯、吉米．拉艾與恰克．希爾德布蘭都是不折不扣的愛國者。包括四十二位指揮官、數量龐大的教官、永遠勤奮工作，只信雙手萬能的地勤人員與幕僚在內，新世代的「捍衛戰士」們從我們的手中接過火把，成功將美國海軍武器學校的名聲帶向世界。我感謝你們所有人，包括你們過去數十年來遇到的挑戰、犧牲與傑出的表現，還有你們親屬為此所做的付出。這段故事，也就是我們的故事，我等了好久的時間才有機會全盤托出。這麼做是正確的，因為當年我們做的也是正確的，尤其是在國家需要我們的那一刻挺身而出。當年你們做出了貢獻，今天也是如此，你們是高手中的高手。

特別感謝有史以來最棒的海軍官兵，一等士官長大衛．霍布斯。他是我在指揮遊騎兵號航空母艦時結交的朋友，是我生命中最重要的貴人之一。

家人也是重要的關鍵，沒有他們，這一切都變得不可能。外祖公亞瑟．藍普（Arthur Lamp），是我的明燈。我的父母，歐拉與亨里艾塔．彼特森，始終都給予我鼓勵。

最後，是我的美麗妻子瑪莉貝斯。本書是為了感謝妳多年來給我的愛與長久的支持所寫的。妳使一切都變完美了。

附錄一

軍事術語

縮寫	英文	中文
AAA	Antiaircraft artillery	防空火砲
AAW	Antiair warfare	防空作戰
ACM	Air combat maneuvering	航空作戰演練
ACMI	Air combat maneuvering instrumentation	航空作戰演練儀
ACMR	Air combat maneuvering range	空戰演習空域
AIM	Air intercept missile	航空攔截飛彈
AOR	Underway replenishment ship	補給油艦
Bandit	Hostile aircraft	敵機
BarCAP	Barrier combat air patrol	阻絕戰鬥空中巡邏
Bogey	Unidentified aircraft	不明機
BOQ	Bachelor officers' quarters	單身軍官宿舍
CAG	Air wing commander	航空聯隊指揮官
CAP	Combat air patrol	空中戰鬥巡邏
CCA	Carrier controlled approach	航艦控制進場系統
CNO	Chief of naval operations	海軍軍令部長
CO	Commanding officer	指揮官
ComFit	Commander, Fighter and Airborne Early Warning Wing	戰鬥機與空中預警機聯隊
ComNavAirPac	Naval Air Force, U.S. Pacific Fleet	太平洋海軍航空司令
CV	Aircraft carrier	航空母艦
CVN	Nuclear-powered aircraft carrier	核動力航空母艦
CVW	Carrier air wing	航艦航空聯隊
DCNO	Deputy chief of naval operations	海軍軍令部副部長
ECM	Electronic countermeasures	電子反制措施
FAGU	Fleet Air Gunnery Unit	艦隊防空射擊小組
FAST	Fleet air superiority training	艦隊制空權訓練
FRS	Fleet replacement squadron (RAG)	艦隊換裝中隊

GCA	Ground- controlled approach	地面控制進場
IFF	Identification friend or foe transponder	敵我識別系統
IP	Instructor pilot	教官飛行員
J.G.	(Lieutenant) junior grade	海軍中尉
JO	Junior officer	初級軍官
LSO	Landing signal officer	降落信號官
MCAS	Marine Corps Air Station	陸戰隊航空站
MiGCAP	MiG combat air patrol	米格機空中戰鬥巡邏
NAS	Naval air station	海軍航空站
NFWS	Navy Fighter Weapons School (Topgun)	海軍戰鬥機武器學校
NAWDC	Naval Air Warfare Development Center	海軍航空作戰發展中心
NSAWC	Naval Strike and Air Warfare Center	海軍打擊與航空作戰中心
OP-05	Office of the CNO, deputy chief of naval operations for air	海軍軍令部次長（航空作戰）
RAG	Replacement air group (FRS)	航空換裝大隊
RIO	Radar intercept officer	雷達攔截員
ROE	Rules of engagement	交戰準則
SAM	Surface-to-air missile	地對空飛彈
TarCAP	Target combat air patrol	目標戰鬥空中巡邏
VA	Attack squadron	攻擊機中隊
VAW	Airborne early warning squadron	空中預警機中隊
VF	Fighter squadron	戰鬥機中隊
VF(AW)	All- weather fighter squadron	全天候戰鬥機中隊
VFA	Strike fighter squadron	戰鬥攻擊機中隊
VS	Antisubmarine squadron	反潛機中隊
VX	Air test and evaluation squadron	航空測試與評估中隊
WestPac	Western Pacific	西太平洋
XO	Executive officer	副指揮官

附錄二

海軍戰鬥機武器學校歷任主管與指揮官

主管（Officer in Charge）

1969　丹・A・「洋基」・彼特森（Dan A. "Yankee" Pedersen）

1969-1971　約翰・C・「JC」・史密斯（John C. "JC" Smith）

指揮官（Commanding Officer）

1971-1972　羅傑・E・「鉛彈」・帕克斯（Roger E. "Buckshot" Box）

1972-1973　大衛・E・「酷寒」・佛雷斯（David E. "Frosty" Frost）

1973-1975　朗諾・E・「拳師」・麥克農（Ronald E. "Mugs" McKeown）

1975　約翰・K・「陽光」・雷迪（John K. "Sunshine" Ready）

1975-1976　詹姆士・H・「眼鏡蛇」・魯理福森（James H. "Cobra" Ruliffson）

1976-1978　門羅・「霍克」・史密斯（Monroe "Hawk" Smith）

1978-1979　傑瑞・L・「閃電」・盎魯（Jerry L. "Thunder" Unruh）

1979-1981　隆尼・K・「老鷹」・麥克隆（Lonny K. "Eagle" McClung）

1981　小羅伊・「亡命者」・凱許（Roy "Outlaw" Cash Jr.）

1982-1983　厄尼・「刺輪」・克里斯汀生（Ernie "Ratchet" Christensen）

1983-1984　克里斯多福・T・「轟炸機」・威爾森（Christopher T. "Boomber" Wilson）

1984　小約瑟夫・「喬多格」・多特里（Joseph "Joedog" Daughtry Jr.）

1984-1985　湯瑪士・G・「奧特」・奧特本（Thomas G. "Otter" Otterbein）

1985-1986　丹尼爾・L・「骯髒」・謝威爾（Daniel L. "Dirty" Shewell）

1986-1988　斐德烈・G・「威格」・魯德威格（Frederic G. "Wig"Ludwig）

1988-1989　杰・B・「幽魂」・耶克利三世（Jay B. "Spook" Yakely III）

1989-1990　羅素・M・「巴德」・泰勒二世（Russell M. "Bud" Taylor II）

1990-1992　詹姆士・A・「菜鳥」・洛布（James A. "Rookie" Robb）

1992-1993　羅伯特・L・「嘔吐」・麥克蘭（Robert L. "Puke" McLane）

1993-1994　李察・「臭鼬」・高拉格（Richard “Weasel” Gallagher）

1994-1996　湯瑪士・「托特斯」・托特（Thomas “Trotts” Trotter）

1996-1997　羅蘭 G・「獵犬」・湯普森（Rolland G.“Dawg”Thompson）

1997-1999　傑拉德・S・「史帕德」・蓋洛普（Gerald S. “Spud” Gallop）

1999-2001　威廉・「塞茲」・塞茲摩爾（William “Size” Sizemore）

2001-2003　丹尼爾・「迪克斯」・迪克森（Daniel “Dix” Dixon）

2003-2004　李察・「瑞德」・巴特勒（Richard W .“Rhett”Butler）

2004-2005　湯瑪士・M・「平衡」・道寧（Thomas M. “Trim” Downing）

2005-2006　麥克・R・「扳機」・桑德斯（Mike R. “Trigger” Saunders）

2006-2007　凱斯・T・「奧派」・泰勒（Keith T. “Opie” Taylor）

2007-2008　麥克・R・「骰子」・紐曼（Mike R. “Dice” Nuemann）

2008-2009　丹尼爾・L・「昂德拉」・齊佛（Daniel L. “Undra” Cheever）

2009-2010　保羅・S・「多夫」・歐林（Paul S. “Dorf” Olin）

2010-2011　馬修・L・「優迪爾」・李海（Matthew L. “Yodel” Leahey）

2011-2012　史蒂芬・T・「音速」・赫傑馬諾斯基（Steven T. “Sonic” Hejmanowski）

2012-2013　凱文・M・「波頓」・麥克勞克林（Kevin M. “Porton” McLaughlin）

2013-2014　詹姆士・D・「巡航者」・克里斯迪（James D .“Cruiser” Christi）

2014-2015　愛德華・S・「史迪威」・史密斯（Edward S. “Stevie” Smith）

2015-2016　麥克・A・「斧頭」・雷佛諾（Michael A. “Chopper” Rovenolt）

2016-2018　安德魯・「老爹」・馬林納（Andrew “Grand” Marnier）

2018-2019　克里斯多福・「帕斯」・帕派約安努（Christopher “Pops” Papaioanu）

TOPGUN：捍衛戰士成軍的歷史與秘密

Topgun: An American Story

作者　丹彼特森（Dan Pedersen）
譯者　許劍虹
主編　區肇威
特約編輯　趙武靈　常靖
封面設計　莊謹銘
內頁排版　宸遠彩藝

社長　郭重興
發行人兼出版總監　曾大福
出版發行　燎原出版／遠足文化事業股份有限公司
地址　新北市新店區民權路 108-2 號 9 樓
電話　02-2218-1417
傳真　02-8667-1065
客服專線　0800-221-029
信箱　sparkspub@gmail.com
Facebook　www.facebook.com/SparksPublishing/

法律顧問　華洋法律事務所／蘇文生律師
印刷　成陽印刷股份有限公司

出版日期　二〇二〇年五月／初版一刷
二〇二二年六月／初版四刷
定價／四八〇元

Topgun: An American Story
Copyright © 2019 by Dan Pedersen
All rights reserved.
Chinese (complex) translation rights in Taiwan reserved by Sparks Publishing, a branch of Walkers Cultural Co., Ltd., under the license granted by Perseus Books LLC, a subsidiary of Hachette Book Group, Inc., through BARDON-CHINESE MEDIA Agency, Taiwan.

版權所有，翻印必究
特別聲明：有關本書中的言論內容，不代表本公司／出版集團之立場與意見，文責由作者自行承擔
本書如有缺頁、破損、裝訂錯誤，請寄回更換
歡迎團體訂購，另有優惠，請洽業務部（02）2218-1417 分機 1124、1135

TOPGUN：捍衛戰士成軍的歷史與秘密 / 丹彼特森 (Dan Pedersen) 著；許劍虹譯. -- 初版. -- 新北市：燎原出版, 2020.05
352 面；14.8×21 公分
譯自：Topgun : an American story
ISBN 978-986-98382-3-8（平裝）

1. 丹彼特森 (Pedersen, Dan, 1935-) 2. 美國海軍戰鬥機武器學校 3. 傳記 4. 越戰

597.76 109005267